돈의
원리

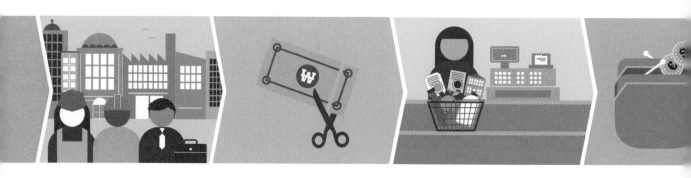

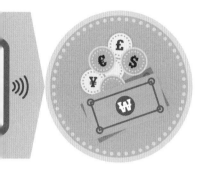
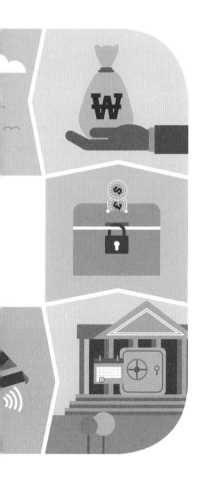

돈의 원리

HOW
MONEY
WORKS

돈의 원리

1판 1쇄 펴냄 2018년 3월 15일
1판 2쇄 펴냄 2020년 8월 31일

지은이 DK 『돈의 원리』 편집 위원회
옮긴이 이민아
펴낸이 박상준
펴낸곳 (주)사이언스북스

출판등록 1997. 3. 24.(제16-1444호)
(06027) 서울특별시 강남구 도산대로1길 62
대표전화 515-2000 팩시밀리 515-2007
편집부 517-4263 팩시밀리 514-2329

www.sciencebooks.co.kr
한국어판ⓒ(주)사이언스북스, 2018.
Printed in China.

ISBN 978-89-8371-879-2 04400
ISBN 978-89-8371-824-2 (세트)

한국어판 책 디자인 김낙훈

사이언스
SCIENCE 북스
BOOKS

차례

이 책의 한국어판 저작권은
Dorling Kindersley Limited와 독점 계약한
(주)사이언스북스에 있습니다.

저작권법에 의해 한국 내에서 보호를 받는 저작물이므로
무단 전재와 무단 복제를 금합니다.

DK | Penguin Random House

FOR THE CURIOUS

www.dk.com

정부 재정과 공적 자금　84

참여 필자

줄리언 심스 Dr. Julian Sims, 편집 위원 미·영 경영 컨설턴트 출신의 영국 런던대학교 버베크 대학 경영학과 강사이며 공인 회계사(오스트레일리아 CPA), 공인 정보 통신 기술 실무사(CITP)이다. 여러 학술지에 논문을 발표하고 있다.

마리앤 커피 Marianne Curphey 수상 경력을 보유한 금융 저술가이자 블로거. 《가디언》, 《타임스》, 《텔레그래프》를 비롯한 금융 웹사이트와 잡지에 글을 쓴다.

에마 런 Emma Lunn 수상 경력을 보유한 개인 금융 분야 저술가. 《가디언》, 《인디펜던트》, 《텔레그래프》 등 다수의 매체에 정기적으로 기고하고 있다.

제임스 미드웨이 James Meadway 경제학자. 영국의 독립 싱크 탱크 신경제 재단(NEF), 영국 재무부, 왕립 학회, 재무 장관의 정책 고문으로 활동했다.

필립 파커 Philip Parker 영국 외교관을 역임한 역사학자이자 출판인. 존스 홉킨스 대학교 고등 국제학 대학에서 수학했다. 세계 무역사를 주제로 하는 저서를 집필해 왔다.

알렉산드라 블랙 Alexandra Black 비즈니스 커뮤니케이션을 전공하고 《니혼 게이자이 신문》에 기고하며 투자 은행 JP 모건에서 편집자로 있다. 금융, 비즈니스, 기술, 패션 등 다양한 주제로 책과 글을 저술했다.

옮긴이 이민아 이화 여자 대학교에서 중문학을 공부했고, 영문 책과 중문 책을 번역한다. 옮긴 책으로 『무기』, 『비행기 대백과사전』, 『온더무브』, 『깨어남』, 『색맹의 섬』, 『어제가 없는 남자, HM의 기억』 등 다수가 있다.

한국어판 자문 필자 임현준 한국은행 경제연구원에 연구위원으로 재직하고 있다. 서울 대학교 경제학부를 졸업하고 미국 로체스터 대학교와 연세 대학교에서 경제학 석사와 박사 학위를 받고 국내외 학술지에 연구 논문을 발표했다.

DK 『돈의 원리』 편집 위원회

주필 캐서린 헤네시 | 프로젝트 편집 샘 케네디
미술 편집 주필 가디 파포어
프로젝트 미술 편집 새프론 스타커

편집 앨리슨 스터전, 알리 콜린스, 다이앤 펜젤리, 조지나 팰피, 제미마 던, 태쉬 칸
주간 개러스 존스 | 미술 편집 주간 리 그리피스
디자인 클레어 조이스, 바네사 해밀턴, 레나타 라티포바 | 발행 리즈 휠러
퍼블리싱 디렉터 조너선 멧캐프 | 아트 디렉터 캐런 셀프
사전 제작 질리언 리드 | 제작 맨디 인네스

들어가며

돈은 세계라는 기계를 돌아가게 하는 윤활유다. 돈은 재화와 용역에 측정하기 쉬운 가치, 즉 값을 부여함으로써 일상에서 이루어지는 무수한 거래를 용이하게 만들어 준다. 돈이 없다면 현대 경제의 토대를 형성하는 산업과 무역이 삐거덕거리다가 멈출 것이며 전 세계 부의 흐름도 중단될 것이다.

돈은 이 중대한 역할을 수천 년 동안 이행해 왔다. 돈이 발명되기 전 사람들은 필요한 물건과 자신이 직접 생산한 물건을 맞바꾸었다. 단순한 거래는 이러한 물물 교환으로도 충분했지만 교환하는 물자의 가치가 서로 다르거나 동시에 서로의 필요가 맞아떨어지지 않는 경우에는 그렇지 않았다. 반면에 돈은 보편적으로 인정되는 단일 가치가 부여되는 까닭에 널리 통할 수 있었다. 최초의 돈은 아주 단순한 개념에서 출발했지만 수천 년에 걸쳐 엄청나게 복잡해졌다.

근대가 시작되면서 개인과 정부가 은행을 설립하기 시작했고, 다른 형태의 금융 기관들도 생겨났다. 마침내 보통 사람들도 은행 계좌에 예금을 하고 이자를 받고, 돈을 빌리고 부동산을 사고, 받은 임금을 기업에 투자하거나 스스로 창업할 수 있게 되었다. 은행은 이윤을 목적으로 가계나 상인에게 위험을 감수하도록 유도하지만 정작 자신들은 파산 위험에 대비해 보험에 가입하기도 한다.

오늘날에 한 국가의 경제를 통제하는 것은 정부와 중앙은행이다. 중앙은행은 화폐를 발행하고 그 통화량을 결정하며 일반 은행이 돈을 꿔갈 때 얼마의 이자를 부여할지 결정한다. 정부가 여전히 화폐를 찍어 내고 보증을 하지만, 오늘날의 화폐는 동전이나 지폐 같은 물리적 형태가 없는 완전한 디지털 형태로도 통용된다.

이 책은 돈의 역사, 금융 시장과 기관, 정부 재정, 이윤 추구, 개인 금융, 재산, 주식, 연금 등 돈이 돌아가는 원리의 모든 측면을 다룬다. 아무리 복잡한 개념이라도 직관적으로 판단할 수 있도록 시각적 설명과 실제 사례 위주로 구성한 『돈의 원리』는 돈이란 무엇인가, 돈이 어떻게 현대 사회를 형성했는가를 명료하게 알려 줄 것이다.

돈의
기초

› 돈의 진화

돈의 진화

최초에 사람들은 '물물 교환'이라고 하는 절차를 통해 잉여 물자를 맞바꾸었다. 하지만 맞바꾸는 각 물자의 가치에 대해서는 흥정을 할 수 있었고, 수백 가지 다른 물건을 교환한다는 복잡한 문제를 현실에서 해결할 방법으로 돈이 진화했다. 돈은 수 세기에 걸쳐서 많은 형태로 나타났지만, 물리적 동전이나 지폐가 되었건 혹은 디지털 통화가 되었건, 겉모습과는 상관없이 하나의 고정된 가치가 규정되어 어떤 상품의 가치를 비교하는 수단으로 사용되었다.

돈의 진화도

돈은 시간이 흐를수록 복잡해졌다. 교환한 상품 양의 기록 수단으로 시작된 돈이 동전과 지폐의 형태로 나타나더니 현재는 디지털 화폐가 주요 형태가 되었다.

물물 교환
기원전 10000~기원전 3000년
초기 형태의 상거래에서는 거래 당사자들이 비슷한 가치라고 동의한 물품이 교환되었다 (14~15쪽 참조).

거래 장부
기원전 7000년부터
물품의 그림이 물물 교환 기록 수단으로 쓰이다가 물품의 값어치가 확립되어 기록되면서 점차 복잡해졌다(16~17쪽 참조).

동전
기원전 600~기원후 1100년
일부 상인들이 일정 무게의 귀금속을 화폐 삼아 이용하다가 나중에 정부가 공식 발행하는 동전으로 정착되었다(16~17쪽 참조).

수요와 공급

수요와 공급의 법칙은 생산품이 공급되는 양과 그 생산품에 대한 수요가 가격에 미치는 영향을 말해 준다. 공급이 적고 수요가 많을 때 제품 가격은 상승하는 경향이 있으며, 상품이 풍부하지만(공급량이 많음) 수요가 낮을 때 상품의 가격은 떨어지는 경향이 있다. 자유 시장에서 상품의 가격은 수요량이 공급량과 같아 시장의 균형이 이루어질 때 비로소 결정될 수 있다(20~21쪽 참조).

80조 9000억 달러

오늘날 존재하는 돈의 총액

지폐
1100~2000년
국가가 지폐를 사용하기 시작하면서 종이 차용증을 발행하여 화폐로 통용했으며, 언제든 동전과 교환할 수 있었다(18~19쪽 참조).

디지털 화폐
2000년 이후
돈이 컴퓨터 '가상 화폐'로 존재할 수 있으며 물리적 화폐를 직접 주고받는 행위 없이 거액의 입출금이 이루어질 수 있다(220~225쪽 참조).

거시 경제학 대 미시 경제학

거시 경제학은 경제 전반의 통계량을 토대로 경제 순환의 동태를 분석한다. 미시 경제학은 더 작은 단위 집단의 행동 양태를 연구한다.

 거시 경제학
경제 전반에 영향을 미치는 각종 지표의 변화를 분석한다.

❯ **통화량** 한 경제권에서 사용할 수 있는 화폐 자산의 총량.

❯ **실직자수** 일자리를 찾지 못하는 사람의 수.

❯ **인플레이션** 매년 물가가 상승하는 폭.

 미시 경제학
기업과 가계 등 개별 경제 주체의 결정이 경제에 미치는 효과를 분석한다.

❯ **산업 조직** 독점과 담합이 경제에 미치는 영향.

❯ **임금** 노동 및 생산비에 의해 결정되는 급여 수준이 소비자 지출에 미치는 영향.

물물 교환, 차용증, 화폐

물물 교환은 수천 년에 걸쳐 상거래의 기본 형태를 형성했다. 18세기에 『국부론』을 쓴 애덤 스미스는 물물 교환이 화폐 사용 이전의 경제 형태였다고 주장한 초기 경제학자의 한 명이다.

물물 교환 어떻게 했을까

물물 교환은 기본적으로 하나(예를 들면 젖소)의 상품을 동등한 '가치'로 여겨지는 하나 또는 그 이상(예를 들면 밀 한 가마니)의 상품과 맞바꾸는 것이다. 대부분은 두 교환자가 각자의 상품을 가져와 거래 현장에서 주고받는 형태였다. 거래 당사자 중 한 사람이 훗날 같은 상품이나 다른 품목과 교환할 수 있다는 합의 하에 '차용증'이나 심지어 교환권에 해당하는 대용 화폐를 받는 경우도 있었다.

물물 교환의 장단점

장점

➤ **거래 관계** 물자를 교환하는 사람들 사이에 거래 관계가 만들어진다.

➤ **실제 상품이 교환된다** 돈의 제 가치가 지켜지리라는 믿음에 의존하지 않는다.

단점

➤ **시장이 필요하다** 거래 당사자 간에 원하는 것이 맞아떨어져야 한다.

➤ **품목의 정가를 확립하기 어렵다** 염소 한 마리의 가치가 어느 날 어떤 상대에게는 얼마만큼의 가치로 교환되었다가 한 주 뒤에는 그 가치가 떨어질 수 있다.

➤ **상품의 분할이 어려울 수 있다** 예를 들어 살아 있는 동물은 분할이 불가능하다.

➤ **대규모 거래가 어려울 수 있다** 염소 한 마리는 운송이 쉽지만 1,000마리가 되면 이동이 어렵다.

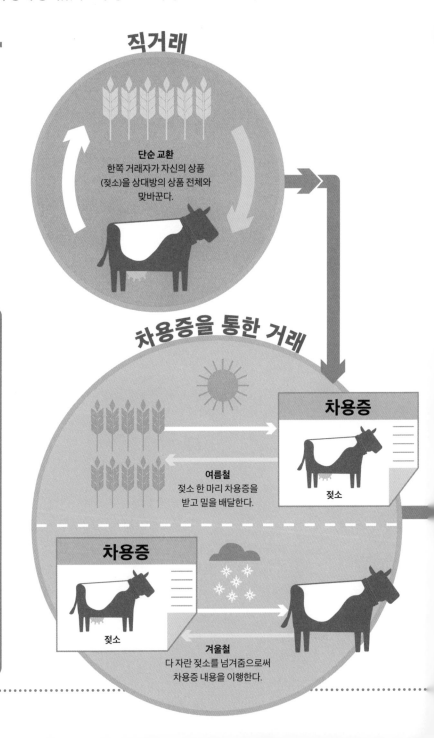

직거래

단순 교환
한쪽 거래자가 자신의 상품
(젖소)을 상대방의 상품 전체와
맞바꾼다.

차용증을 통한 거래

차용증
젖소

여름철
젖소 한 마리 차용증을
받고 밀을 배달한다.

차용증
젖소

겨울철
다 자란 젖소를 넘겨줌으로써
차용증 내용을 이행한다.

물물 교환의 원리

가장 단순한 형태는 물물 교환 당사자 두 사람이 하나의 거래 가격(예를 들면 젖소 한 마리에 밀 한 가마니)에 합의하고 약속한 시간에 해당 상품 실물을 넘기는 것이다. 하지만 이것이 항상 가능하지는 않았다. 가령 밀이 아직 수확기가 되지 않았을 경우, 상대방이 나중에 실제 밀을 받기로 하고 차용증을 받아 둘 수 있다. 차용증 자체에 가치가 부여되어 차용증을 갖고 있는 사람이 원래의 상품과 같은 가치를 지닌 다른 상품과 교환할 수도 있다(밀 대신 사과를 받는 것이다.). 현재 차용증은 실제 돈과 동일한 기능을 수행한다.

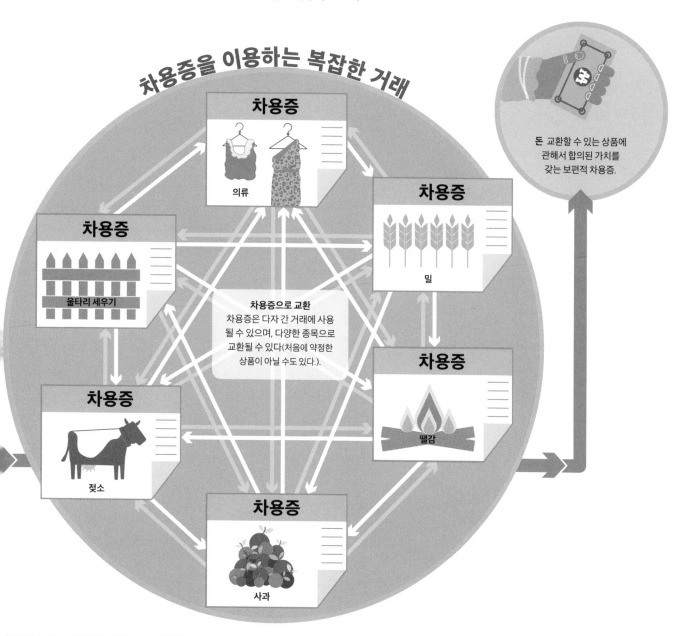

차용증을 이용하는 복잡한 거래

차용증 의류

차용증 울타리 세우기

차용증 밀

차용증으로 교환
차용증은 다자 간 거래에 사용될 수 있으며, 다양한 종목으로 교환될 수 있다(처음에 약정한 상품이 아닐 수도 있다.).

차용증 젖소

차용증 땔감

차용증 사과

돈 교환할 수 있는 상품에 관해서 합의된 가치를 갖는 보편적 차용증.

돈의 과거

물물 교환 상품의 가치를 설정하려는 초창기 시도 이래로 '돈'은 차용증에서 대용 화폐까지 다양한 형태를 띠었다. 젖소, 조가비, 귀금속이 대용 화폐로 사용되었다.

화폐의 원리

물물 교환은 아주 직접적인 거래 방식이었다. 문자가 발명된 뒤로 교환한 상품의 '가치'는 물론 '차용증'에 대한 세부 내용의 기록이 가능해졌다. 구슬이나 색색가지 무늬개오지 조가비, 금 덩어리 같은 대용 화폐에 일정한 가치가 부여되었는데, 물자와 직접 교환할 수 있다는 뜻이었다. 이 대용 화폐 단계에서 일정한 가치를 원반 모양의 금속에 명시하는 형태로 발전하는데, 이 최초의 동전은 기원전 650년경 리디아, 소아시아에서 나타났다. 금은 같은 귀금속과 (소규모 거래의 경우에는) 구리로 주조된 동전이 2,000년 이상 화폐 교환의 주요 매체로 통용되어 왔다.

돈의 특성

다음의 특성을 모두 갖추지 않는 한 돈이 아니다. 돈은 가치를 지녀야 하고 내구력이 있어야 하며 휴대할 수 있어야 하고 통일성이 있어야 하고 분할할 수 있어야 하고 제한적으로 공급되어야 하며 교환 수단으로 사용할 수 있어야 한다. 이 모든 특징의 밑바탕이 되는 것이 신용이다. 즉 사람들이 돈을 받았을 때 그것을 물건 값으로 사용할 수 있다고 확신하지 않으면 안 된다.

가치를 지닌 물자

최초의 돈은 동전을 만드는 재료였던 귀금속처럼 본래 고유한 금전적 가치를 지닌 물품이었다. 이처럼 일정한 가치가 보증되었기 때문에 동전이 받아들여진 것이다.

화폐 연대표

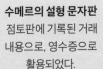

수메르의 설형 문자판
점토판에 기록된 거래 내용으로, 영수증으로 활용되었다.

리디아의 금화
리디아에서 금과 은의 합금을 원반 형태로 만든 주화로, 동물 형상이 각인돼 있다.

기원전 5000년	기원전 4000년	기원전 1000년	기원전 600년	기원전 600년

물물 교환
초기 거래는 직접 물자를 교환하는 방식이었다. 젖소처럼 소멸되는 물자가 많았다.

무늬개오지 조가비
인도와 남태평양 일대에서 화폐로 사용되었으며, 다양한 색과 크기가 발견되었다.

아테네의 드라크마
라우리움 은광에서 난 은으로 화폐를 주조했으며 그리스 세계에서 널리 통용되었다.

가치 저장 수단
돈은 사람이 자신의 재산을 미래에 활용하기 위해 저장할 수 있는 수단으로 기능한다. 따라서 쉽게 소멸되지 않아야 하며, 보관과 이동이 용이한 실용적인 크기여야 한다.

게오르크 지멜과 『돈의 철학』

1900년에 출간된 독일 사회학자 게오르크 지멜(Georg Simmel)의 저서 『돈의 철학』은 돈과 가치의 관계를 조명했다. 지멜은, 전근대 사회에서는 사람들이 만드는 물건의 가치를 (명예와 시간과 노동 등의) 호환되지 않는 체계로 평가했기 때문에 그 가치를 정하기가 어려웠다고 보았다. 지멜은 돈이 물건에 일정한 가치를 부여하기 쉽게 만들었기 때문에 사람들 간의 거래를 더 합리적으로 만들어 준 것이라고 생각했다. 돈을 통해 거래하면 개인 간 유대에 얽매이지 않아도 되며 선택의 폭 또한 훨씬 넓어지기 때문이다.

교환 수단
돈으로 필요한 물자를 자유롭게 교환할 수 있어야 하고 그것이 널리 통해야 하며 그 가치가 가급적 안정적으로 유지되어야 한다. 그 가치가 쉽게 분할되며 단위 또한 다양해서 잔돈으로 거스를 수 있다면 더욱 유용하다.

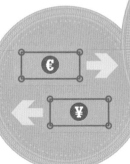

회계 단위
돈은 (개인 및 국가의) 재산의 소유와 거래 및 소비를 기록하는 데 사용될 수 있다. 돈은 하나의 공인 당국이 발행하는 것이 바람직하다. 누구라도 발행할 수 있다면 그 가치에 대한 신뢰가 사라질 것이기 때문이다.

한나라 동전
대개 청동이나 구리로 주조한 초기 중국 화폐. 가운데에 구멍이 뚫려 있다.

기원전 200년

비잔티움 제국의 동전
비잔티움 제국 초기의 주화는 순금이었다. 후기에는 구리 등 금속을 혼합하기도 했다.

기원후 700년

이슬람 제국의 디르함
이슬람 제국이 발행한 은화가 바이킹 족에 의해 스칸디나비아로 다량 들어갔다.

기원후 900년

기원전 27년

로마의 동전
황제의 두상을 각인한 이 동전은 로마 제국 전역에서 통용되었다.

기원후 900년

앵글로색슨 시대의 동전
10세기의 은화. 오파가 머시아 왕국의 왕임을 공표하는 글귀가 각인되었다.

돈의 경제학

16세기부터 돈의 특성에 대한 이해가 더욱 정교해졌다. 경제학이 하나의 학문으로 떠올랐는데, 부분적으로는 새로 발견된 아메리카 대륙에서 은이 대규모로 유입된 뒤로 유럽에서 발생한 인플레이션 현상을 밝히기 위한 노력의 산물이었다. 17세기 말에 국가의 화폐 공급을 규제하는 임무를 띠고 국책 은행이 설립되기 시작했다.

20세기 초에 이르면서 돈과 귀금속의 직접적 관계가 끊어졌다. 1930년대에는 금본위제도 함께 무너졌다. 20세기 중반에 이르면 신용 카드와 디지털 거래에 암호 화폐와 파생 금융 상품 같은 형태의 돈까지 등장하면서 새로운 거래 방식이 확립된다.

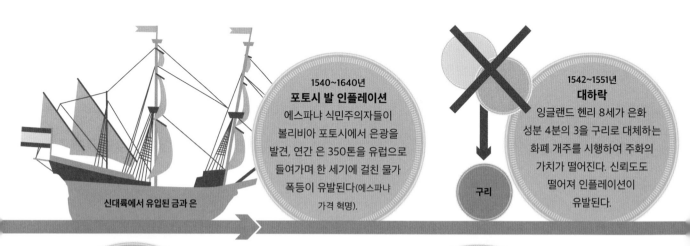

신대륙에서 유입된 금과 은

1540~1640년
포토시 발 인플레이션
에스파냐 식민주의자들이 볼리비아 포토시에서 은광을 발견, 연간 은 350톤을 유럽으로 들여가며 한 세기에 걸친 물가 폭등이 유발된다(에스파냐 가격 혁명).

구리

1542~1551년
대하락
잉글랜드 헨리 8세가 은화 성분 4분의 3을 구리로 대체하는 화폐 개주를 시행하여 주화의 가치가 떨어진다. 신뢰도도 떨어져 인플레이션이 유발된다.

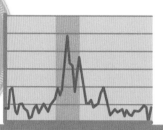

1970년대 초
대인플레이션
석유 가격과 노동 비용이 급등하여 인플레이션이 발생하는데, 특히 1975년 영국의 물가 상승률은 25퍼센트로 최고점을 찍는다.

1844년부터
금본위제
영국은 파운드화의 가치를 일정한 중량의 순금으로 정한다. 다른 국가들도 비슷한 '금 표준'을 채택한다.

1970년대
신용 카드
신용 카드의 발명으로 소비자들은 단기간 신용을 얻어 일정 규모의 외상거래를 할 수 있게 된다. 이것이 개인 채무의 증가를 초래한다.

1990년대
디지털 화폐
인터넷 사용이 늘어남에 따라 용이한 자금 이체와 편리한 전자 지불 방식이 점점 더 보편화된다.

그레셤의 법칙

영국의 금융가 토머스 그레셤(Thomas Grasham)이 "악화가 양화를 구축한다"는 화폐 법칙을 제시했다. 그레셤은 국가가 (주화의 귀금속 함량을 낮춤으로써) 자국의 화폐 가치를 떨어뜨리면 주화의 가치가 그 안에 함유된 금속의 가치보다 떨어진다는 사실을 발견했다. 그 결과 사람들이 '나쁜' 주화만 사용하고 가치가 저하되지 않은 '좋은' 주화는 숨겨 두고 쓰지 않았다.

22 금
1816년 이래로 모든 대영 제국 금화에 쓰인 순도 92퍼센트 금

주식 회사

1553년
초기 주식 회사
잉글랜드의 상인들이 주식 회사를 만들기 시작하는데, 투자자들이 주식을 사들이고 그 수익을 분배하는 형태.

1694년
잉글랜드 은행
잉글랜드 은행(영란은행)이 저금리로 자금을 조달하고 국가 부채를 관리하는 기관으로 창설된다.

1775년
미국 달러
1775년 대륙 회의(북아메리카 13개 주 참여)가 미국 달러 발행을 승인하지만, 미국 재무성은 1794년에 비로소 최초의 국가 통화를 발행한다.

1696년
영국 조폐국
아이작 뉴턴이 조폐국 감사로 임명된다. 그는 화폐 가치 하락이 신용을 잠식하므로 새로운 주화를 만들어야 한다고 주장한다.

1999년
유로화
유럽 연합(EU) 12개 국가가 자국 통화를 유로화로 대체한다. 유로화 지폐와 동전은 3년 후에 발행된다.

2008년
비트코인
서버에 암호화된 데이터로만 존재하는 디지털 통화인 비트코인이 공개된다. 2009년 1월에 최초의 거래가 이루어진다.

근대 경제학의 등장

18세기에 이르면서 학자들이 개인 차원의 무역 행위와 투자 결정이 한 나라 전체의 물가와 임금에
어떻게 영향을 미칠 수 있는가를 이해하기 위해서 경제를 더 면밀하게 연구하기 시작했다.

원리

16세기와 17세기 유럽에서 신대륙 발견과 국민 국가의 성장을 동반한 대규모의 무역 확장으로 경제 이론을 정교하게 생각하는 사람들이 생겨났다. 수입의 규모를 통제해야 한다는 이론(중상주의), 한 나라 최고의 상품만을 무역해야 한다는 이론(비교 우위 이론), 시장에 개입하지 않아야 한다는 주장(자유 방임주의) 등 경제의 안정성을 개선하기 위한 다양한 이론이 제시되었다.

18세기에 경제학자 애덤 스미스는 정부의 개입(임금과 물가 통제)이 불필요하다고, 사람은 모두가 더 잘살기를 원하기 때문에 매사에 자신에게 이익이 되도록 결정을 내리며, 그것이 쌓여 사회 전체의 번영이 확보된다고 주장했다. 또한 그는 자유롭게 경쟁하는 시장에서는 이윤을 추구하는 사람들의 욕구에 의해서 상품의 가격이 공정하게 형성될 수 있다고 믿었다.

애덤 스미스의 '보이지 않는 손'

스코틀랜드의 경제학자 애덤 스미스(Adam Smith)는 『국부론』(1776년)에서 더 잘살고 싶은 욕구를 지닌 개인들이 내린 결정을 다 합하면, 그들이 의도적으로 국가에 이바지하겠다고 결심하지 않더라도 나라는 더욱 부유해진다고 주장했다. 스미스는 수요가 있다면 물건 파는 사람이 시장에 들어가게 되어 있다고 보았다. 그들은 이윤을 좇아서 그 상품의 생산을 늘릴 것이고, 그것이 산업을 부양할 것이다.

나아가, 경쟁적인 시장에서 자신의 이익을 추구하는 판매자는 물건 가격을 마음껏 높이지 않을 것이다. 가격을 너무 비싸게 매기면 구매자는 그 판매자의 물건을 더 이상 사지 않을 것이고 판매자는 더 싸게 팔려는 경쟁자에게 손님을 빼앗길 것이다. 이 현상이 가격에 대해 디플레이션 효과를 발휘하며 경제가 균형을 유지하도록 한다. 스미스는 이처럼 개인의 이윤 추구를 국가 전체의 경제 번영으로 전환하는 시장의 작동 원리를 경제를 이끄는 '보이지 않는 손(invisible hand)'이라고 불렀다.

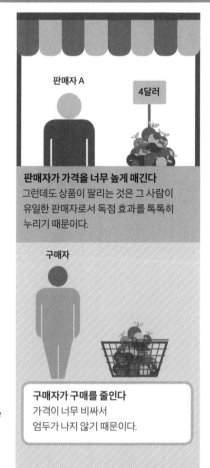

판매자 A 4달러

판매자가 가격을 너무 높게 매긴다
그런데도 상품이 팔리는 것은 그 사람이 유일한 판매자로서 독점 효과를 톡톡히 누리기 때문이다.

구매자

구매자가 구매를 줄인다
가격이 너무 비싸서 엄두가 나지 않기 때문이다.

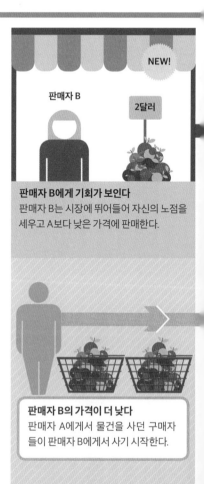

NEW!

판매자 B 2달러

판매자 B에게 기회가 보인다
판매자 B는 시장에 뛰어들어 자신의 노점을 세우고 A보다 낮은 가격에 판매한다.

판매자 B의 가격이 더 낮다
판매자 A에게서 물건을 사던 구매자들이 판매자 B에게서 사기 시작한다.

보호주의와 중상주의

애덤 스미스가 옹호한 자유 무역과 경쟁은 당대의 지배적인 경제 이론과 대립했다. 대부분의 학자들은 보호주의(경쟁 상대로부터 자국의 산업을 보호하기 위해 정부가 높은 무역 관세를 부과하는 경제 정책) 경제를 지지했다.

당시 유럽에서는 이 정책이 중상주의의 형태로 나타났는데, 강대국이 되기 위해서는 수출은 늘리고 가능한 모든 수단과 방법을 동원해 수입은 줄여야 했다. 수출은 나라에 돈을 벌어다 주지만 수입은 외국 상인들을 부자로 만들어 주기 때문이다. 이 이론은 영국 국적이 아닌 선박에서 이루어지는 무역 행위를 정부가 엄격하게 금지하는 항해 조례(Navigation Acts) 같은 조치를 낳았다.

중상주의는 18세기 말에 애덤 스미스를 위시한 경제학자들이 제시한 새로운 경제 특화 이론에 밀려났다.

> "개인은 사회의 이익을 증진시키고자 노력할 때보다는 자신의 이익을 추구할 때 더 효율적으로 사회 이익을 증진시킨다."

애덤 스미스, 『국부론』(1776년)

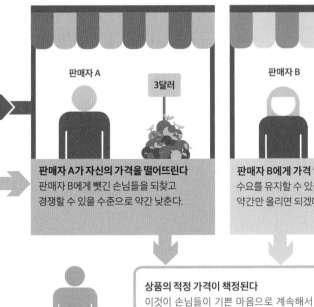

판매자 A

3달러

판매자 A가 자신의 가격을 떨어뜨린다
판매자 B에게 뺏긴 손님들을 되찾고 경쟁할 수 있을 수준으로 약간 낮춘다.

판매자 B

3달러

판매자 B에게 가격 인상의 기회가 보인다
수요를 유지할 수 있을 수준으로, 약간만 올리면 되겠다고 생각한다.

상품의 적정 가격이 책정된다
이것이 손님들이 기쁜 마음으로 계속해서 구매할 수 있을 가격이다. 이렇듯 '보이지 않는 손'에 이끌려 시장 균형이 이루어진다.

✔ 알아 두기

▶ 시장 균형(market equilibrium)
일정 상품에 대한 구매자들의 수요와 판매자들의 공급이 일치한 상태. 이 상태에서 상품 가격에 쌍방이 모두 만족한다.

▶ 자유 방임(laissez-faire)
정부의 간섭이 없을 때 시장에서 최선의 해법을 찾아낸다고 주장하는 경제 이론. 시장에서 저절로 불균형이 조정될 것이므로 거래, 가격, 임금에 대한 규제가 필요하지 않다고 본다.

▶ 비교 우위(comparative advantage)
국가들이 저마다 가장 낮은 비용으로 생산할 수 있는 상품을 특화하여 생산해야 한다는 개념. 비교 우위를 지니지 못한 상품을 생산하지 않을 때 그 나라의 경쟁력은 더 높아지며 따라서 더 부유해질 것이다.

경제 이론과 돈

근대 경제 이론이 탄생한 이래로 사람들은 한 경제권의 통화량이 물가, 소비자와 기업의
행동에 어떤 영향을 미치는지 연구해 왔다.

케인스의 화폐 일반 이론

존 메이너드 케인스(John Maynard Keynes)는 1935년 저서 『고용·이자
및 화폐의 일반 이론』에서 정부 지출과 과세 수준이 한 경제권의
화폐 수량보다 물가에 더 큰 영향을 미친다고 주장했다. 그는 경기
후퇴 시기에는 정부 지출을 늘려 고용을 장려해야 하며 세금을 낮춰
경제에 활기를 불어넣어야 한다고 주장했다.

정부
생산이 위축되고 실업률이 증가할 때는 정
부가 어떻게 대응해야 할지 결정해야 한다.

투자와 지출
수요가 줄면 기업의 생산이 감소하고, 이것이
실업률을 증가시키고 다시 수요를 떨어뜨린다.

수요 진작
정부가 지출을 늘린다. 도로·철도 등 사회 간접
자본에 투자하고 이를 통해 실업을 감소시킨다.

피셔의 화폐 수량설

미국의 경제학자 어빈 피셔(Irvine Fisher)의 이론으로, 통화량과
물가 수준이 직결되어 있어 화폐가 더 많이 통용되면 가격이
상승한다는 주장이다.

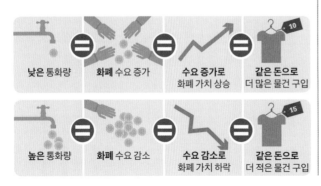

마르크스의 노동 가치설

독일의 경제학자 카를 마르크스(Karl Marx)의 이론으로, 상품의
실제 가격(또는 경제적 가치)은 그 상품에 대한 수요가 아니라 그 상품을
생산하는 데 들어간 노동의 가치로 결정되어야 한다는 주장이다.

경제 이론의 원리

16세기 초 학자들은 신대륙에서 에스파냐로 유입되는 어마어마한 양의 은이 물가 상승을 야기했다는 점을 처음 간파했다. 18세기의 고전학파 경제학자들은 그러한 상황은 시장에서 조정되어 알아서 가격 균형을 이룰 것이라고 믿었다. 20세기 초의 일부 경제학자는 경제의 균형을 유지하기 위해서는 정부의 개입이 필요하다는 믿음 아래 정부 지출이 총수요를 증가시켜 일자리를 늘릴 수 있다고 주장했다.

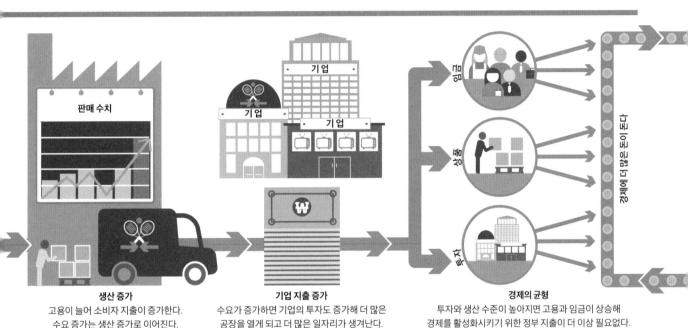

생산 증가
고용이 늘어 소비자 지출이 증가한다.
수요 증가는 생산 증가로 이어진다.

기업 지출 증가
수요가 증가하면 기업의 투자도 증가해 더 많은
공장을 열게 되고 더 많은 일자리가 생겨난다.

경제의 균형
투자와 생산 수준이 높아지면 고용과 임금이 상승해
경제를 활성화시키기 위한 정부 지출이 더 이상 필요없다.

하이에크의 경기 순환설

오스트리아의 경제학자 프리드리히 하이에크(Friedrich Hayek)가 경기에 하나의 순환 주기가 있다는 것을 발견했는데, 경기 후퇴 시기 동안에는 금리가 떨어진다는 것이다. 이것이 신용의 과도한 증가로 이어져 화폐 수요가 상승하고 이에 대응하기 위한 금리 상승이 필요하게 된다.

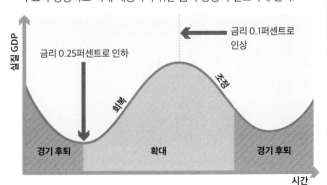

프리드먼의 통화주의

미국의 경제학자 밀턴 프리드먼(Milton Friedman)은 정부가 금리를 변동해 통화량을 조절할 수 있어야 한다고 주장했다. 금리 인하는 소비 지출을 자극할 것이며, 금리 인상은 이를 억제해 통화량을 감소시킬 것이다.

영리 활동과 금융 기관

❯ 기업 회계 ❯ 금융 상품
❯ 금융 시장 ❯ 금융 기관

기업 회계

기업은 돈을 여러 방식, 여러 경로로 사용한다. 돈을 빌려 투자해서 기업 성장을 도모하는 기업이 있는가 하면 돈을 빌리기보다는 고액의 현금 보유와 수익 발생을 기업 성장의 토대로 삼는 기업이 있다. 어느 쪽을 택하느냐는 사업 유형과 경영 방식에 따라 달라진다. 창업 회사나 작은 규모의 기업들은 대체로 초기에 많은 현금을 필요로 하며, 규모가 크고 이미 기반이 잡힌 기업들은 내부적으로 수익을 키워 현금을 보유하는 데 더 능하다.

현금 흐름

이 지표는 한 사업체가 만들어 내는 수입이 얼마인지를 보여 주며, 그 기업의 원가와 지불해야 하는 비용 사이의 비율을 보여 준다. 한 기업의 수익이 비용을 초과할 때 정(正)의 현금 흐름을 보인다고 말한다(36~39쪽 참조).

이익 유연화

수입과 보고된 수익 간의 변동성을 줄이기 위한 기업 관행으로, 기업의 수익 변동을 억제하기 위한 회계 기법을 사용한다(34~35쪽 참조).

순이익

한 기업이 회계 연도 말에 보고하는 수입으로, 원가와 비용을 빼고 남은 이익이다. 총이익에서 세금, 비용, 은행 수수료 및 이자 비용, 감가상각비, 인건비, 그리고 그밖의 회사 경영에 들어가는 제반 경비를 공제한 액수이다(28~29쪽 참조).

수익 = 1억 원

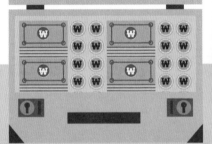

1조 7000억 달러

2015년 미국의 비금융 회사가
보유한 현금 및 현금 등가물 총액
(약 2000조 원)

비용
기업에서의 생산 활동에 일반적으로 들어가는 돈이다. 여기에는 일반적으로 인건비, 보험료, 공과금, 그밖에 기업을 경영하는 데 들어가는 제반 경비가 포함된다.

자산
한 기업이 소유한 재산으로 일부는 수익을 창출하는 데 쓰이며, 많은 부분은 그 자체로 경제적 가치를 인정받을 수 있다. 기업은 자산 가치 하락을 각오하고 장비 구입과 임대 중 하나를 선택해야 할 때가 많다.

부채 비율
총자본 대비 장·단기 부채 비율은 한 기업의 자본(가용 자금 또는 자산)과 장·단기 대출을 통해 마련한 자금의 비율을 백분율로 나타낸 것이다. 부채 비율이 상대적으로 낮은 기업은 위험 부담이 낮다고 평가되며 경기 침체기에 대응하기 유리한 위치에 있는 것으로 간주된다(40~41쪽 참조).
부채 = 200만 원

비용화 대 자본화
기업은 원가나 비용의 발생을 회계 장부에 기록해야 하는데, 발생 시점에 비용 총액을 지불하거나 여러 해에 걸쳐 그 비용을 분할 지불할 수 있다(30~31쪽 참조).

감가상각
시간이 지나면서 자산의 가치가 떨어진 정도를 나타내는 척도로, 사용으로 인해 마모되거나 소모되어 자산의 가치가 떨어지는 경우가 많다. 기업들은 차량이나 기계류를 비롯한 장비의 자산 가치 하락을 감가상각으로 회계 장부에 기록한다. 이것으로 그 회사의 과세 소득 세액이 낮아지며 과세 소득이 줄어든다(32~33쪽 참조).

순이익

기업이 한 해의 실적을 보고할 때는 투자자들에게 순이익 수치를 알려 줘야 한다.
한 기업이 실질적인 이익을 얼마나 창출하는지 알고 싶을 때 이 수치를 참고하면 좋다.

순이익의 원리

단순히 회사에서 벌어들인 액수만 보고한다면 건강한 기업인지 아닌지 현실적인 판단이 어렵다. 예를 들어 어떤 기업은 매출이 높지만 새로운 시장이나 부동산 또는 기계에 대한 투자 때문에 비용도 높을 수 있다.

투자자들이 기업의 재무 건전성을 정확하게 파악하기 위해서는 그 기업이 원가를 어떻게 관리하는지, 자금을 효율적으로 지출하고 있는지 알 수 있어야 한다.

순이익은 한 기업이 창출하는 실질적인 이익이 얼마인지, 그 이익이 장래에도 지속 가능한지를 판단하는 데 중요한 척도이다. 이 수치는 주당 순이익(오른쪽 참조)을 계산할 때도 사용하는데, 투자자들이 기업의 가치와 주가를 평가할 때 이 수치를 활용한다.

한 기업의 매출액과 세금·투자 및 여타 비용의 균형 상태를 분석하는 것은 그 기업이 경쟁 업체들과 비교해서 어떤 실적을 내고 있는지, 또한 향후 재무 건전성이 양호한지를 평가하는 여러 방법 중 하나이다.

순이익 계산법

투자자는 어떤 기업에 투자하는 것이 좋은가 여부를 판단할 때 그 기업의 매출만 고려하는 것보다는 순이익을 함께 고려하는 것이 좋다. 그 기업의 경영 방식과 실질적인 이익을 알 수 있기 때문이다. 순이익은 총이익에서 세금, 은행 수수료 및 이자 비용, 감가상각비, 인건비, 그밖의 회사 경영에 들어가는 제반 경비 등 총비용을 빼고 남은 액수이다.

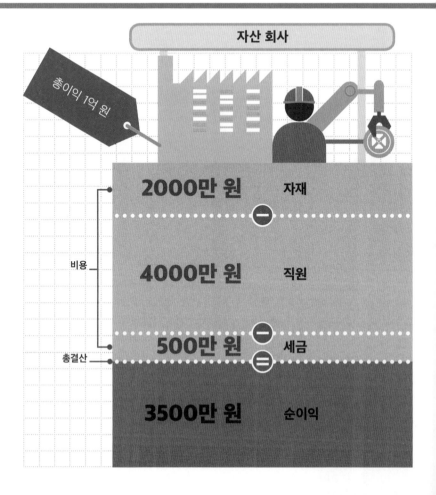

자산 회사

총이익 1억 원

2000만 원 ⊖ 자재

비용

4000만 원 직원

500만 원 ⊖ 세금

총결산

3500만 원 ＝ 순이익

총이익 - 비용 = 순이익

이익 부풀리기

순이익을 높게 보이기 위해서 계산에서 특정 비용을 생략하는 기업이 있는가 하면, 수익을 높게 보이기 위해서 가령 예상되는 미래 이익을 포함시키는 셈법으로 이익을 부풀리는 기업이 있다.

2014년에 영국 기업 테스코는 자사의 상반기 이익 추정치가 2억 5000만 파운드가량 부풀려졌다는 회계 오류 의혹을 발견하고 조사에 착수했다.

이렇듯 순이익은 한 기업의 재무 건전성을 판단하는 데 중요한 지표이지만, 이것만을 유일한 평가 수단으로 삼아서는 안 된다.

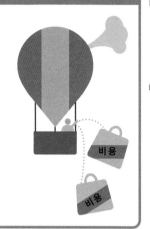

180억
4000만 달러
2016년 1/4분기
애플의 순이익
분기 수익 사상 최고치
(약 20조 원)

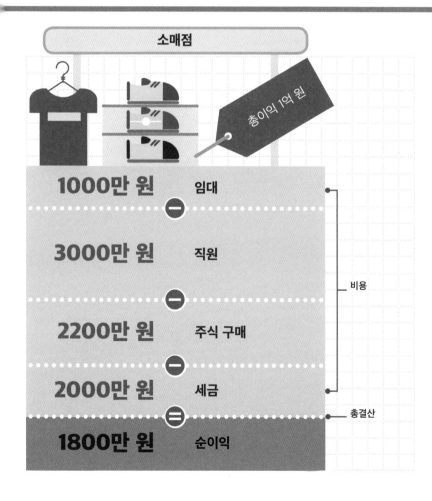

소매점

총이익 1억 원

1000만 원	임대 ⊖
3000만 원	직원 ⊖
2200만 원	주식 구매 ⊖
2000만 원	세금 ⊜
1800만 원	순이익

비용 · 총결산

✔ 알아 두기

> **총결산(bottom line)**
> 손익 계산서의 맨 밑줄을 가리키며, 순이익의 또 다른 표현이다.

> **주당 순이익(earnings per share)**
> 순이익을 발행 주식 수로 나눈 값. 한 기업의 수익성을 알 수 있는 지표로 간주된다.

> **비용(expenses)**
> 기업이 생산 활동을 하는 데 소요되는 돈으로, 여러 해에 걸쳐 점차 단계적으로 지불하는 경우보다는 즉시 들어가야 하는 돈을 가리킨다.

> **자산의 감가상각 (depreciation)**
> 기업이 구매한 자산의 가치가 하락하는 것으로, 제조 공정을 위한 시설이나 특수 설비에 발생하는 가치의 소모도 여기에 포함된다.

> **은행 수수료 및 이자 비용(banking and interest charges)**
> 은행 대출, 부채, 저당, 그 밖의 빚을 포함하는 금융 비용

비용화 대 자본화

기업은 비용이 발생하면 회사의 회계 장부에 기록해야 한다. 이때 기업은
비용 발생 시점에 전액을 지불할 수도 있고, 아니면 여러 해에 걸쳐 분할 지불할 수 있다.

실전으로 살펴보는 자본화와 비용화

모든 기업에는 지불해야 할 원가와 비용이 있다. 전기를 비롯한 공과금, 보험료, 인건비, 식비는 바로 지불해야 하는 비용이다. 자본 지출을 자산으로 인정받기 위해서는 쓰임이 1년 이상 지속되어야 한다. 기업은 어느 방식이 자사의 사업 모델에 최적인지 결정해야 한다. 예를 들어 스키장은 새 스키 리프트 설비와 제설차, 버스와 시설물 구입비를 자본화할 수 있다.

자산

스키 리프트
리프트 건설에 드는 상당 비용은 몇 년에 걸쳐 분할된다.

제설차
제설차의 비용은 여러 해에 걸쳐 지불하며, 그만큼씩 연간 수입에서 공제된다.

가구
시설물은 재무 상태표에서 3년에 걸쳐 지불하는 비용으로 나타난다.

셔틀버스
셔틀버스는 그 가치가 점차 떨어지므로 감가상각 대상 자산으로 기록한다.

자본화

어떤 비용을 자본화하기로 결정하면 몇 년에 걸쳐서 분할 지불할 수 있다. 자본화는 어떤 비용을 자산으로 기록하여 시간이 경과됨에 따라 그 자산의 가치가 떨어지는 감가상각을 받아들인다는 뜻이다. 이 회계 방식을 선택할 경우, 그 원가나 비용이 특히 거액일 때는 손실이 날 수도 있고 수익을 볼 수도 있다.

주의 사항

발생한 비용을 합법적으로 자산으로 기록할 수 있느냐 여부는 어느 정도 해석의 여지가 있다. 최근에는 몇몇 기업이 일회성 사업 비용을 추후 지불 완료한다는 계획 하에 신흥 시장의 투자로 기록한 사건이 있었다.

이 사건들의 경우, 아직 지불되지 않은 주문이나 비용을 벌어들인 수입으로 기록했고, 그 결과 기업의 이익이 실제보다 높게 나타났다. 이 기업들은 이 방식을 이용해서 실제 수치보다 이익을 부풀리거나 아니면 '더 깎아내려서' 보고했다.

재무 상태표

언제 자본화할 것인가

회계 장부상 수익 흐름을 완만하게 하고 싶은 기업들이나 창업 회사들에게는 구매 비용의 자본화가 매력적으로 받아들여질 수 있다. 창업 초반에는 비용을 낮출 때 이익이 상승할 수 있기 때문이다. 하지만 그렇게 해서 이익이 상승할 경우 세금 부담이 커질 수 있다.

언제 비용화할 것인가

비용의 일부를 비용화하면 이익이 낮아질 수 있다. 이것이 세금을 절감하는 데는 유리할 수 있다. 낮은 이익은 곧 낮은 세금을 의미하기 때문이다. 연간 수익이 괜찮았고 몇 년 후에 높은 수익률을 보여 주고 싶은 경우에도 비용화를 선택할 수 있다. 인건비 같은 일부 비용은 반드시 비용화 처리해야 한다.

비용화의 원리

경영주나 관리자에게는 선택권이 있다. 하나는 지불 시점에 비용을 기록해서 연간 이익을 감소시키는 것이다. 비용화라고 하는 이 방법은 회계 상에 즉시 적용된다. 다른 하나는 비용으로 등록하지만 동시에 자산으로 기록하여 여러 해에 걸친 감가상각비를 감수하는 방법이다. 자본화라고 불리는 이 방법은 비용을 일괄 지불하지 않고 분할하여 지불한다. 이 경우에 손익 계산상 극적인 차이가 생기지는 않는다.

비용

"경제적 본질은 놔두고 회계 장부가 어떻게 보일지만 신경 쓰면 아무것도 못 얻는다."

미국의 억만장자 투자가 워런 버핏

비용화
지속성 비용의 경우, 기업은 비용 발생 시점이나 실제로 지불하는 시점에 비용으로 기록할 것이다. 이렇게 하면 회계 장부상 수익의 변동성이 높아질 수 있지만, 기업이 세금을 낮출 목적으로 수익률을 계속해서 낮추고자 할 경우에는 유리할 수 있다.

재료
손님의 식사에 들어간 식자재는 재무 상태표에 전체가 나타나야 한다.

전기 등 공과금
공과금은 즉시 납부해야 하므로 자본화할 수 없다.

직원
인건비는 지속성 비용이지만 즉시 지불해야 하므로 비용으로 보고해야 한다.

보험
보험료는 회계 연도에 전액 회계 처리되는 비용으로 나타난다.

감가상각, 가격상각, 감모상각

기업은 자산 비용과 천연자원 사용 비용을 회계 및 세무 목적으로 소득에서 공제할 수 있다. 감가상각(유형 고정 자산), 가격상각(무형 고정 자산), 감모상각(소모성 자산)을 통해서 기업은 이 비용 부담을 분산할 수 있다.

감가상각 계산하기

택배 회사가 트럭을 2500만 원에 구입한다. 시간이 지나면 차량을 교체해야 한다. 회사는 회계 장부에 감가상각을 적용한 차량 가치로 기록할 수 있다.

$$\frac{구입\ 가치 \ - \ 잔존\ 가치}{유효\ 경제\ 수명(년)} \ = \ 연간\ 감가상각비\ (원)$$

$$\frac{2500만 \ - \ 500만}{5} \ = \ 400만$$

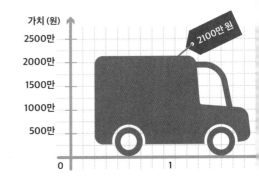

가격상각 계산하기

한 회사가 컴퓨터 디자인 특허를 산다. 이 무형 자산의 초기 비용은 수년에 걸쳐 점진적으로 상각될 수 있으며, 회사는 이 상각비를 사용하여 과세 소득을 줄일 수 있다.

$$\frac{초기\ 비용}{유효\ 수명} \ = \ 연간\ 가격상각비\ (원)$$

$$\frac{2100만}{7} \ = \ 300만$$

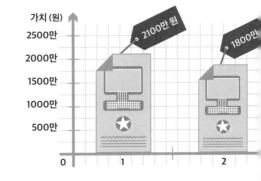

감모상각 계산하기

임업회사는 자사가 보유한 나무의 수량이 유한하다는 것을 안다. 감모상각은 시간이 지나면서 남은 보유 자산(목재 펄프)이 채벌됨에 따라 발생하는 숲의 가치 하락을 기록한다.

$$\frac{비용 - 잔존가액}{총생산량} \ X \ 채벌\ 수량 \ = \ 감모상각비\ (원)$$

$$\frac{100억 - 10억}{60,000} \ X \ 6,000 \ = \ 9억$$

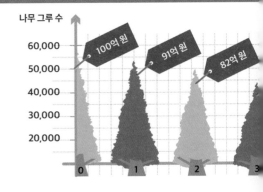

상각의 원리

감가상각(depreciation)은 유형 자산(기계나 차량 등)에 생기는 가치의 하락을 셈하는 회계 절차이다. 이는 자산의 가치가 시간이 경과함에 따라, 특히 사용으로 인해 마모되거나 소모되어 가치가 떨어진 정도를 나타내는 척도이다. 가격상각(amortization)은 무형 고정 자산(특허처럼 물리적 실체가 없는 자산)의 원가가 해가 감에 따라 점진적으로 상각되는 정도를 나타내는 회계 용어이다. 감모상각(depletion)은 천연자원의 자산 가치가 하락하는 것이다. 무형 자산을 다루는 가격상각과 달리 감모상각은 실제 보유 자산의 가치 하락을 기록하는데, 예를 들면 석탄이나 다이아몬드 광산, 석유와 가스, 숲 등에 적용된다.

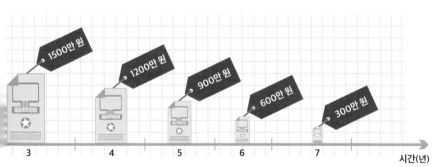

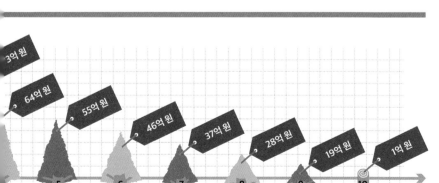

! 주의 사항

▶ **나라마다 다르다!**
감가상각을 허용하는 방법에는 여러 가지가 있으며, 회계법도 나라마다 다르다. 어느 정도의 감가상각을 허용할 것인가를 결정하기 위해서는 어떤 회계법이 사용되는지를 알아야 한다.

▶ **살 것이냐 빌릴 것이냐?**
사업주는 시간이 지나면 가치가 떨어질 자산을 구입하여 소유할 것인지 아니면 임대해서 임대료를 낼 것인지 결정해야 한다. 임대한 장비는 소유 자산이 아니므로 시간이 흐름에 따라 감가상각비를 적용할 수 없으며 회사의 과세 소득을 줄이는 데 활용할 수 없다.

60%
보통의 자동차가 3년 주행 이후 잃는 가치

이익 유연화

회사의 소득과 보고 이익 간의 변동성을 줄이기 위한 기업 관행인 이익 유연화에는 회사의 소득 변동을 억제하는 회계 기법이 사용된다.

이익 유연화의 원리

투자자들은 실적이 좋은 해와 나쁜 해의 변동폭이 크지 않고 소득과 수익이 꾸준한 상승세를 보이는 회사를 원한다.

기업들은 이익을 유연화하여 이런 큰 변동을 피할 수 있다. 예를 들면 관리자는 대규모 지출에 대비한 충당금을 책정 시기를 조정함으로써 수치를 조작할 수 있다. 실적이 저조한 해에는 대규모 투자나 부채 상환, 또는 충당금 책정을 피하고 대신 실적이 좋은 해에 그 충당금을 마련하기로 결정하는 것이다.

이익 유연화는 일반적으로 합법적이고 적법한 관행으로, 이익을 여러 해에 걸쳐 분산하는 기법이다. 이 회계 기법을 사용하면 재무제표상 꾸준하고 안정적인 성장세를 보이게 되며, 이것이 사람들의 투자를 높일 수 있다. 하지만 이익 유연화를 손실을 가장하거나 은폐함으로써 부실 기업에 투자를 유도하기 위한 불법적인 수단으로 사용하는 경우도 있다.

✓ 알아 두기

▶ **충당금(making provision)** 미래의 비용이나 잠재적 채무에 대비하여 별도로 책정하는 자금

▶ **재무 상태표(balance sheet)** 구 대차 대조표. 수입, 지출, 자본 준비금, 채무 등 한 회사의 재정 상태를 한눈에 볼 수 있게 도식화한 표

▶ **손익 계정(profit and loss account)** 6개월 또는 1년간 한 회사의 순손익을 기록·계산하는 계정

▶ **변동성(volatility)** 한 회사의 수입이나 보고 이익이 오르락내리락 하는 상태

이익의 변동성

A 회사는 대규모 비용 지출이나 이익 감소 시 필요할 경영 유지비를 위한 충당금을 별도로 책정해 두지 않는다.

침체기:
회사에 충당금이 없다
예상치 못한 이익 감소로 고전하지만 따로 챙겨 둔 돈이 없다. 회사를 돌리는 데 필요한 경비조차 대기 힘들어지고 투자자들의 관심을 잃을 것이다.

호황기:
회사는 돈을 쓴다
예상보다 이익이 높아서 새 장비, 직원 보너스, 광고에 돈을 쓴다. 충당금을 한 푼도 마련해 두지 않는다.

유명한 회계 부정 사건들

유명한 대형 기업들마저 손익 계정을 조작하는 불법 행위를 저지르곤 한다.
근래 들어 가장 유명한 회계 부정 사건으로는 당시 미국 7대 기업의 하나였던
엔론 사의 스캔들을 꼽을 수 있다.

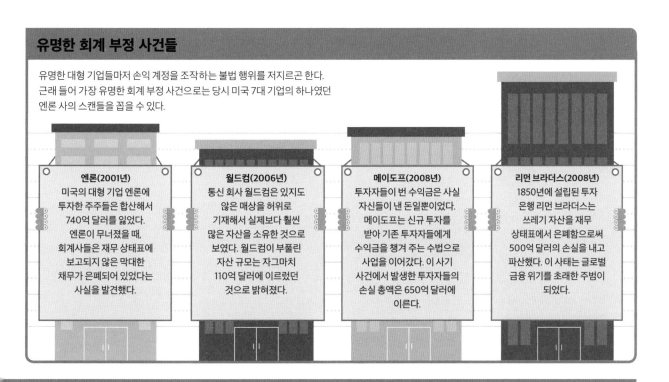

엔론(2001년)
미국의 대형 기업 엔론에 투자한 주주들은 합산해서 740억 달러를 잃었다. 엔론이 무너졌을 때, 회계사들은 재무 상태표에 보고되지 않은 막대한 채무가 은폐되어 있었다는 사실을 발견했다.

월드컴(2006년)
통신 회사 월드컴은 있지도 않은 매상을 허위로 기재해서 실제보다 훨씬 많은 자산을 소유한 것으로 보였다. 월드컴이 부풀린 자산 규모는 자그마치 110억 달러에 이르렀던 것으로 밝혀졌다.

메이도프(2008년)
투자자들이 번 수익금은 사실 자신들이 낸 돈일뿐이었다. 메이도프는 신규 투자를 받아 기존 투자자들에게 수익금을 챙겨 주는 수법으로 사업을 이어갔다. 이 사기 사건에서 발생한 투자자들의 손실 총액은 650억 달러에 이른다.

리먼 브라더스(2008년)
1850년에 설립된 투자 은행 리먼 브라더스는 쓰레기 자산을 재무 상태표에서 은폐함으로써 500억 달러의 손실을 내고 파산했다. 이 사태는 글로벌 금융 위기를 초래한 주범이 되었다.

이익 유연화

B 회사는 이익을 많이 본 기간에 대출금 상환이나 예상치 못한 큰 비용이 발생할 경우에 사용할 목적으로 별도의 충당금을 책정함으로써 이익 유연화를 수행한다.

주의 사항

재무제표를 읽는다고 해서 그 회사의 모든 상황을 완전히 알 수 있는 것은 아니다. 많은 초대형 글로벌 기업이 벌인 금융 사기가 재무제표에서 손실을 은폐하고, 빚을 소득처럼 보이게 만들고, 이익을 허위 기재하여 문제의 기업이 실상과는 달리 재정 상태가 탄탄한 기업처럼 보이게끔 조작한 사건이었다.

수치를 '손본다'

소득이 평년보다 높게 나왔을 때 B 회사는 추가 이익을 비축해 다음 해 몫으로 할당한다. 따라서 이익이 완만하게 증가하는 것으로 보인다.

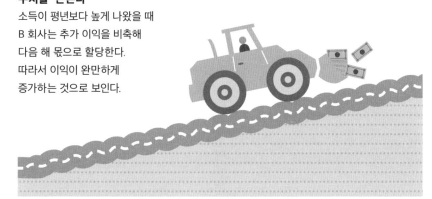

"우리가 관리하는 것은 이익이 아니라 사업이다."

전 제너럴일렉트릭 사 CEO 잭 웰치

현금 흐름

회사의 사업을 위해 들어오고 나가는 돈을 현금 흐름이라고 한다.
현금 유입에는 융자, 영업, 투자가 있으며, 유출에는 비용, 원자재 지불, 자본 비용이 포함된다.

자본
투자와 목돈

➤ 신생 기업에 발생하는 현금 유입의 주요 원천
➤ 창업 초기 추가 자본 확충
➤ 개인 회사의 채권 발행(상장), 상장 회사의
  주식 발행으로 인한 현금 유입
➤ 투자 활동으로 발생하는 현금 흐름이라고도 한다.

매출 수익
재화와 용역 판매로 들어온 현금

➤ 핵심 영업활동에서 발생한 수익
➤ 융자나 자본과 달리 상환할 필요가 없는 이익
➤ 재화 및 용역을 판매하여 벌어들인 돈
➤ 영업 활동으로 발생하는 현금 흐름이라고도 한다.

현금 또는

현금 유출   현금 유출   현금 유출

급여과 임금
직원에게 지불

➤ 재화 및 용역 창출에 직접 참여하는
  종업원에게 지급하는 돈
➤ 직원에게 월별 또는 주별 고정 금액으로
  지불하는 급여(연율 기준)
➤ 시간 또는 일수 또는 주 단위로 계약자에게
  지불하는 임금

간접비
각종 요금

➤ 상업용 부동산 임대 비용,
  공과금(수도·전기·가스·전화·인터넷),
  사무용품 및 문구 구입 비용
➤ 재화 및 용역 창출에 직접 참여하지 않는
  직원 인의 급여 및 임금
  (간접 노동 비용이라고 한다.)

대출 상환
부채 상환 및 주주 이익 배당

➤ 자산 매입을 위한 장기 대출 이자와
  운전 자본을 위한 단기 대출 이자
➤ 대출금 상환
➤ 팩터링 회사(지불금 회수 회사)에
  지불하는 수수료
➤ 자사주 매입과 주주 배당금

현금 흐름의 원리

현금 흐름은 일정 기간 동안 한 기업에 현금이 들어오고 나가는 움직임이다. 용역과 재화 판매, 대출과 자본 투자, 기타 수입 등으로 현금이 들어오며, 임대비, 공과금, 인건비, 자재비, 대출 이자로 현금이 나간다. 현금을 유출하는 시점과 유입하는 시점을 어떻게 맞추느냐가 관건이다.

융자
은행 대출 및 당좌 대월

❯ 예상 수입을 담보로 부족분을 충당하기 위한 운전 자본 대출

❯ 팩터링 회사의 판매 송장에 대한 선불

❯ 단기 당좌 대월(계좌에 대금이 부족할 경우, 은행 또는 신용 조합이 부족분을 대신 지급하는 것 — 옮긴이)

❯ 재무 활동으로 발생하는 현금 흐름이라고도 한다.

영업 외 수익
보조금, 기부금, 우발 이익

❯ 기관이나 정부 보조금, 대개는 연구 및 개발비

❯ 기부와 선물(비영리 단체)

❯ 자산 매각과 투자

❯ 다른 회사 등의 조직에 빌려준 자금 상환

❯ 세금 환급

현금 유입

현금 유입

증권으로 유입

현금 유출

현금 유출

현금 유출

공급 업체
자재 및 용역 공급 업체에 대한 지불

❯ 상품 제조에 필요한 원자재 구입비

❯ 재고 유지비(국산 또는 수입 물자)

❯ 수익 창출을 위한 용역(컨설팅 또는 광고) 비용

❯ 재화 및 용역 제공에 관련된 계약자에 대한 지불

세금
세무서에 납부

❯ 연간 재무제표에 기재된 이익에 근거한 법인세

❯ 고용주가 종업원 대신 납부하는 급여세

❯ 재화 또는 용역 판매에 대한 판매세 또는 부가 가치세(또는 판매세와 부가 가치세)

❯ 조세 유형과 세율은 국가 세법에 따라 다름

장비
고정 자산 구입비

❯ 전화와 컴퓨터, 사무용 가구, 차량, 공장, 기계 등 회사 건물 및 장비에 들어가는 비용

❯ 이 비용은 감가상각으로 상쇄 (32~33쪽 참조)

현금 흐름 관리

기업의 생존은 현금 흐름을 어떻게 다루느냐에 달려 있다. 수입을 현금으로 전환하는 능력, 즉 유동성도 그만큼 중요하다. 아무리 수익성 있는 사업이라 해도 제때에 청구서를 지불할 수 없다면 부실 기업이 될 수 있다. 심지어 신규 사업이 회사의 성패를 판가름할 수도 있는데, 돈이 들어오기 전에 확장에 너무 큰 비용을 지출했다가 부채와 채무에 지불할 현금이 바닥나는, '과도 거래에 의한 지급 불능' 상태가 될 수도 있다.

현금 흐름을 효율적으로 관리하기 위해서는 무엇보다도 현금의 유입과 유출을 예측해야 한다. 고객 수금 일정과 급여·각종 요금·공급 업체·채무·기타 비용 등의 지불 일정을 파악하면 부족액을 예측할 수 있다. 현금 흐름 관리가 잘못되면 수금이 되기 전에 지불해야 해서 현금 부족 상황이 벌어질 수 있다. 슈퍼마켓 같은 스마트 비즈니스의 경우, 납품은 외상으로 받지만 고객은 현금으로 지불하기 때문에 여유 자금이 발생할 수 있다.

현금 흐름의 흑자와 적자

흑자 현금 흐름
기업으로 유입되는 현금이 유출되는 현금보다 큰 경우. 즉 현금 보유액이 증가한다. 이 위치에 있는 기업은 번창하고 있다.

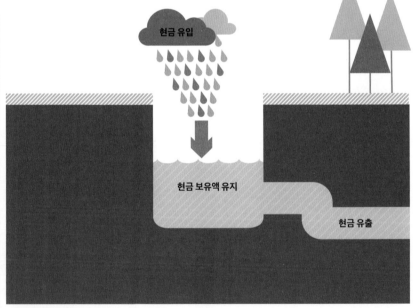

안정적 현금 흐름
기업으로 현금이 유입되는 속도와 유출되는 속도가 같은 경우. 실적이 좋은 회사는 투자를 늘리거나 주주 배당을 늘릴 여력이 되는지 결정할 수 있다. 이렇게 해서 추가 비용이 발생하더라도 현금 보유액이 안정적으로 유지된다는 것은 그 기업이 건강하다는 신호이다.

✓ 알아 두기

❯ **팩터(factor)**
수수료를 받고 거래처로부터 지불금을
회수해 주는 업체

❯ **지급금(accounts payable)**
회사가 지불해야 하는 돈

❯ **미수금(accounts receivable)**
회사가 받기로 되어 있는 지불금

❯ **지급금과 미수금 기일표(ageing schedule)**
회사가 비용을 지불해야 하는 일정과 자금을
받아야 하는 일정을 대조·정리해 놓은 표

❯ **현금 흐름 격차(cash flow gap)**
회사 비용 지불 시점과 자금 회수 시점의 격차

❯ **현금화(cash conversion)**
회사의 성패는 재화 및 용역을 대금 지불일
전에 현금으로 전환할 수 있느냐에 달려 있다.

❯ **영업 활동 현금 흐름(operating cash flow)**
재화 및 용역을 생산하고 판매하는 기업의
일상 활동에 의한 현금의 유입과 유출

❯ **투자 활동 현금 흐름(investing cash flos)**
채권, 기업, 주식 시장에 투자하는 활동에
의한 현금의 유입과 유출

❯ **재무 활동 현금 흐름(financing cash flow)**
채무자로부터 유입되며 채권자에게
유출되는 현금의 흐름.

80%
작은 신생 기업의
80퍼센트가
현금 흐름 관리
미숙으로 실패

적자 현금 흐름
기업으로 유입되는 현금이 유출되는 현금보다
많은 상태. 시간이 흐르면 가용 현금 보유액이
줄어들어 회사가 어려움에 직면한다.

부도
현금 유출액이 유입액을 계속 초과하면
현금 수준이 너무 낮아져 회사가 부실해지고
지출할 현금이 바닥날 것이다.

현금 흐름 다루기

여유 자금이 있을 때 할 수 있는 일

❯ 현금 초과분을 이자 소득을 가져올 수 있는
계좌에 투자하거나 그런 계좌로 옮긴다.

❯ 생산 효율성을 높이기 위해
장비를 개선한다.

❯ 제품 개발 인력을 새로 고용하거나
다른 기업을 인수하여 사업을 확장한다.

❯ 신용 등급을 상향해야 할 시점이 오기 전에
채무를 조기 상환하거나 줄인다.

현금 부족을 겪을 때 할 수 있는 일

❯ 판매 가격을 낮추거나 높여 수익을 높인다.

❯ 즉각 송장을 발행하고 미지불금을
추적한다.

❯ 거래 업체에 외상 기한 연장을 요청한다.

❯ 신속한 지불에 할인 혜택을 제공한다.

❯ 단기 대출로 현금을 확보하여
긴급한 경비를 지출한다.

❯ 현금 흐름을 항시 추적하여 장차
발생할 문제에 계획적으로 대비한다.

부채 비율과 위험

부채 비율은 회사가 보유한 자본과 장·단기 대출로 조달하는 자금 간의 균형을 말한다. 투자자와 대출 기관은 이를 이용하여 위험을 평가한다.

회사에 채무가 많다
자본 대비 채무 비율이 높을 때 재무 레버리지가 높다고 한다. 채권과 대출이 채무의 전형적인 예다.

부채 비율의 원리

대부분의 기업은 일종의 부채 비율을 통해 운영되며, 부분적으로는 대출 및 채권의 형태로 돈을 빌려 사업에 자금을 공급한다. 부채 비율이 높으면(즉 자기 자본 대 부채의 비율이 크면), 투자자들은 이 회사가 채무를 상환할 능력이 되는지 우려할 것이다. 하지만 그 회사가 거두는 이익이 이자를 지불하기에 충분하다면 높은 부채 비율이 주주들에게 더 높은 배당금을 돌려줄 수 있다. 최적의 부채 비율은 그 기업이 속한 사업 부문의 투자 위험, 경쟁 업체들의 부채 비율, 기업의 성숙도에 달려 있다. 부채 비율은 나라마다 다른데 예를 들어 독일과 프랑스의 기업들은 미국과 영국 기업들보다 부채 비율이 높은 편이다.

지분 금융*

장점

❯ 낮은 부채 비율은 재정 건강성의 척도이다.
❯ 위험 부담이 낮으므로 더 많은 투자를 유치할 수 있고 신용 등급이 상승한다.
❯ 지분 투자를 통한 자본 조달은 투자자에게 상환할 필요가 없다.
❯ 손실은 주주들이 흡수한다.
❯ 엔젤 투자자들의 전문 지식을 얻을 수 있다.
❯ 수익을 내기까지 시간이 걸리는 신생 벤처 기업에 유리하다.

단점

❯ 소유권을 공유하므로 창업자와 이사들의 결정권에 제약이 있다.
❯ 자금에 대한 위험을 감수한 대가로 투자자들에게 이익을 분배해야 한다.
❯ 구성과 설정이 복잡할 수 있다.

부채 비율 계산하기

분석가들과 잠재적 투자자들은 이 계산법으로 기업의 재무 위험을 평가하며, 백분율로 표시한다.

$$\left(\frac{\text{장기 채무}}{\text{주주 지분} + \text{자본 준비금} + \text{장기 채무}}\right) \times 100$$

낮은 부채 비율

한 소프트웨어 회사가 상장한다. 21.2퍼센트는 낮은 부채 비율로 간주되어 투자자들에게 이 회사가 경기 침체기를 견딜 수 있음을 말해 준다.

$$\left(\frac{\text{12억 원}}{\text{20억 원} + \text{24억 5500만 원} + \text{12억 원}}\right) \times 100 = 21.2\%$$

채무

채무

회사에 채무가 적다
자본 대비 채무 비율이 낮을 때 재무 레버리지가 낮다고 한다. 자본은 일반적으로 자본 준비금과 주주 지분으로 이루어진다.

부채 금융**

장점

➤ 채무 상환이 수익성에 따라 변하지 않는다.

➤ 대출 이자 지불액에 대해 세금 공제를 받을 수 있다.

➤ 채무는 소유권을 약화시키지 않는다.

➤ 회사가 의사 결정권을 유지한다.

➤ 상환 액수를 알고 있어 계획이 가능하다.

➤ 절차가 빠르고 쉽다.

➤ 벤처 기업에게 유리한 금리의 중소기업 대출이 가능하다.

단점

➤ 채무는 회사의 이익이 낮을 때에도 상환해야 하므로 높은 부채율은 재정 취약성의 척도로 여겨진다.

➤ 투자 위험으로 인해 투자자들이 결정을 망설이고 신용 등급에 악영향을 미칠 수 있다.

➤ 영업 이익이 감소해도 대출금과 채권에 대한 이자를 지불해야 한다.

➤ 채무는 회사의 고정 자산을 담보로 삼을 수 있다. 채무 상환이 이루어지지 않을 시, 대출 기관이 자산을 점유하고 파산을 강제할 수 있다.

➤ 지급 불능 상황에서는 조세 당국과 대출 기관이 변제 1순위가 된다.

✓ 알아 두기

➤ **이익금 대비 부채 이자(interest cover ratio)**
영업 이익을 미지급 이자로 나눈 값

➤ **과다 차입(overleveraged)**
기업에 차입금이 너무 많아 이자를 지불하지 못하는 상황

➤ **디레버리지(deleverage)**
부채 비율을 낮추기 위해 기존 채무를 즉각 상환하는 것

➤ **채권자(creditor)**
빚을 받을 권리가 있는 사람 또는 기관 (주주의 변제 순위는 항상 대출자보다 밀린다)

➤ **지분 희석(dilution)**
엔젤 투자자들(창업 회사의 미래를 보고 자금을 제공하고 투자하는 사람들)은 보통 지분을 받는다. 엔젤 투자자들이 기업의 미래를 결정하기에 충분한 지배 지분을 보유할 경우, 이를 지분 희석이라고 부른다.

* 지분 금융(equity finance) 기업이 신주 발행이나 지분 매각을 통해 자금을 조달하는 경영 방법

** 부채 금융(debt financing) 회사채·사모사채 등 채권을 발행하거나 대출을 통해 자금을 조달하는 경영 방법 — 옮긴이

높은 부채 비율
수백만 고객을 보유한 지역 유일의 수도 공급 업체인 수자원 회사가 있다. 64퍼센트는 상대적으로 높은 부채 비율이지만, 지역 독점에 회사에 대한 평판이 좋아 투자 가치가 있는 공기업으로 평가할 수 있다.

$$\left(\frac{3600억\ 원}{820억\ 원 + 1200억\ 원 + 3600억\ 원} \right) \times 100 = 64\%$$

25%
이하일 경우
부채 비율이
낮다고 간주한다

기업은 어떻게 채무를 이용하는가

기업을 확장할 때는 주로 두 가지 자금 조달 방법을 이용하는데, 하나는 자금을 빌리는 것이고 또 하나는 주식을 발행하는 것이다. 정액 계약으로 자금을 빌리면 비용을 책정하고 잠재 이익을 계산할 수 있다.

채무의 원리

자금을 대출해 채무를 안은 기업은 목돈을 현금으로 받아 약정한 기간 동안 채권자에게 정기적인 이자를 지불하고 만기까지 채무 전액을 상환한다. 이 방법은 주식을 발행하는 것과 달리 사업 전략에 대한 의사 결정권을 유지한다.

주식을 발행한 기업은 사업 소유권(지분)을 매도하는 것이다. 주식 발행으로 자금을 조달하는 기업은 기업 경영에 대해 더 많은 주주의 의견을 수렴해야 할 수도 있다. 회사가 이익을 냈을 때는 주주들에게 배당금을 지불해야 한다. 대출과 달리 투자 지분을 투자자에게 '갚지' 않고 지분을 유지하는 투자자들에게 이익금을 배당한다.

기업은 두 가지 자금 조달 방법을 모두 이용할 수 있다. 방법마다 각기 장단점이 있지만, 이러한 차입 능력이 없는 기업은 장기적 자본 투입으로 대규모 프로젝트를 수행하는 것이 불가능할 것이다.

대출 기관은 기업의 경영 상태나 부채 상환 능력에 우려가 있을 때 대출금을 회수하거나 해당 기업에 채무 상환 기간 재조정을 요구할 수 있는데, 높아진 잠재 위험을 상쇄하기 위해 기업은 높은 대출 금리를 지불해야 한다.

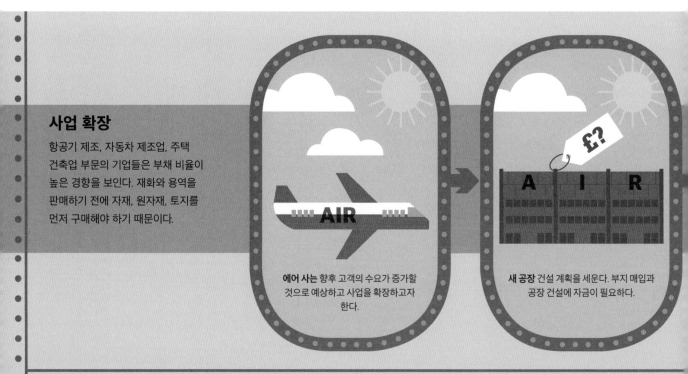

사업 확장

항공기 제조, 자동차 제조업, 주택 건축업 부문의 기업들은 부채 비율이 높은 경향을 보인다. 재화와 용역을 판매하기 전에 자재, 원자재, 토지를 먼저 구매해야 하기 때문이다.

에어 사는 향후 고객의 수요가 증가할 것으로 예상하고 사업을 확장하고자 한다.

새 공장 건설 계획을 세운다. 부지 매입과 공장 건설에 자금이 필요하다.

알아 두기

> **채권자(creditor)**
> 기업이 돈을 빚진 은행, 대출 회사, 개인

> **배당금(dividend)**
> 회사의 주주들에게 지급되는 이익

> **이자 지급(금)(interest payment)**
> 대출금에 부과되는 이자 금액. 보통은 고정
> 액수이며 매월 정해진 일자에 지급해야 한
> 다. 사업에 어려움을 겪어 돈을 잃는 상황
> 에서도 이자는 반드시 지급해야 한다.

> **기업 수명 주기(lifecycle)**
> 기업이 자본 조달 방식 결정 시 근거로 삼는
> 단계(성장기·성숙기·쇠퇴기)이다. 신생 기업
> 은 은행 대출과 종자 자본(seed capital)이
> 라는 엔젤 투자자 초기 자본에 의지하는 경
> 향이 있으며, 단계가 성숙하면 벤처 캐피털
> 로 전환하는데, 주식 발행이 필요할 수 있다.

부채 비율 조정하기

자금을 빌리는 회사는 주식을 발행하는 회사와 달리 고정 채무와 상환 기한이 있다. 이 자금 조달 방식을 택한 회사들은 채권자들에게 이익의 지분을 배당하지 않으며 회사 경영에 대한 의사 결정권을 그대로 유지하기에 독립성을 지킬 수 있다. 또한 조세 혜택도 누릴 수 있다. 지분을 배당하는 것보다는 부채 비용을 지불하는 것이 기업에는 더 경제적인 선택이 된다.

빚이 너무 많으면 잠재 채권자가 이 회사의 위험이 너무 크다고 생각할 것이다. 하지만 채무를 사용해서 더 큰 이익을 유지할 수 있다.

빚이 너무 적으면 새로운 주주에게 의사 결정권과 이익을 너무 많이 넘겨야 할 수도 있다.

의사 결정권을 유지하기 위해서 에어 사는 지분을 매각하는 대신 은행 대출을 받기로 결정한다.

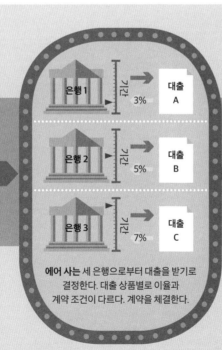

에어 사는 세 은행으로부터 대출을 받기로 결정한다. 대출 상품별로 이율과 계약 조건이 다르다. 계약을 체결한다.

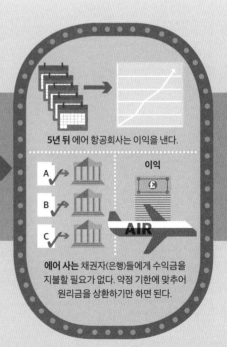

에어 사는 채권자(은행)들에게 수익금을 지불할 필요가 없다. 약정 기한에 맞추어 원리금을 상환하기만 하면 된다.

재무 보고

재무 보고는 회사의 자산(소유한 것), 부채(빚진 것), 재무 상태를 회계 원칙에 따라 작성하여 발표하는 것이다. 이 정보는 투자자가 회사의 발전 추이를 추적하는 데 사용된다.

재무 보고의 원리

국가는 기업이 자사의 재무 정보 전체를 한눈에 정확하게 진술하도록 일정한 법률적 요건을 정하고 있다. 기업은 재무 상태에 발생한 중대한 변경 사항과 당해 연도의 현금의 유입 여부, 부채 또는 손실의 발생 여부 등을 포함하여 반기 또는 연간 실적을 명기해야 한다. 일반적으로 재무 보고는 반기 보고서와 연례 보고서, 두 가지가 발행된다. 상장 회사(즉 주식이 주식 시장에서 거래되는 회사)는 반드시 연례 보고서를 발표하여 투자자들이 언제든지 읽을 수 있게 해야 한다. 기업들은 여러 종류의 문서를 발행해야 하는데, 한 해 동안 회사의 활동을 보여 주는 연례 보고서, 현재의 자산과 부채의 상태와 운전 자본(자산에서 부채를 뺀 것)을 보여 주는 재무 상태표, 투자자들을 위해 인터넷에 공개하는 재무 정보 세부 내역 등이다. 이 정보는 투자자들이 그 회사의 성장 추이를 추적하는 데 사용된다.

실제 사례 연구: 재무 상태표

영국의 한 수자원 회사의 다음 사례는 재무 상태표가 어떻게 구성되는지를 보여 준다.

자산, 부채, 자본

고정 자산

| 무형 자산 |
| 유형 자산 |
| 투자 |

유동 자산

| 재고 자산 |
| 채무자 |
| 은행 예금과 현금 |
| 총유동 자산 |

채권자 1년 이내에 만기 도래

순유동 자산

유동 부채를 차감한 총자산

채권자 만기 1년 이상

| 충당 부채 |
| 퇴직 급여 채무 |
| 이연 수익 |

순자산

자본 및 준비금

| 발행필 주식 자본금 |
| 유보 이익 |

주주 자금

차변과 대변의 기호들

회계사들은 여러 가지 용어와 기호를 사용해 차변(debit)과 대변(credit)을 표시한다. 차변을 'Dr', 대변을 'Cr'로 표시하는가 하면, 차변은 '+(플러스)', 대변은 '－(마이너스)'로 표기하기도 한다. 이 재무 상태표에서는 괄호로 대변(마이너스)을 표시했다.

주의 사항

재무 상태표가 보여 주는 것은 일정 시점의 기업의 재무 상태이다. 한 회사의 재무 건전성을 알아보기에는 좋은 지침이지만, 연례 보고서나 재무 상태표를 검토하는 감사인에게 큰 채무나 부채를 숨기거나 보이지 않도록 조작한 교묘한 보고서도 있으며, 과거에는 이것이 흔한 관행이었다. 감사인은 '부정 지표'나 '부정 징후'를 찾아내고 확인해 적발하는 역할도 수행한다. 적자이던 현금 흐름이 다음해에 기적적으로 흑자로 전환하는 경우, 판매가 되지도 않은 것을 매상으로 기록하는 경우, 매출 총이익이 비정상적으로 상승하는 경우 등 다양한 부정과 편법이 있을 수 있다.

	2013년 £m	2012년 £m
	0	0
	2,167.1	2,069.2
	-	-
	7.0	6.3
	162.6	153.9
	181.0	211.0
	350.6	371.2
	(198.8)	(171.7)
	151.8	199.5
	2,318.9	2,268.7
	(1,891.5)	(1,811.9)
	(114.9)	(115.3)
	(93.1)	(83.0)
	(17.2)	(17.9)
	202.2	240.6
	81.3	81.3
	120.9	159.3
	202.2	240.6

고정 자산(또는 비유동 자산)은 쉽게 현금으로 전환할 수 없고 일반적으로 장기간 사용을 위해 구입하는 자산이다. 토지 같은 유형 자산이 있고, 브랜드 로고 같은 무형 자산이 있다.

무형 자산은 지적 재산권이나 등록 상표처럼 물리적 형태가 없는 자산을 말한다. 이 자산은 가치가 있지만, 주식이나 부동산 또는 건물과 같은 유형 자산과 구별된다.

유동 자산은 회사 내에 보유한 현금 및 소액 현금, 재고 자산, 보험금 청구권, 사무기기, 매출 채권 등 현금으로 전환될 수 있는 모든 자산을 포함한다.

채무자는 빚을 갚아야 할 의무를 가진 개인이나 회사를 말한다. 채무자는 채권자와 지불 조건에 대해 계약을 체결한다.

채권자는 회사가 돈을 빚진 개인 또는 조직을 말한다. 이 돈은 당해 회계 연도에 상환해야 한다.

순유동 자산은 유동 자산에서 채권자에게 갚아야 할 돈을 뺀 부분이다.

유동 부채를 차감한 총자산은 현금으로 교환되지 않을 모든 자산으로, 현금과 기타 유동 자산에서 부채를 뺀 부분이다.

만기가 있는 부채는 회사가 빌렸으며 일정 날짜에 이자를 지불해야 하는 대출, 담보 대출, 또는 아직 상환하지 않은 빚을 가리킨다.

순자산은 회사의 총자산에서 총부채를 차감한 잔액을 말한다. 주주 지분(또는 지배 지분)이라고도 부른다.

발행필 주식 자본금은 회사의 주주가 보유한 주식의 총수를 말한다.

유보 이익은 주주들에게 배당금으로 지급되지 않은 이익금으로, 장기적으로 재투자되거나 부채 상환에 사용될 수 있다. 이익 잉여금이라고도 부른다.

주주 자금은 주주 지분(또는 소유주 지분)으로, 회사의 총자산에서 총부채를 차감한 나머지 순자본을 말한다. 재투자에 사용할 수도 있고 매년 주주 배당금으로 지급할 수도 있다.

금융 상품

금융 상품은 가치를 지니며 거래가 가능한 수단이다. 거래 항목으로는 현금이나 통화를 거래하는 상품에서 주식이나 자산, 또는 부채나 대출 등의 금융 상품이 있으며, 회사나 기업체에 대한 지분의 증명도 금융 수단이 될 수 있다. 현재는 대다수 금융 상품이 전자 거래가 가능하다.

금융 상품의 원리

금융 상품은 당사자가 다른 사람 또는 조직에 돈(또는 가치를 지닌 다른 어떤 것)을 지불할 것을 요구하는 법적 계약이다. 일반적으로 계약서에는 계약 조건이 첨부된다. 이 계약 조건에는 이자, 현금, 자본 이득, 보험료 지불 액수와 시기, 보험 보상 규정 등이 포함된다. 어떤 금융 상품을 소유했다는 증명으로 주권이나 보험 증권, 채무나 대출 계약서 같은 실제 문서를 보유할 수 있지만, 주식은 온라인 계좌로 보유할 수도 있다.

왜 금융 상품을 보유하는가?

성장과 배당
투자자는 금융 상품을 구매하거나 거래함으로써 직접적인 자본 이득을 얻거나 채권이나 주식 배당금의 이자를 받을 수 있다.

위험 관리
자산을 구입할 때 각기 별개로 수행되는 상품들로 구성하면 포트폴리오 위험을 줄일 수 있다.

예상치 못한 상황에 대비하기
분산된 포트폴리오를 구성하고자 하는 투자자는 가치가 떨어지는 포트폴리오에 대한 보험을 구매할 수 있다. 보험 증권을 갖고 있으면 보험 계약 조항이 규정하는 범위 내에서 투자 손실에 대해 보호 받을 수 있다.

주식

기업은 돈을 받은 대가로 투자자에게 주식을 발행한다. 기업과 주주 간에 체결하는 계약 조항에는 투자자가 주식을 보유하고 있는 한 (그 회사가 그럴 여력이 생겼을 경우에) 받을 수 있는 배당금 지급이나 주주 특전 등의 내용이 포함된다 (48~49쪽 참조).

통화
투자자는 환율 변동을 이용해 이익을 얻기 위해 여러 통화를 보유하고 거래할 수 있다 (58~59쪽 참조).

16%

2015년 7월 17일 금요일 하루 동안 상승한 구글의 주식 가치

파생 상품(옵션과 선물)

파생 상품의 가치는 기초 자산의 성과에 달려 있다. 이 상품은 자본 성장에 기여하거나 사업 또는 포트폴리오의 위험을 제한하는 방향으로 거래된다. 전문 투자자는 이들 상품을 이용하여 포트폴리오의 위험을 분산할 수 있다 (52~53쪽 참조).

채권 및 대출

채권과 대출은 투자자가 기업에 돈을 빌려주는 상품이다. 투자자는 회사나 정부에 돈을 대여하고, 차용자는 자금 상환 기일을 특정하고 그 기간 동안 투자자에게 정해진 이자율로 이자를 지불한다(50~51쪽 참조).

알아 두기

> **자본 이득(capital gain)**
> 주식 등 자산을 판매하여 얻은 이익

> **위험(risk)**
> 투자 수익률이 예상보다 낮거나 예상과 다를 가능성

> **포트폴리오(portfolio)**
> 개인 또는 조직이 보유한 일련의 투자 영역과 상품

보험

보험 증권에는 회사 또는 개인이 보험 회사에 보험료를 지불하고 사전 합의된 손실 상황이 발생했을 경우에 금전적으로 보상한다는 계약 조항이 포함된다 (78~79쪽 참조).

펀드

투자 펀드(단위형 투자 신탁 같은)는 그룹 투자자가 운용하는 자본금이다. 펀드의 가치가 상승하여 자본 이득을 올려줄 것으로 기대되는 펀드에 이 자금을 투자한다. 이 상품으로 이자 소득을 얻을 수도 있다 (80~81쪽 참조).

주식

주식은 주식 회사에 투자하는 사람이 매입하거나 매각할 수 있는 자본의 단위이다.
회사는 자본을 늘리기 위해 주식을 발행하며, 그렇게 해서 창출된 자본을 회사를 성장시킬 수
있는 사업에 투자한다.

주식의 원리

주주는 회사가 발행한 주식을 구매하는 투자자이며, 따라서 회사의 일부 지분을 소유하는 사람이다. 주주가 매입하는 주식은 일반적으로 '보통주'이다. 주주는 회사의 경영진 선거에 투표할 수 있고 새로운 주식 발행 및 여타 자금 조달 활동 여부에 찬성이나 반대 의사를 행사할 수 있으며, 경우에 따라서는 배당금이라고 부르는 회사의 수익을 지급받는다. 주주는 지분을 보유한 모든 투자자 명단인 주주 명부에 등록된다.

투자자는 자본이 성장할 경우(내재 가치 또는 기초 자산 가격의 상승)와 배당금이 발생할 경우의 소득을 위해 주식을 매수한다. 주식 가격의 상승과 하락은 기업의 재무 성과, 일반적인 경제 관련 소식, 그리고 그 기업 또는 경제 전반에 대한 투자자의 느낌에 달려 있다. 주가가 단기간에 변동하면 변동성이 있다고 한다. 어느 회사의 주가가 변동성이 있다고 한다면, 투자자가 해당 회사의 상태를 우려할 상황이다. 변동성이 모든 주가에 영향을 미친다면, 시장 전체가 불안정하다는 징후일 수 있다.

주식 발행

기업은 투자하거나 비용을 지불하기 위해 돈이 필요할 때 주식을 발행한다. 투자자가 주식을 매수하면 그 회사의 주주가 되며, 투자한 몫만큼 그 회사의 지분을 소유하게 된다.

회사에 사업을 확장하기 위한 자금이 필요해지자 주식 시장에 공모를 통해서 일반 투자자들로부터 자금을 모집하기로 결정한다.

이 회사는 주당 100원에 주식을 발행한다. 발행된 주식은 기업 공개(Initial Public Offering, IPO)를 통해서 협정 가격에 외부 투자자들에게 공개된다.

개인 투자자들은 발행 가격(이 경우에는 100원)에 주식을 받는다. 이 주식은 증권 거래소에서 매수 또는 매도할 수 있다.

주식 이해하기

주식이 발행되면
주식 시장(증시)에서 거래될 수 있다.

투자자가 선호하는
회사의 주식 가격이 상승하는 경향이 있다. 투자자가 확신을 잃은 회사의 주식 가격은 하락하는 경향이 있다.

회사의 영업 실적이 좋으면 주주들에게 수익이 돌아간다. 이것이 투자자들이 주식을 사고 싶게 만드는 이유이다.

주주는 회사의 일부를 사는 것이다. 주식가치가 떨어질 경우, 투자한 돈을 돌려받는다는 보장이 없다.

회사가 파산하면
주주들은 초기 투자금을 거의 또는 전부 잃을 것이다.

회사가 실패하면
주주는 투자한 것을 잃지만 회사의 부채를 갚아야할 의무는 지지 않는다.

2조 2500억 엔
도쿄 증권 거래소 일일 평균 거래액
(약 22조 원)

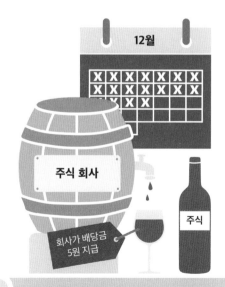

IPO에 배정된 뒤에는 증권 거래소에서 주식 거래가 가능해지며, 주식 가격은 주식 시장 거래 실적에 따라 상승 또는 하락한다.

6개월 동안 이 회사의 주식 가치가 10퍼센트 상승한다. 100원에 주식을 매수했던 주주들이 현재 주당 10원의 이익을 올린다.

다시 6개월이 지난 뒤 회사는 주당 5원의 배당금을 지급한다. 아직까지 주식을 보유하고 있는 투자자들은 주당 5원의 이익을 얻는다.

채권

기업과 정부는 주식을 발행하지 않고 채권을 팔아 자금을 모은다. 채권은 실질적으로
기한부 대출로, 투자자들은 기간이 끝날 때까지 이자를 받아 수익을 올린다.

채권의 원리

채권은 장기 부채를 증명하는 유가 증권이지만, 만기까지 보유하지 않고 중도 해지하는 경우도 있다. 채권의 가격은 현행 이자율에 따라서, 그리고 투자자가 채권 발행자의 원금 상환 가능성을 어떻게 판단하느냐에 따라서 올라가기도 하고 내려가기도 한다. 채권에는 저축 채권, 회사 채권, 국채(영국 정부가 채권에 금테를 둘렀던 데서 금박을 뜻하는 '길트(gilt)'라는 명칭을 사용하기도 한다.) 등 다양한

종류가 있으며, 개중에는 투자자 간에 거래가 가능한 채권도 있다. 저축 채권의 경우, 투자자가 은행이나 주택 조합 같은 개인 저축 기관에 목돈을 일시불로 입금하면 일정한 이자를 받고 원금 상환이 보장된다. 그런가 하면 발행사가 파산할 경우에 원금 상환이 보장되지 않는 채권도 있다. 정부는 채무 불이행의 위험이 적기 때문에 국채가 위험이 가장 낮은 채권으로 여겨진다.

채권 투자

투자자는 채권을 선택할 때 받을 이자 총액과 만기에 실제로 상환되는 자본 합계(처음의 현금 투자액)가 얼마가 될지를 비교하여 수지 균형을 맞춰 보아야 한다. 또한 현재의 수익률을 분석해서 충분한 가치가 있는 채권일지 아닐지를 결정해야 한다. 그러려면 채권 발행 당시 이자율과 2차 시장(채권을 발행해 공급한 뒤 그 채권의 거래가 이루어지는 시장 — 옮긴이)의 현재 시세를 비교해 봐야 한다. 채권 보유자는 회사가 무너져도 투자금을 돌려받을 가능성이 주주들보다는 약간 높지만, 보장은 없다.

투자자는 돈을 주고 채권을 구입하고 회사로부터 채권 증서를 받는다.

100원 투자자로부터 받은 돈

수자원 회사

수자원 회사는 100원에 채권을 발행하고, 이것을 구매하고자 하는 투자자로부터 채권 하나당 100원의 대출금을 받는다. 대출금 상환에 대한 약속 외에도 회사는 채권 보유자들에게 정기적으로 '이표(coupon)'라고 하는 이자를 지불해야 한다.

수자원회사

1년째

이표는 10퍼센트이며, 수자원 회사가 채권 액면가의 10퍼센트(발행 시 판매가)를 이자로 지급한다는 뜻이다. 액면가가 100원이므로 이표는 10원이다. 투자자들은 보유한 채권을 100원에 매도할 수 있다.

채권 시장 가격: **100원**

수익률 계산

$$\frac{\text{이표 액수}}{\text{채권 가격}} \times \frac{100}{1} = \text{수익률(\%)}$$

수익률 계산

$$\frac{₩10}{₩100} \times \frac{100}{1} = 10\%$$

이자 10원

현재 수익률
채권 보유자에게 지불되는 이자는 시장 가격(시세)의 백분율로 표시한다.

1년째 수익률 = 10퍼센트
채권의 시장 가격에 변동이 없다면 수익률은 이자율 10퍼센트와 동일하다.

✔ 알아 두기

▶ **액면가(face value)**
채권이 발행된 처음 가격

▶ **시장 가격·시세(market value)**
채권이 거래되는 가격

▶ **이표(이자 지급 교부표, coupon)**
채권 투자자들에게 지급되는 이자 액수

▶ **수익률(yield)**
채권에서 투자된 자본에서 돌아오는
수익과 관련한 일반적인 용어

▶ **저축 채권(savings bond)**
일정한 이자가 지불되는 현금 예금

▶ **증권(security)**
채권처럼 거래가 가능한 금융 상품

▶ **정크 본드(junk bond)**
위험이 큰 부실한 기업이 발행한 채권

▶ **채무 불이행(default)**
기업이 투자자에게 판매한 채권의
원금 상환 의무를 이행할 수 없는 경우

10.8%

1980년대
고금리 정책으로
독일 은행이 제공한
최고의 채권 이자율

수자원회사

2년째

회사의 영업 실적이 좋아 안전한
투자처로 평가받아 채권의 시장
가격(2차 시장에서 투자자들이 지불할
가격)이 상승한다. 투자자는 20원의
이익을 보고 보유한 채권 증서를
매도할 수 있으며, 그대로 보유하여
정기 이자를 지급 받을 수도 있다.

채권의 시장 가격: **120원**

수자원회사

3년째

부진한 한 해를 보낸 수자원 회사의
신뢰도가 떨어지고 채권의 시장
가격도 떨어진다. 하지만 정기
이자는 계속해서 지급된다. 새로운
투자자들은 동일한 이자를 지급
받을 것이다. 신규 투자자의 경우,
초기 투자 액수는 적어지지만 정기
이자율은 더 높아진다.

채권 시장 가격: **80원**

수자원회사

4년째

채권의 기한이 다 되면, 회사는
계약에 정한 만기일에 투자 원금
전액과 발생한 이자를 모두
상환한다. 채권 보유자는 채권
만기가 되면 더 이상 이자를 받지
못한다.

채권 시장 가격: **만기**

수익률 계산

$$\frac{₩10}{₩120} \times \frac{100}{1} = 8.33\%$$

수익률 계산

$$\frac{₩10}{₩80} \times \frac{100}{1} = 12.5\%$$

이자
10원

이자
10원

상환
100원

2년째 수익률 = 8.33퍼센트
채권의 시장 가격은 120원으로
상승했지만 이자는 10원으로
동일하므로, 수익률은
8퍼센트로 떨어진다.

3년째 수익률 = 12.5퍼센트
채권 이자는 계속해서 10원로
유지되지만, 채권의 시장 가격이
현재 80원이다. 따라서 수익률이
12.5퍼센트로 상승한다.

채권 상환금 = 130원
채권 보유자는
100원의 원금 총액과 3년
동안 누적된 이자 총액
30원을 받는다.

파생 상품

둘 이상의 당사자 간에 이루어지는 금융 계약의 한 유형으로, 파생 상품의 가치는 기초 자산의 가격 변동에서 발생한다. 파생 상품은 시세 변동을 예측하고 그에 따른 손실 위험을 줄이기 위해 사용된다.

파생 상품의 원리

미래에 이루어질 거래에 대해 미리 가격을 결정하는 파생 상품은 외환 시장이나 이자율, 주가나 상품 가격 등의 변동에 따른 위험을 분산하는 데 사용된다(헤지 기능). 파생 상품은 투기 수단이 되기도 하는데, 사실상 자산의 미래 가격에 돈을 거는 것이다. 투자자들은 파생 상품을 구입해 자신의 포트폴리오의 변동성을 낮출 수 있는데, 실제로 기초 자산을 매입했을 경우보다 적은 비용으로 가격 변동 위험에 노출될 수 있기 때문이다. 일반적으로 레버리지 효과(타인의 자본을 지렛대처럼 이용하여 자기 자본 이익률을 높이는 것 — 옮긴이)가 가장 높은 상품으로 선물과 옵션이 꼽힌다.

선물

기업들이 위험을 최소화하기 위해서 이용하는 상품으로, 선물 계약 당사자들은 사실상 미래에 이루어질 거래에 대해서 현재 하나의 가격을 결정하여 약정한다. 예를 들어 한 상품에 크게 의존하며 비용의 안정화를 꾀하는 기업은 예상치 못한 상품 가격 상승이나 하락에 대비하기 위해서 선물 파생 상품을 구매할 수 있다.

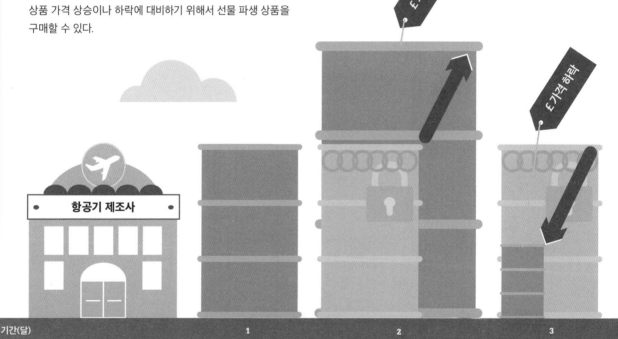

가격

£ 가격 상승

£ 가격 하락

항공기 제조사

기간(달)   1   2   3

영국에 본사를 둔 한 항공기 제조사는 자사의 재고 수준을 검토하고 3개월 후에 항공기용 제트 연료를 구매할 필요가 있다고 결정한다.

미래의 잠재적 가격 상승으로 인한 타격에 대비하기 위해서 이 회사는 운송과 지불 날짜를 지정하고 오늘 가격으로 연료를 구매한다. 이 방식을 선도 거래라고 부른다. 하지만 연료 가격이 오르지 않고 떨어질 경우에도 회사는 여전히 이전의 더 높은 가격으로 지불해야 한다.

주의 사항

금융계의 대량 살상 무기로 불리는 파생 상품은 순식간에 날아갈 수도 있다. 부채 레버리지에 의존하기 때문에 복잡한 수학 모형을 사용하며, 모든 거래자가 자신이 어떤 위험을 감수하는지 명확하게 이해하는 것은 아니다. 그 결과 재앙이 될 막대한 손실을 입을 수도 있다.

8억 2700만 파운드

1995년 파생 상품 거래로 파산한 영국 베어링스 은행이 잃은 액수(약 1조 원)

옵션

옵션도 선물과 마찬가지로 미래의 거래 가격을 미리 결정하지만, 옵션을 구매한 투자자는 거래를 하지 않아도 된다. 옵션은 적은 비용으로 자산 가치의 향후 변화와 그 변화의 크기와 시점에 돈을 걸어 이익을 창출할 수 있다.

항공기 제조사

콜 옵션*

0.5파운드

제한된 기간 동안만 사용 가능:
주가 5파운드에 대한
0.5파운드 옵션

£10

£5

£
이익

항공기 제조사

콜 옵션
만료

£5

£1

적은
손실
£

투자자는 회사 주가 상승세에 주목하고 그 주식에 대한 옵션을 구매한다.

* 콜 옵션(call option) 미래에 주식을 매수할 권리. 매도할 권리는 풋 옵션(put option)이다. —옮긴이

주가가 실제로 상승하면 투자자는 고정된 옵션 가격으로 주식을 매수한 다음 현재의 상승한 가격에 매도해 이익을 얻을 수 있다.

주가가 떨어지면 투자자는 콜 옵션을 매도하거나 아예 옵션을 행사하지 않고 만기를 지나칠 수 있다. 투자자는 약간의 손실을 볼 것이다.

금융 시장

전 세계의 돈의 흐름은 기업이 움직이고 성장하는 데 필수적인 조건이다. 주식 시장은 개인 투자자들과 기업들이 통화를 거래하고 회사에 투자하고 융자 거래를 하는 곳이다. 글로벌 금융 시장이 없으면 정부는 돈을 빌릴 수 없을 것이고 기업은 확장에 필요한 자본에 접근할 수 없을 것이며 투자 기관이나 개인들은 외화를 사고 팔 수 없을 것이다.

금융 시장 현장 체험

글로벌 금융 시장 덕분에 전 세계의 투자자들과 기업들, 고객, 주식 시장 간에 자금이 순환한다. 투자자들은 자신이 살고 있는 국가의 기업만이 아니라 국적의 제약 없이 자유롭게 투자할 수 있다. 대형 기업들은 전 세계에 지사를 두고 국가와 국가 사이에, 나아가 대륙과 대륙 사이에 자금이 효율적으로 이동하도록 제어해야 한다. 사람들이 국내 시장에서 벗어나 투자할 수 있을 때 글로벌 경제가 성장할 수 있다는 점은 중요하다.

증권 거래소 안에서 일어나는 일

매수와 매도가 실시간으로 이루어지며, 주가는 초 단위로 변화한다.

브로커들이 주식, 채권, 상품(원자재), 그리고 투자 전문가들이 개발한 금융 상품을 거래한다(60~61쪽 참조).

구매자는 어떤 주식이나 자산을 얼마의 가격에 얼마만큼 매수할 것인지 지정한다.

투자자는 브로커를 통해 주식을 매수한다. 브로커가 책정한 매매 수수료가 부과되며 금액을 협의할 수도 있다.

주식의 매매가 용이할 때 시장 유동성이 높다(liquid)고 한다. 매수자와 매도자가 적을 때, 시장 유동성이 낮다(illiquid)고 한다.

증권 거래소에서 주식은 증권 시세 표시기에 '티커(대개 상호의 약자)'로 표시된다.

주식이나 옵션에 투자하려는 사람들은 금융 자산을 매입하는 것이 좋을지 매도하는 것이 좋을지 통계 자료를 연구하고 결정해야 한다. 통계 자료는 수요와 공급의 변화를 반영, 정기적으로 업데이트된다(62~63쪽 참조).

전 세계의 금융 시장

미국 뉴욕
뉴욕 증권 거래소(NYSE)는 세계 최대(2016년 기준 시가 총액 18조 7112억 달러)의 금융 시장이며, 마찬가지로 뉴욕에 본사를 둔 나스닥(7조 635억 달러)이 그 뒤를 잇는다.

캐나다 토론토
캐나다의 토론토 증권 거래소(TSE)는 TMX 그룹이 운영한다(1조 8687억 달러).

일본 도쿄
도쿄에 본사를 둔 일본 거래소 그룹(JPX)은 아시아 최대 규모(4조 6864억 달러)의 증권 거래소이다.

중국
중국에는 세 곳의 증권 거래소가 있다. 상하이 증권 거래소(SSE)(3조 7765 달러), 심천 증권 거래소(SZSE)(3조 1908억 달러), 홍콩 증권 거래소(SEHK)(2조 9725억 달러)이다.

영국 런던
런던 증권 거래소(LSE)는 유럽 최대 규모의 거래소이다(3조 4797억 달러).

유럽 연합
유럽 연합 증권 거래소 유로넥스트(Euronext)는 암스테르담, 브뤼셀, 리스본, 런던, 파리에 본사를 두고 있다(3조 2862억 달러).

독일 프랑크푸르트
독일 증권 거래소(Deutsche Börse)가 있다(1조 5390억 달러).

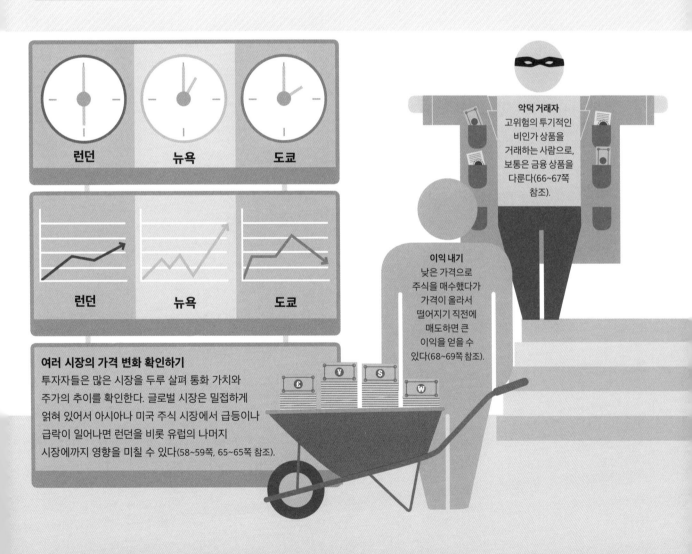

런던 **뉴욕** **도쿄**

런던 **뉴욕** **도쿄**

여러 시장의 가격 변화 확인하기
투자자들은 많은 시장을 두루 살펴 통화 가치와 주가의 추이를 확인한다. 글로벌 시장은 밀접하게 얽혀 있어서 아시아나 미국 주식 시장에서 급등이나 급락이 일어나면 런던을 비롯한 유럽의 나머지 시장에까지 영향을 미칠 수 있다(58~59쪽, 65~65쪽 참조).

악덕 거래자
고위험의 투기적인 비인가 상품을 거래하는 사람으로, 보통은 금융 상품을 다룬다(66~67쪽 참조).

이익 내기
낮은 가격으로 주식을 매수했다가 가격이 올라서 떨어지기 직전에 매도하면 큰 이익을 얻을 수 있다(68~69쪽 참조).

단기 금융 시장

은행과 기업은 단기 금융 시장을 이용하여 단기에 만료되는 금융 자산을 매매하는데, 인출이 쉽고 거래가 빨리 이루어진다는 장점이 있다.

단기 금융 시장의 원리

단기 금융 시장은 물리적 거래 장소가 있는 주식 시장과 달리 전자 거래 또는 전화로 이루어진다. 은행, 금융 기관, 정부는 중개인 없이 직접 거래하며, 이 시장을 이용해서 업무 수행에 필요한 자금을 대출한다. 예를 들면, 은행이 고객에 대한 지급 의무를 이행하기 위해 단기간 현금이 필요할 때 이 시장을 이용할 수 있다.

대부분의 은행 예금 계좌는 비교적 통지 기간이 짧아 고객이 그 자리에서 또는 며칠에서 몇 주 이내에 예금을 인출할 수 있다. 은행은 이 짧은 통지 기간 때문에 계좌에 보유된 예금 전액을 장기 계약에 투입할 수 없다. 따라서 일부는 유동적인(인출이 용이한) 단기 금융 상품에 투자함으로써 즉각적인 인출 수요에 대응할 수 있다.

은행에는 저축 계좌보다 담보 대출이나 금융 대출 수요가 더 높은 시기가 있다. 이런 시기에는 은행이 인출할 수 있도록 보유한 돈과 대출로 빌려줘야 하는 돈의 액수가 불일치할 수 있어서 단기 금융 시장에서 돈을 빌려 대출 업무를 수행할 수 있다.

누가 단기 금융 시장을 이용하는가?

단기 금융 시장의 주요 기능은 유동 자산을 보유한 은행이나 기타 투자자들에게 현금이나 대출에 대한 수익을 돌려주는 것이다. 이 투자자들은 다른 은행이나 중개 회사 또는 헤지 펀드 등에 단기로 자금을 대출해준다. 단기 금융 시장은 주로 전문 투자자 또는 투자기관이 이용하지만, 5만 파운드 이상의 현금을 제공할 수 있는 사람이라면 개인도 투자할 수 있다. 적은 액수의 예금 계좌로도 단기 금융 펀드(Money Market Fund, MMF)에 투자할 수 있다. 은행과 기업은 다른 이유로 단기 금융 상품을 이용하며, 그들이 부담하는 위험 또한 다르다.

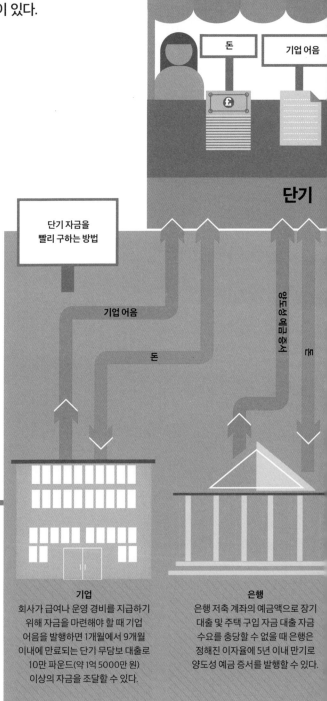

단기

단기 자금을 빠리 구하는 방법

기업 어음

돈

양도성 예금 증서

기업
회사가 급여나 운영 경비를 지급하기 위해 자금을 마련해야 할 때 기업 어음을 발행하면 1개월에서 9개월 이내에 만료되는 단기 무담보 대출로 10만 파운드(약 1억 5000만 원) 이상의 자금을 조달할 수 있다.

은행
은행 저축 계좌의 예금액으로 장기 대출 및 주택 구입 자금 대출 자금 수요를 충당할 수 없을 때 은행은 정해진 이자율에 5년 이내 만기로 양도성 예금 증서를 발행할 수 있다.

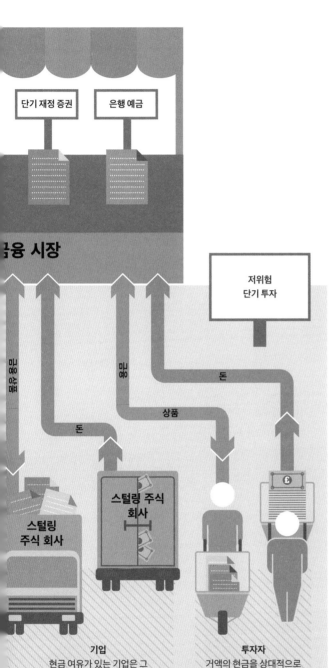

단기 재정 증권 은행 예금

금융 시장

저위험
단기 투자

스털링 주식
회사

스털링
주식 회사

기업
현금 여유가 있는 기업은 그
금액을 얼마간 단기 재정 증권,
기업 어음, 양도성 예금 증서,
은행 예금 같은 단기 부채 근거
금융 상품에 '맡겨' 둘 수 있다.

투자자
거액의 현금을 상대적으로
낮은 위험 부담으로 투자하고
싶으면 금융 상품에 투자할 수
있다. 5만 파운드(약 7500만
원) 미만의 금액은 단기 금융
펀드(MMF)에 투자할 수 있다.

단기 금융 시장에서는 무엇이 거래되는가?

최소 위험

▶ **단기 재정 증권** 3개월에서 1년 이내의 만기로 발행되는 단기 국채로, 'T-bill'로도 통한다. 발행 당시에 할인된 가격으로 매각되며 만기에 액면 가격으로 지급받는 방식이다. 단기 재정 증권은 사실상 위험도 0의 안전한 금융 상품으로 간주된다.

중간 위험

▶ **양도성 예금 증서** 은행이 정한 이자율에 발행되는 정기 예금 증서로, 흔히 CD로 통한다. 금리는 기한에 따라 다른데 기간이 길수록 금리가 높다. 처음에 정한 이자율이 낮으면 금리가 상승할 경우에 이자 소득에 손실이 있으며, 만기 전에 해지하면 수수료 부담이 있다.

▶ **은행 예금** 정해진 기간 동안 은행에 돈을 예치하는 상품. 금리는 예금 액수와 예금 유동성에 따라 차등 적용된다. 이 상품의 위험도는 은행의 신용도와 정부의 예금 보호 제도가 적용되느냐의 여부에 달려 있다.

높은 위험

▶ **기업 어음** 기업이 발행하는 무담보 단기 어음. 신용도가 높은 기업만 발행할 수 있다. 재무 상태가 위태로운 기업에는 투자자들이 선뜻 어음을 매입하려 하지 않기 때문이다. 기업 어음은 주로 신용 등급이 높은 은행에서 발행하며, 유가 증권과 비슷한 방식으로 유통된다. 기업 어음의 액면 가격은 수십만 파운드에서 수백만 파운드까지 있다.

✓ 알아 두기

▶ **단기 금융 펀드(MMF)**
개인에게 '투자 한도(basket)' 5만 파운드 미만의 액수를 단기 금융 시장에 투자하게 해 주는 상품으로, 이 개인 투자자들의 돈을 모아 전문 투자 신탁 운용기관이 단기 금융 상품에 투자하여 운용 성과로 생긴 이익을 투자자들에게 돌려준다.

▶ **리보(libor)**
런던 은행 간 금리. 국제 은행 간에 단기 자금을 조달하는 기준 금리로, 유동성에 영향을 미친다.

외환 거래

외환 거래는 외국 통화를 사고 파는 거래를 말하며, 줄여서 FX(foreign exchange, 영어권에서는 forex)라고 한다. 외환 거래는 은행, 금융 기관, 정부, 개인 간에 이루어진다.

외환 거래의 손익

외환 거래자는 파운드화 가치가 유로화에 비해 떨어질 것이라고 판단될 때 영국 통화(GBP)를 매도하고 유로화(EUR)를 매입하려 할 것이다. 그들의 예측이 옳다면 이후에 유로화를 팔아 이익을 얻겠지만, 예측이 틀렸다면 매도할 때 손실이 날 것이다. 이런 식으로 시세 변동을 예상하여 차익을 얻는 투기 방식의 투자에는 외환 브로커에게 계정을 위탁하는 방식과 딜러로부터 돈(마진으로 통한다.)을 빌려 통화를 매입하는 방식이 있다.

⚠ 주의 사항

외환 시장은 대개 작은 차액(예를 들면 미국 달러화 대 유로화 환율 차이가 단 몇 센트)에 거래되므로 투자자들이 갑작스러운 외부 충격에 대비하기 어렵다.

2015년 1월 15일 스위스 국립 은행(Swiss National Bank, SNB)의 예기치 못한 발표가 있었는데, 앞으로는 유로화와 스위스 프랑의 고정 환율을 포기한다는 내용이었다. 이 발표가 외환 시장에 일대 혼란을 야기해 스위스 프랑이 유로화 대비 30퍼센트, 미국 달러 대비 25퍼센트 급등하는 결과를 낳았다.

투자자 A는 외환 시장에서 두 통화의 가격을 본다. 유로화/파운드화가 매입가 0.79파운드, 매도가 0.77파운드에 거래되고 있다.

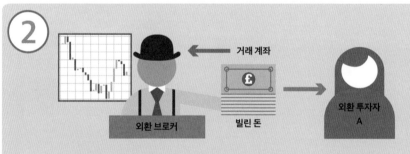

투자자 A는 시세가 좋다는 판단에 거래하기로 결정하고 7만 9000파운드를 빌린다.

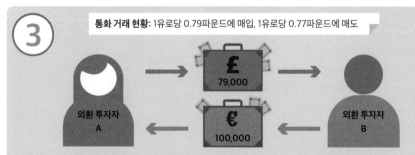

투자자 A는 투자자 B에게 7만 9000파운드를 주고 10만 유로를 매입한다. 이 거래를 중개하는 브로커는 양쪽 투자자 모두에게 수수료를 부과한다.

외환 거래의 원리

외환 시장은 자국에서 사용하는 통화 이외의 통화를 매입하거나 매도하고자 하는 은행과 기타 금융 기관, 개인, 기업, 정부에 서비스를 제공한다. 여기에는 해외 투자, 수입 상품 지불, 수출 소득 전환, 해외 여행을 위한 환전 등이 포함된다. 이 시장에서는 순전히 투기를 통해 수익을 창출하기 위한 통화 거래도 이루어진다. 통화 거래의 규모가 아주 클 경우에는 아주 작은 가격 변동만으로도 큰 이익이나 큰 손실을 볼 수 있다.

주식 시장은 주간에만 개장하고 밤에는 영업하지 않지만 외환 시장은 특이하게 일주일에 5일 24시간 영업한다.

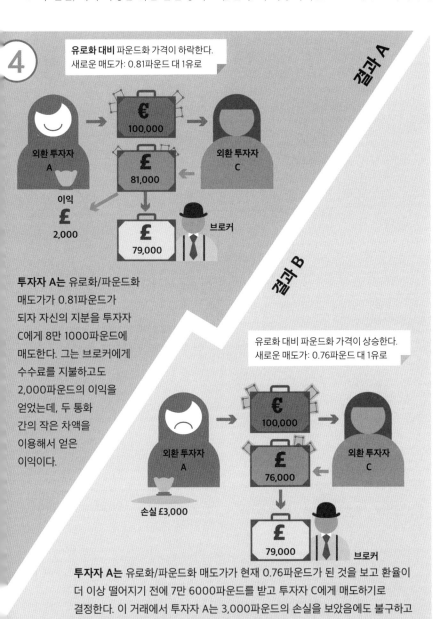

④

결과 A

유로화 대비 파운드화 가격이 하락한다.
새로운 매도가: 0.81파운드 대 1유로

외환 투자자 A → € 100,000 → 외환 투자자 C

£ 81,000

이익 £ 2,000

£ 79,000 브로커

투자자 A는 유로화/파운드화 매도가가 0.81파운드가 되자 자신의 지분을 투자자 C에게 8만 1000파운드에 매도한다. 그는 브로커에게 수수료를 지불하고도 2,000파운드의 이익을 얻었는데, 두 통화 간의 작은 차액을 이용해서 얻은 이익이다.

결과 B

유로화 대비 파운드화 가격이 상승한다.
새로운 매도가: 0.76파운드 대 1유로

외환 투자자 A → € 100,000 → 외환 투자자 C

£ 76,000

손실 £3,000

£ 79,000 브로커

투자자 A는 유로화/파운드화 매도가가 현재 0.76파운드가 된 것을 보고 환율이 더 이상 떨어지기 전에 7만 6000파운드를 받고 투자자 C에게 매도하기로 결정한다. 이 거래에서 투자자 A는 3,000파운드의 손실을 보았음에도 불구하고 브로커에게는 여전히 수수료를 지불해야 한다.

10%

브렉시트 투표 다음날 달러 대비 파운드 가치 하락 수치

✓ 알아 두기

▶ **통화쌍(currency pair)**
외환 시장에서 한 조합으로 묶여 거래되는 두 통화. 예를 들면 미국 달러와 유로.

▶ **스프레드(spread)**
통화쌍에서 매도하는(offer) 통화와 매입하는(bid) 통화의 가격 차이. 스프레드는 시장의 유동성과 거래되는 통화의 수요에 따라 변화한다.

▶ **레버리지(leverage)**
현금보다 높은 가치의 통화로 거래할 수 있도록 중개 업체가 개인 투자자들에게 제공하는 옵션이다.

▶ **손절매(주문, stop loss)**
시세가 불리하게 움직일 경우, 통화가 특정 가격에 도달했을 때 브로커가 사거나 팔라고 주문하는 것으로, 투자자의 손실을 제한하기 위한 조치이다.

▶ **마진 콜(margin call)**
거래 계좌의 보증금이 일정 수준 이하로 떨어졌을 때 브로커가 추가로 입금해야 한다고 알리는 경고 안내를 가리킨다.

1차 시장과 2차 시장

주식을 매수하고 매도하기 위해서는 거래를 할 수 있는 시장이 필요하다.
다루는 주식의 유형과 거래 규모에 따라 여러 유형의 시장이 존재한다.

1차 시장

비상장 기업은 회사를 확장하고 성장하기 위한 자금을 조달해야 할 때, 광범위한 투자자 풀을 확보하기 위해서 주식을 발행(상장)하기로 결정할 수 있다. 첫번째 절차는 새로운 주식을 발행하여 기업 공개 방식으로 1차 시장에서 매도하는 것이다. 상장을 준비하는 기업은 여러 투자 은행의 서비스를 이용하여 금융 기관과 개인 투자자들로부터 지원 및 주식 판매량 등의 환경을 평가한 뒤 주식 가격을 결정한다. 그런 다음 전문 브로커 서비스를 운용하는 투자 회사를 통해서 일반 대중과 기관 투자자들에게 주식을 판매한다.

기업
1차 시장에서 일반 대중과 전문 투자자들이 상장 기업의 주식을 매수할 수 있다.

매매 관리
주식 구매 의사가 있는 사람들은 주식 발행 안내서를 통해서 관심 기업에 대한 정보를 읽을 수 있다. 전문 브로커들이 매매 거래를 담당한다.

주식

브로커

일반 대중

투자자

가격 결정
1차 시장에서 발행되는 주식의 가치는 상장 전에 결정된다.

⚠ 주의 사항

1차 시장에서 매수한 주식을 매도하기 위해서는 2차 시장이 있어야 한다. 그 주식을 사려는 사람이 아무도 없거나 거래할 곳이 없다면, 그 주식은 시장에서 유동성이 낮아진다. 투자 사기도 종종 일어나는데, 상장하지 않았거나 그 자체로 가치가 없거나 잠재력이 없어 2차 시장에서 팔 수 없는 주식을 편법이나 불법을 써서 판매하는 것이다. 주식은 다른 투자자들이 사고 싶어 하거나 팔고 싶어 할 경우에만 거래가 성립한다.

250억 달러
알리바바그룹이 기업 공개를 통해 공모한 금액으로,
세계 증시 사상 최대 규모(약 26조 원)

1차 시장과 2차 시장의 원리

1차 시장(발행시장)은 새로운 주식이 창출되고 처음 발행되는 곳이며, 2차 시장(유통시장)은 이미 발행된 주식이 투자자들 사이에서 거래되는 곳이다. 1차 시장에 상장할 준비를 하는 기업에 대해서는 투자 은행들이 새로 발행될 주식 가격을 결정할 것이다. 또한 그들은 기업 공개(IPO) 절차에서 미판매 주식을 인수하기도 한다. 주식 발행가는 고정되어 있지만 발행 이후에는 (2차 시장에서) 다른 가격에 다시 거래될 수 있다.

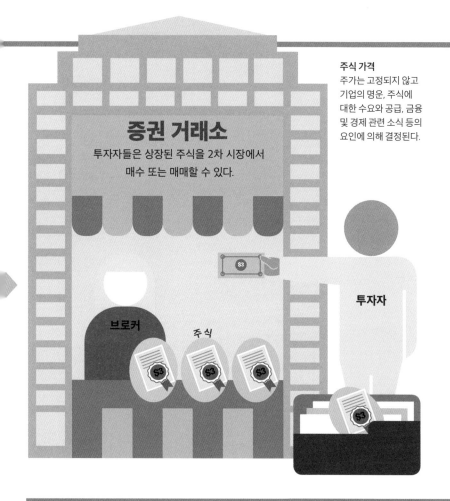

증권 거래소
투자자들은 상장된 주식을 2차 시장에서 매수 또는 매매할 수 있다.

브로커

주식

주식 가격
주가가 고정되지 않고 기업의 명운, 주식에 대한 수요와 공급, 금융 및 경제 관련 소식 등의 요인에 의해 결정된다.

투자자

2차 시장

주식을 사거나 판다는 것은 보통 2차 시장에서 이루어지는 거래를 이야기한다. 투자자들 간에 주식이 거래되는 곳이 2차 시장이다. 이 거래를 조성하고 관리하는 일은 브로커 또는 딜러가 맡으며, 그들은 거래에 대한 수수료를 받는다. 딜러는 또한 주식 매수 가격과 매도 가격의 차이를 이용하는 스프레드 거래로도 이익을 창출한다. 이 역할을 수행하는 딜러를 시장 조성자(market maker)라고 부르는데, 거래가 성립될 매수가와 매도가를 제시함으로써 시장 유동성을 유지하는 것이다. 2차 시장에는 런던 증권 거래소, 나스닥, 뉴욕 증권 거래소를 비롯한 세계 각국의 증권 거래소가 포함된다.

3차 시장과 4차 시장

연금 펀드나 헤지 펀드 같은 기관 투자자들은 주식이나 증권을 대규모로 거래하는 경향이 있다. 3차 시장과 4차 시장은 이러한 대규모 거래가 이루어지는 시장이다.

3차 시장은 대형 투자자와 전문 중개 및 투자 자문업자(broker-dealer) 사이에 이루어진다. 4차 시장에서는 대형 투자자들 간의 매매 거래가 이루어진다. 브로커 수수료가 없기 때문에 1차 시장이나 2차 시장보다 거래 비용이 낮은 경향이 있다.

주요 증권 거래소에서는 상장된 주식이나 증권이 거래되지만, 3차 시장과 4차 시장에서는 비상장 주식도 거래되며, 대규모 거래는 익명으로 처리될 수 있다.

시장의 변화 예측하기

주식 시장에서 어떤 일이 일어날지 예측하는 것이 금융 자산을
구매해 이익을 얻으려는 투자자들에게 매우 중요한 능력이다.

시장 예측의 원리

투자자들은 여러 가지 분석 자료를 이용하여
어떤 기업이나 주식, 혹은 주식 시장이 어디로
움직일 것인지를 이해한다. 투자자들은 가치
가 상승할지, 가격 하락이나 하향세의 징후가
될 요인이 있는지 등을 보고자 한다. 그들은
또한 시장과 경제의 동향을 알아야 하며, 그
동향이 다른 부문이나 다른 기업들의 실적에
어떤 영향을 미칠 것인지 파악해야 한다. 그런
다음에 비로소 자본 성장을 달성할 수 있으리
라는 희망이 보이는 회사에 투자를 결정할 수
있다.

하지만 어떤 기법으로 예측한다 해도 결코
확실한 결과는 알 수 없으며, 예측이 맞아 떨어
졌더라도 단지 운 이외의 다른 것이 기반이 된
다고 할 만한 통계적인 근거는 나와 있지 않다.

주식 시장 예측하기

주식 거래를 하는 사람은 결정을 내릴 때
정확한 시장 분석을 토대로 삼고자 한다.
이론적으로 시장 분석은 주식을 언제 매수하고
언제 매도할지, 투자 수익을 낼 수 있는 지역은
어디일지, 그리고 어디에서 어떤 잠재적 손실이
발생할지를 판단하는 지침이 된다.

전문 트레이더들은 어떤 기업의 주식 또는
주가지수가 향후 어떤 방향으로 움직일지
평가하는 기법을 개발해 왔다. 기본적 분석
(fundamental analysis)과 기술적 분석(technical
analysis)이 가장 많이 사용되는 기법이다.

기본적 분석

중간 보고서
투자자는 재무 보고서를 통해서
기업의 이익, 당면한 과제,
업계 내 순위, 성장 가능성 등
정확한 정보를 파악할 수 있다.

경쟁 기업
투자자는 경쟁 기업의 명운을
추적함으로써 가격 변동을 예측하는
데 도움이 될 단서를 얻을 수 있다.

A 기업

VS

B 기업

**투자자는 기본적
분석 기법을 사용하여**
한 회사가 당면한 과제와
이익, 업계 내 순위, 향후 성장
가능성을 숙지한다. 기본적
분석은 연례 및 중간 보고서와
재무 상태표를 연구하며, 과거의
실적과 예상 실적을 분석하는
것이다. 투자자들은 또한 매출
대 비용과 채무를 비교하고
이익률을 살펴보며, 미래의
수익성을 평가하는 데 도움이
되도록 경영의 질과 이력 또한
고려해야 한다.

채무

비용

수익
투자자는 투자하고자 하는
회사의 재무적 기초, 즉 재무가
얼마이며 이익은 얼마인가를
검토함으로써 그 회사의
재무 건전성을 평가할 수 있다.

기술적 분석 기법

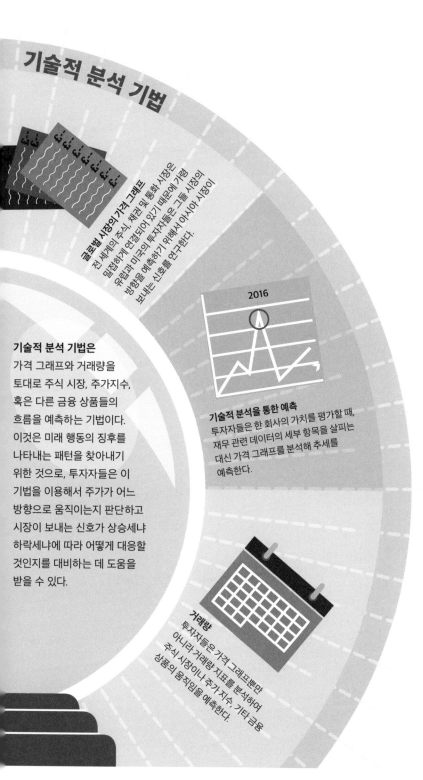

글로벌 시장의 가격 그래프
전 세계의 주식, 채권 및 통화 시장은 밀접하게 얽혀 있기 때문에 가령 유럽과 미국의 투자자들은 그들 시장의 방향을 예측하기 위해서 아시아 시장이 보내는 신호를 연구한다.

2016

기술적 분석을 통한 예측
투자자들은 한 회사의 가치를 평가할 때, 재무 관련 데이터의 세부 항목을 살피는 대신 가격 그래프를 분석해 추세를 예측한다.

기술적 분석 기법은
가격 그래프와 거래량을 토대로 주식 시장, 주가지수, 혹은 다른 금융 상품들의 흐름을 예측하는 기법이다. 이것은 미래 행동의 징후를 나타내는 패턴을 찾아내기 위한 것으로, 투자자들은 이 기법을 이용해서 주가가 어느 방향으로 움직이는지 판단하고 시장이 보내는 신호가 상승세냐 하락세냐에 따라 어떻게 대응할 것인지를 대비하는 데 도움을 받을 수 있다.

거래량
투자자들은 가격 그래프뿐만 아니라 거래량 지표를 분석하여 주식 시장이나 주가 지수, 기타 금융 상품의 움직임을 예측한다.

글로벌 시장 데이터 분석

아시아 시장은 시차로 인해 유럽이나 미국 시장보다 최대 8시간 먼저 개장한다. 전 세계의 주식, 채권 및 통화 시장은 밀접하게 얽혀 있기 때문에 아시아 시장에서 일어나는 일이 유로화 사용 지역이나 영국 또는 미국의 시장에 영향을 줄 수 있으며, 따라서 늦은 시간대에 개장하는 이들 지역의 시가에 영향을 미칠 수 있다. 이러한 이유로 많은 투자자가 아시아 시장의 신호를 분석해서 다른 시장의 방향을 예측한다.

✓ 알아 두기

▶ **헤징(연계 매매, hedging)**
시장의 방향성에 영향을 받지 않도록 가격이 오르리라고 생각하는 주식은 매수하고 떨어질 것이라고 생각하는 주식은 매도하는 방식의 시장중립 투자 전략

▶ **기술적 분석(technical analysis)**
주가가 상향추세인지 하향추세인지를 나타내는 패턴을 알아내 주가를 예측하는 기법

▶ **기본적 분석(fundamental analysis)**
매출, 비용, 채무, 매출 이익률, 경영 상태를 평가·분석하여 주가를 예측하는 기법

차익 거래

글로벌 주식 시장에서 다른 나라의 증권 거래소에서 거래되는 유사한 두 자산 간에 가격 차이가 있을 때 거래자는 이 차액을 이용해 이익을 낼 수 있다. 이 관행을 차익 거래라고 한다.

대륙 간 거래

영국과 미국의 증권 거래소에 상장된 회사는 차익 거래가 가능하다. 예를 들어 어떤 거래자가 미국 증권 거래소에서 A사의 주식을 2.99달러에 매수하여 영국 증권 거래소에서 주당 2.30파운드(=3.013달러)에 매도할 수 있다면, 그 거래자는 주당 0.023달러의 이익을 얻는다. 실제로, 차익 거래는 이런 식으로 아주 소액의 가격 차이를 이용해 컴퓨터 프로그램으로 다량의 주식을 거의 순간적으로 거래하여 이익을 얻는 전략이다. 이러한 거래는 아주 빠른 속도로 이루어지기 때문에 가장 빠른 컴퓨터를 갖춘 기관이 가장 큰 수익을 올릴 수 있다.

초단타 거래

초고성능 컴퓨터가 시장에서 발생하는 미미한 가격 변동을 찾아내 매매에 활용하는 초단타 매매를 수행한다. 컴퓨터 프로그램은 엄청난 거래량을 초고속으로 평가해 처리하는데, 어떤 사람이 할 수 있는 것보다도 빠른 속도다. 이런 식으로 작은 가격 차이로 큰 돈을 벌 수 있는 것이 초단타 거래(high-freguency trading, HFT)이다.

뉴욕 증권 거래소

A사

$2.99

삼품

1. 미국 가격에 주식을 매수한다.

오늘의 환율

$ → £

1달러 = 0.76파운드
(1파운드 = 1.31달러)

뉴욕

차익 거래의 원리

차익 거래(arbitrage)는 한 시장에서 거래 가능한 자산을 매수하고 거의 동시에 다른 시장에서 더 높은 가격에 매도하는 전략이다. 역으로 한 시장에서 자산을 매도하고 다른 시장에서 저렴한 가격으로 자산을 매수하는 방법도 있다. 주식 및 채권 시장에서 현재 차익 거래가 행해질 수 있는 것은 오로지 그만한 계산 능력을 갖춘 컴퓨터가 있기에 가능한 일이다. 현재의 컴퓨터는 밀리세컨드 단위로 소액 차이를 계산해 방대한 거래량을 해결한다.

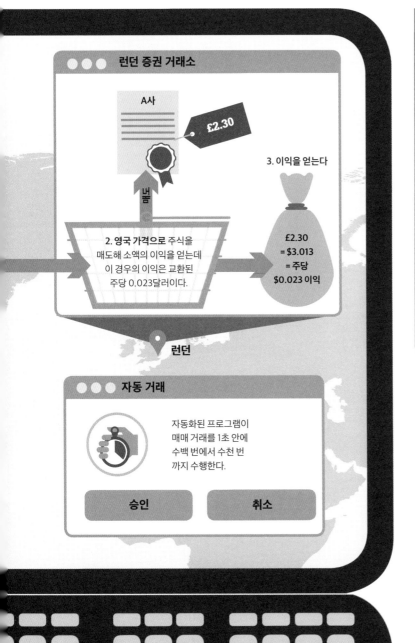

런던 증권 거래소

A사

£2.30

매도

2. **영국 가격으로 주식을** 매도해 소액의 이익을 얻는데 이 경우의 이익은 교환된 주당 0.023달러이다.

3. **이익을 얻는다**

£2.30
= $3.013
= 주당
$0.023 이익

런던

자동 거래

자동화된 프로그램이 매매 거래를 1초 안에 수백 번에서 수천 번까지 수행한다.

승인   취소

차익 거래가 잘못되면…

1988년 헤지 펀드 운용사인 롱텀 캐피털 매니지먼트(Long-term Capital Management, LTCM)는 채권의 차익 거래가 잘못되어 46억 달러의 손실을 입었다.

거래한 채권 간 가격 차이가 상대적으로 작았기 때문에 LTCM은 이익을 내기 위해서 많은 양의 거래를 수행해야 했다. 당시 LTCM은 다른 금융 회사로부터 수십억 달러를 대출한 상태였다.

이렇게 높은 재무 레버리지에다가 1988년 러시아에서 금융 위기까지 발생하자 투자자들은 자본을 덜 위험한 투자로 옮기기 위해서 대출금 인출을 요청했다. LTCM은 막대한 손실을 입고 채무 불이행, 즉 파산 위기에 처했다. 부채 시장의 붕괴와 세계 경제에 가해질 피해를 막기 위해서 결국 미국 정부가 개입해야 했다.

60%
2009년 미국에서 이루어진 주식 거래 중
초단타 매매의 비율

주식 시장 조작

주식 시장 조작은 주가를 인위적으로 끌어올리거나 내리는 등 다양한 형태로
개인의 이익을 위해 시장을 간섭하는 행태를 말한다.

주식 시장 조작의 원리

주식 거래자는 소액의 매도 주문을 다량으로 내서 주가를 떨어뜨리는 방식으로 시장을 조작할 수 있다. 이런 일이 일어나면 다른 주주들은 겁을 집어먹고 보유했던 주식을 급히 매도할 것이고, 이것이 주가를 더 떨어뜨리게 된다.

　역으로, 다량의 소액 매수 주문이 주가를 밀어올려 다른 투자자들로 하여금 호재가 발표될 것이라는 생각에 주식을 매수하게 만들 수 있다. 시장 조작은 매우 비윤리적이지만 전부가 다 불법은 아니다.

주가를 끌어내리는 것

- **대량 매도** 대규모 투자자가 자사주 매각 시, 공급 물량이 증가해 주가가 하락할 수 있다. 이 매각에서 이익을 취한 뒤 떨어진 가격에 다시 그 주식을 매입할 수 있다.

- **공매도(short selling, shorting)** 개인 또는 단체가 주식·채권 등을 보유하지 않은 상태에서 매도하는 행위. 주식 거래자가 높은 주가에 팔린 주식을 타 기관으로부터 빌려 매도해서 차익을 얻고 원래 소유 기관에 돌려주는 것이다.

- **악재** 기업이 이익 경고(특정 기간 이익이 기대치에 못 미칠 때 기업이 주주들에게 이 사실을 알리는 것 — 옮긴이)를 공시하거나 적자 보고서를 발표한다면 이것이 악재가 되어 주가가 떨어질 수 있다.

주의 사항

주식 투자자들은 온라인 투자 포럼이나 게시판에서 비슷한 생각을 가진 사람들과 함께 자신이 보유한 주식이나 매입을 고려하고 있는 주식에 대해서 토론하는 것을 좋아한다. 그런 공간에서 공유되는 의견들이 좋은 투자 아이디어가 될 수도 있지만, 부정적인 정보 혹은 긍정적인 정보를 게시하여 주가를 부풀리거나 붕괴시키는 파렴치한 이용자도 있을 수 있다는 사실을 명심해야 한다.

리보 스캔들

주가 조작은 다른 영역의 시장에도 영향을 미칠 수 있다. 최근의 사례로 리보 금리 조작 스캔들이 있다. 리보는 단기 대출 상품에 대해 은행이 타 은행에 부여하는 기준 금리로, 주요 글로벌 은행 간의 신용도를 평가하는 중요한 척도로 간주된다. 이 조작 사건에는 10개 투자 회사의 트레이더들이 연루되었는데, 영국의 중대 사기 수사국은 이들이 2006년과 2010년 사이에 리보 금리를 인위적으로 낮게 유지하기 위한 조작 활동에 공모했다고 발표했다.

주가를 올리는 것

❯ **주식 유동성(stock liquidity)**
유동성이 높지 않은 주식은 상대적으로 소량의 매수 주문으로도 가격이 상승할 수 있다. 이런 경우 불법적인 조작 행위가 용이해지는데, 악덕 거래자가 투자자들에게 허위 정보를 퍼뜨려 주식을 사게 만들고 자신은 높은 가격에 주식을 매도하여 거래차익을 얻는 '펌프 앤 덤프(pump and dump)'가 대표적인 사례이다.

❯ **호재**
기업이나 주가에 대한 긍정적인 정보를 온라인 게시판이나 대화방에 올리면 다른 투자자들이 주식을 매입해 주가가 상승할 수 있다.

데이 트레이딩

데이 트레이딩(일중 매매 거래·단타 거래)은 주식과 통화, 기타 금융 상품을 하루를 넘기지 않고
매매하는 거래 방식이다. 이 방식의 목적은 작은 가격 변동을 이용해 이익을 얻는 것이다.
때로 거래자는 주식을 단 몇 분만 보유했다가 매도하기도 한다.

데이 트레이딩의 원리

일반적인 투자자는 경제 상황이나 시장 동향 분석, 특정 기업에 대한 연구를 토대로, 또는 기업이 지급하는 정기 배당금을 통해 이익을 얻는 전략의 일환으로 주식을 매매한다. 데이 트레이더들은 이러한 투자자들과 달리 시장의 작은 변동을 이용한 빠른 수익을 추구한다. 그들이 주식을 보유하는 시간은 극히 짧은 순간이다. 매수한 주식의 가격이 몇 원만 올라도 매도하는데, 단 몇 분만에 처분하는 경우도 많다.

데이 트레이더는 한 번의 거래에서 다량의 주식을 거래하거나 당일에 여러 번 거래를 함으로써 이익을 얻는다. 그들은 주식을 매수(또는 매도)하고는 다시 매도(또는 매수)하며, 대개는 정규 시간 이후에 일어날 변동으로부터 자산을 보호하기 위해서 폐장하기 전에 모든 거래를 '마감(그날 매수한 주식을 전량 매도, 또는 그날 매도한 주식을 전량 매수)'한다. 이것이 자본 성장이나 소득 창출을 위해서 주식을 장기간 보유하는 장기간 투자와 다른 점이다.

유동성 있는 주식

데이 트레이더들은 유동성 있는 시장,
즉 2차 시장에서 매수와 매도가 수월한
주식을 선호한다.

데이 트레이더는 개장하면 빅뱅크가 막 이익 증가를 보고했다는 것을 알고 이 은행의 주가를 살펴본다.

빅뱅크

이익
증가

이 거래자는 계속해서 주가가 상승할 것으로 기대하며 490원에 1만 주를 매수한다.

₩490
₩490
₩490

매수량
1만 주

⚠ 주의 사항

▶ **높은 위험** 데이 트레이더들은 일반적으로 거래를 시작한 초기 몇 개월 동안 막중한 손실을 겪으며, 결국에 이익을 창출하지 못하고 그만두는 경우도 많다.

▶ **스트레스** 데이 트레이더들은 시장 동향을 파악하기 위해서 거래가 진행되는 내내 수십 가지 변동 지표에 온 신경을 집중하지 않으면 안 되므로 심한 압박을 겪는다.

▶ **비용** 데이 트레이더는 수수료로 많은 액수를 지불해야 하며, 교육과 훈련은 물론 컴퓨터 구비에도 큰 비용이 들어간다.

✓ 알아 두기

▶ **스캘핑(scalping)**
거래자가 주식 또는 금융 자산('포지션'이라고 부른다.)을 몇 분이나 심지어는 몇 초 동안만 보유하는 전략

▶ **마진 트레이딩(margin trading)**
신용 거래라고도 부른다. 거래자가 매매 업무를 수행하는 브로커 또는 증권사로부터 자금의 일부를 빌려 주식을 매수하는 방법

▶ **매수-매도 스프레드(bid-offer spread)**
주식이 매수되는 가격과 매도되는 가격 차이

▶ **시장 데이터(market data)**
각 데이 트레이딩 시장의 실시간 거래 정보. 데이 트레이더들은 무료로 제공되지만 업데이트 간격이 긴(경우에 따라 1시간짜리도 있다.) 시장 데이터보다는 요금을 내더라도 시장의 즉각적인 현황을 파악할 수 있는 실시간 데이터를 선호한다. 뉴스나 기업들의 공시, 관련 기관의 발표 등에 대응해서 신속하게 매매 거래를 하기 위해서는 시장과 트레이딩 화면을 상시 주시하고 있어야 한다.

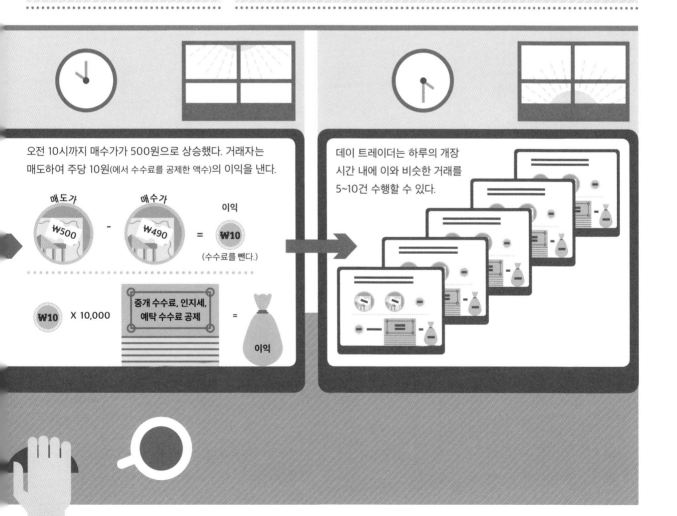

금융 기관

돈은 전 세계의 은행, 기업, 정부, 조직은 물론 개인과 개인 사이를 오가고, 대륙과 대륙을 넘나들며 시간대와 문화권을 초월하여 이동한다. 이러한 글로벌 금융 시스템의 중심에는 세계의 돈을 보유하고 또 투자하는 은행과 헤지 펀드, 연기금, 보험 회사가 있다. 은행이 제공하는 유동성이 없다면, 조직이든 개인이든 돈을 빌리거나 저축하고 기존 사업에 투자하거나 새로운 회사를 창업하기가 어려울 것이다.

서비스 및 각종 수수료

금융 기관은 주로 예금자에게 지불하는 이자보다 높은 이자율로 현금을 대출해줌으로써 돈을 번다. 또한 고객이 위탁한 현금의 투자, 고객을 대신해 자산을 매매하는 서비스를 제공하고 그 수수료를 받아 돈을 번다. 하지만 대출받은 사람이 채무를 상환하지 않거나 일부만 상환했을 경우, 또는 잘못된 투자 결정을 내렸을 경우에는 돈을 잃는다.

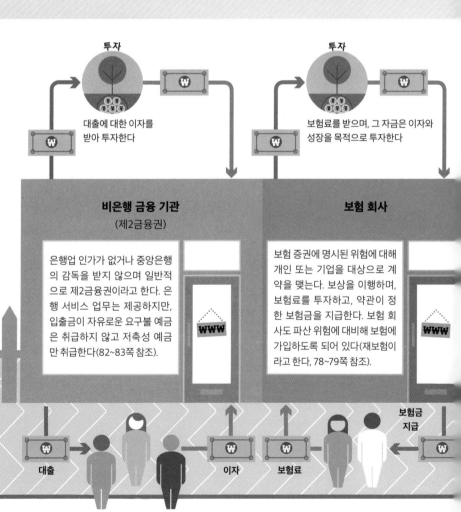

투자

대출에 대한 이자를 받아 투자한다

투자

보험료를 받으며, 그 자금은 이자와 성장을 목적으로 투자한다

비은행 금융 기관
(제2금융권)

은행업 인가가 없거나 중앙은행의 감독을 받지 않으며 일반적으로 제2금융권이라고 한다. 은행 서비스 업무는 제공하지만, 입출금이 자유로운 요구불 예금은 취급하지 않고 저축성 예금만 취급한다(82~83쪽 참조).

www

보험 회사

보험 증권에 명시된 위험에 대해 개인 또는 기업을 대상으로 계약을 맺는다. 보상을 이행하며, 보험료를 투자하고, 약관이 정한 보험금을 지급한다. 보험 회사도 파산 위험에 대비해 보험에 가입하도록 되어 있다(재보험이라고 한다, 78~79쪽 참조).

www

대중과 투자 기관

대출

이자

보험료

보험금 지급

서로 연결된 기관들

전 세계의 시장은 모두 서로 연결되어 있으며 상호 의존하는 관계여서 한 시장이 충격을 입으면 다른 시장들까지 악영향을 받을 수 있다.

❯ **그리스가 부채 경감 재협상을** 벌이던 당시 유럽의 주식 시장은 부정적인 영향을 받았는데, 그리스가 유로존을 탈퇴할지도 모른다는 전망이 특히나 엄중한 문제였다.

❯ **중국 경제가 둔화되리라는** 두려움이 글로벌 시장 성장에 대한 우려를 부채질했다.

❯ **2016년 브렉시트 투표 이후** 상황에 대한 불확실성이 파운드화 가치 급락을 야기했다.

6390억 달러
2008년 파산 신청 당시
리먼 브라더스 투자 은행의
기업 가치(약 730조 원)

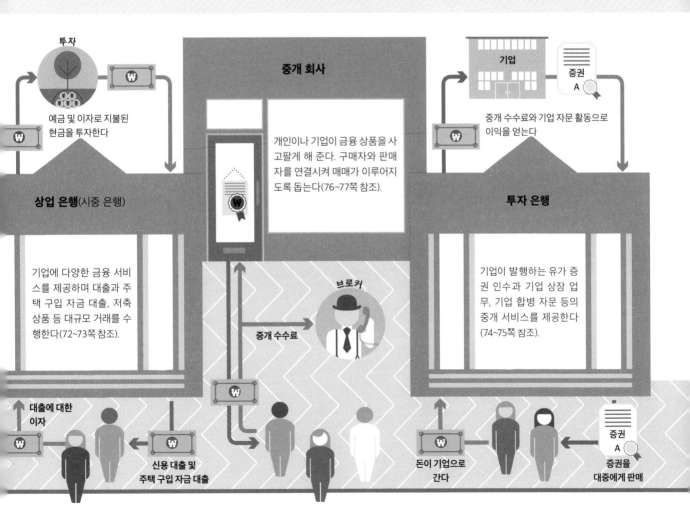

투자

예금 및 이자로 지불된 현금을 투자한다

상업 은행(시중 은행)

기업에 다양한 금융 서비스를 제공하며 대출과 주택 구입 자금 대출, 저축 상품 등 대규모 거래를 수행한다(72~73쪽 참조).

대출에 대한 이자

신용 대출 및 주택 구입 자금 대출

중개 회사

개인이나 기업이 금융 상품을 사고팔게 해 준다. 구매자와 판매자를 연결시켜 매매가 이루어지도록 돕는다(76~77쪽 참조).

브로커

중개 수수료

기업

증권 A

중개 수수료와 기업 자문 활동으로 이익을 얻는다

투자 은행

기업이 발행하는 유가 증권 인수과 기업 상장 업무, 기업 합병 자문 등의 중개 서비스를 제공한다(74~75쪽 참조).

돈이 기업으로 간다

증권 A

증권을 대중에게 판매

상업 은행과 주택 대출 은행

은행은 돈을 빌려주고(대출) 그에 대한 이자를 부과하여 돈을 번다. 은행은 또한 보유한 예금에 대해 저축자에게 (낮은 금리로) 이자를 지급한다. 지급 능력을 유지하기 위해서 은행은 이자 수익과 이자 지출 간에 균형을 잡지 않으면 안 된다.

은행의 원리

은행은 비용과 경비를 지불하고 시장 점유율을 유지하거나 상승시키고 이익을 내고 주주들에게 정기적으로 배당금을 지불하기 위해서 지속적으로 돈을 벌어야 한다.

상업 은행(시중 은행)은 개인 대출을 제공하며 고객들에게 대출과 저축 계좌, 신용카드, 당좌 대월, 그리고 주택 구입 희망자를 위한 주택 구입 자금 대출 등의 금융 상품을 판매한다.

상업 은행은 소매업 및 중소기업, 자본 확장이 필요한 신생 벤처 기업, 대형 프로젝트를 위해 수억 원의 자금이 필요한 대기업 등 기업에 자문과 자금 대출 서비스를 제공한다.

은행은 상품에 대한 수요를 높이기 위해서 고객에게 제공하는 금리를 조정할 수 있다. 은행은 중앙은행 금리가 인상되거나 인하되었을 때 따라서 금리를 조정하며, 또는 타 은행과의 경쟁에서 이겨 시장 점유율을 높이기 위해서 금리를 인하한다. 예를 들면 주택 구입 자금 대출 고객을 유치하기 위해서 경쟁 은행보다 낮은 대출 이자율을 내세울 수 있다.

적절한 균형

은행업이란 항상 유동적이게 마련이지만, 은행은 언제든 발생할 수 있는 대규모 예금 인출 가능성에 대비하기 위한 자산을 보유해야 한다. 이런 일이 발생하면 은행 영업에 직접 영향을 미쳐 종국에는 은행이 파산할 수도 있기 때문이다. 이러한 사태에 대비하기 위해서 은행은 대규모 지급 준비금을 보유해야 하며 통지 예금(notice account, 예금자가 일정 기간 이전에 예금 인출 의사를 은행에 통지해야 하는 저축성 예금 — 옮긴이)에 대해서 경쟁력 있는 저축 금리를 제공해야 한다. 통지 기간은 대개 30일에서 180일로, 예금자는 이 기간을 지켜야 원하는 액수를 인출할 수 있다.

수익이 보장되는 이자율

은행은 시장 요인과 사업 목표에 따라 채무에 부과하는 이자율과 저축 계좌와 당좌 계좌에 지급하는 이자율을 끊임없이 조정한다. 이익을 내기 위해서는 빌려주는 돈에 저축 계좌나 예금 계좌에 지불하는 이자보다 높은 이자율을 부과해야 한다. 오른쪽의 예를 보면, 은행은 저축자와 예금 소유자에게 계좌에 보유된 금액의 2퍼센트를 지급한다. 동시에 주택 구입 자금 대출 차주에게 5퍼센트의 대출 이자를 부과한다. 따라서 전체를 볼 때 3퍼센트의 이익률을 달성한다. 이렇게 예금 금리와 대출 금리의 차이를 이용한 수익을 예대 마진이라고 부른다.

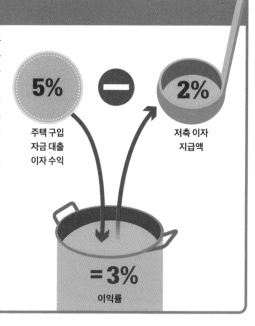

5%
주택 구입 자금 대출 이자 수익

2%
저축 이자 지급액

=3%
이익률

10%
미국 대형 은행들이 보유해야 하는 지급 준비율

주택 구입 자금 대출 이자 수익

은행이 버는 돈

은행은 대출에 대한 이자를 부과하고 당좌 계좌에 사용 수수료와 초과 인출액에 대한 추가 수수료, 그리고 기업 계정에 대한 송금 수수료 등을 통해서 돈을 번다.

신규 고객 유치

은행으로서는 기존 고객에게 상품을 판매하는 것이 더 저렴하고 쉬운 일이다. 고객들의 개별 재무 상황에 대해서 이미 잘 알고 있기 때문에 은행은 이른바 교차판매(cross-selling, 고객이 구매하려는 상품에 원할 만한 상품을 추천하여 판매하는, 일종의 끼워 팔기 전략 — 옮긴이)를 통해 매출을 높일 수 있다.

대출 이자 수익

저축 계좌 지급 이자

주주 배당금

은행이 써야 하는 돈

은행은 저축 계좌에 이자를 지급하며 보통 당좌 예금의 신용 잔고에 대한 이자를 지급한다. 또한 영업 이익에 대한 주주 배당금도 지급한다.

당좌 계좌에 대한 초과 인출 수수료

월간 또는 연간 계좌 유지비

기업 계좌의 송금 수수료

지급 준비금

은행은 대출이나 투자에 투입이 허용되지 않는 큰 액수의 현금을 보유해야 한다. 고객들의 대량 인출 사태나 불량 대출로 인한 막대한 손실이 발생할 경우, 은행을 보호하기 위해 준비하는 자본금이다. 은행의 지급 준비금은 보통 예금액의 일부에 지나지 않는다.

신용 카드 연회비 또는 월 수수료

은행

투자 은행

투자 은행은 일반 은행과는 구분되는 고유한 영역의 금융 서비스를 제공하며, 일반 소매 은행보다 훨씬 복잡하고 훨씬 큰 규모의 거래를 다룬다.

투자 은행의 원리

투자 은행은 대형 기업, 투자 회사·보험 회사·연기금·헤지 펀드·정부 같은 금융 기관, 엄청난 재력을 갖춰 사모펀드에 투자하는 개인들을 대상으로 한다.

투자 은행은 두 가지 역할에서 상업 은행이나 소매 은행과 구분된다. 하나는 기업 자문으로, 기업이 인수 합병에 참여하도록 도와주고 기업을 대상으로 하는 금융 상품을 개발하고 새로운 기업의 상장에 투자하는 부서이다. 다른 하나는, 트레이딩과 시장 조성(주식을 매수하려는 고객과 매도하려는 고객 사이에서 시장 가격을 제시하고 거래를 중개하는 것)을 담당하는 중개 부서이다. 투자 분과(front-office)와 자문 분과(back-office)가 이해 상충 없이 각 부문의 업무를 수행할 수 있도록 이른바 '벽'을 두어 각기의 책임 영역을 분리하고 있다.

업무 영역

투자 은행의 중개 부서와 기업 자문 부서가 이론상으로는 구분되지만 시장 조성과 신규 발행 주식 인수 업무라든가 인수 합병과 자문 및 조사처럼 두 영역 간에는 불가피하게 중복되는 부분이 존재한다.

⚠ 주의 사항

▶ **투자 은행은 돈이 계속해서** 전 세계로 유통되는 데 도움을 주지만, 이들 은행이 어려움에 처하게 되면 지리적 경계를 넘나드는 현금 흐름에 영향을 미칠 수 있다.

▶ **투자 은행은 보유한 자산 자체가** 내재한 위험에 노출되어 있는 동시에 자사와 연계된 다른 금융 회사들의 실패 위험에도 노출되어 있다. 이를 거래 상대방 위험(counterparty risk)이라고 한다.

중개 업무

자기 자본 거래
자체 자금을 보유하고 있으며, 특정 조건에 따라 자체 자금(자기 자본)을 거래할 수 있다.

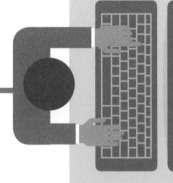

중개 역할
주식을 매수하고자 하는 기업과와 자사 주식을 매도하고자 하는 기업을 연결시켜 주어 시장을 창출한다(이를 시장 조성이라고 한다.).

조사
투자 분석가들은 경제와 시장 동향을 살펴보고 매수 또는 매도 추천을 하고 조사 보고서를 발행하며 고액 순자산 보유자 및 기업 고객들에게 투자에 대한 자문을 제공한다.

자문 업무

기업 상장
자금 조달을 위해 신규 증권을 발행하는 기업의 증권 인수 업무와 기업 공개 절차를 수행하고 수수료 수익을 올린다.

인수 합병
기업 가치, 최선의 절차, 자본 확충 방법 등 기업들의 인수 및 합병에 필요한 자문을 제공한다.

금융 상품 개발
금융 상품을 대중에게 판매하고자 하는 고객을 위하여 소매 은행 또는 상업 은행을 타깃으로 하는 상품을 설계한다.

✔ 알아 두기

▶ **헤지 펀드(hedge fund)** 펀드 매니저와 부유한 투자자로 구성된 투자 파트너십으로, 손실 위험을 상쇄하는 베팅이나 투자(헤지는 울타리, 방지책이라는 뜻)를 통해 시장이 상승하든 하락하든 돈을 버는 것을 목표로 하는 펀드이다.

▶ **유가 증권 인수(underwriting)** 기업이 발행한 주식을 투자 은행이 직접 구입하여 잠재 위험을 부담하는 대가로 발행 금액의 일정 퍼센트를 수수료로 받는다.

▶ **보증(guarantees)** 신규 발행 주식이 최소 얼마의 가격에 팔릴 것이라는 증명을 투자 은행이 제공하는 것. 신규 발행 주식의 수요가 높지 않을 경우, 투자 은행이 장부에 해당 지분을 보유하기로 기록하고 나중에 손실을 보고 매도해야 할 수도 있다. 신규 발행 주식의 수요가 높아 상장가가 발행 가격을 초과하면 투자 은행은 이익을 얻는다.

투자 은행이 버는 돈과 잃는 돈

버는 돈

▶ 투자 은행은 투자 자문, 발행 주식 인수, 대출 및 보증, 중개 서비스, 조사 및 분석을 해 주고 수수료를 받는다.

▶ 보유한 주식에 대한 배당금, 대출 이자, 금융 거래 수수료도 받는다.

잃는 돈

▶ 투자 은행의 자문 분과가 예측한 기업 공개의 수요가 예상보다 적을 경우에 은행은 원치 않는 주식을 보유해야 할 수도 있다.

▶ 투자 은행의 투자 분과에서 잘못된 결정을 내면 은행의 자산을 잃을 수 있다.

▶ 기업 활동이 적은 해에는 거래 수수료를 수익원으로 삼아 손실을 줄이도록 애써야 할 수도 있다.

▶ 투자 은행이 개발한 금융 상품을 다른 투자자들에게 판매하지 못할 경우에 손실이 큰 유가 증권이나 대출을 보유해야 할 수도 있다(2007~2008년의 금융 위기를 앞두고 투자 은행들이 겪었던 일이다.).

브로커

주식이나 기타 유가 증권의 매수자와 매도자를 연결해 거래의
중개자 역할을 하는 사람 또는 기관을 브로커라고 한다.

중개의 원리

중개 회사(증권 회사)는 기업이나 개인이 금융 상품을 사고팔 수 있게 해 준다. 전통적으로 중개인은 시장을 조사하고 고객에게 유가 증권의 매입 또는 매도를 추천하고 그러한 매매 거래를 가능하게 해 주는 역할을 맡는다. 주식 중개인은 고객을 대신해서 시장에서 거래를 수행한다. 대부분의 기관 투자는 여전히 이 방식으로 이루어지는데, 브로커가 고객들(기관 투자자)로부터 다량의 주식 매수 또는 매도 주문을 받아 거래를 대행하는 것이다.

인터넷이 출현한 뒤로 중개 회사들은 전화나 현장 방문 없이 온라인으로 거래할 수 있는 자동화 프로그램을 통해서 소매 시장(개인 투자자)의 범위를 넓혔다. 온라인 중개 회사들은 일반 투자자들이 온라인 거래 플랫폼을 통해서 즉석에서 증권 거래를 하게 해 주는데, 일반적으로 투자 조언이나 시장 분석 등의 정보는 제공하지 않는다. 중개 회사가 이 비용을 절감한 덕분에 고객이 지불해야 하는 거래 수수료는 훨씬 저렴해졌다.

중개 회사는 고객의 투자 포트폴리오 관리 및 거래를 통해서도 수익을 창출한다. 이를 투자 일임(discretionary) 서비스라고 하는데, 고객의 포트폴리오의 가치의 일정 퍼센트를 거래 수수료와 관리 수수료로 부과하는 것이다.

브로커의 역할

투자자는 자신이 보유한 주식 일부를 매도하고자 할 때 우선 브로커에게 연락하여 거래소에 얼마에 호가해 달라고 요청한다. 브로커는 장을 확인하고 주식이 거래되는 매수 호가(즉 브로커가 고객으로부터 기꺼이 매수할 만한 가격)를 알려 준다. 이 매수 호가는 보통 브로커가 기꺼이 매도하려는 가격보다 낮다. 이 가격 차이를 매수-매도 스프레드라고 부르며, 이것이 브로커가 거래를 통해서 돈을 버는 방법이다. 그러면 매도자는 자신이 원하는 가격으로 내놓고 기다릴 것인지, 아니면 브로커가 당장 거래를 성사시켜 줄 수 있다고 하는 '최상가'에 팔 것인지를 결정한다(특정 자산은 거래가 활발한 시간대에는 몇 초 간격으로 가격이 변동하곤 한다.). 투자자의 결정대로 브로커가 거래를 대신 진행한다.

매수-매도 스프레드가 중요한 이유

투자자는 유가 증권 또는 기타 금융 상품을 거래할 때 매수-매도 스프레드를 알고 있어야 한다. 매수-매도 스프레드란 증권의 매수가와 매도가의 차액을 말한다. 예를 들어 주식을 매수하려는 투자자는 210파운드의 주가(매도 호가, offer price)를 제시받는다. 주식을 매도하려는 투자자는 매수하려는 쪽에서 표시한 주가(매수 호가, bid price)가 208파운드라는 것을 확인한다. 여기에서 2파운드의 매수-매도 스프레드가 발생한다.

자주 거래되는 주식, 예를 들면 FTSE 100 지수(런던 증권 거래소에 상장한 100대 우량 기업의 주가 지수)에 등록된 기업들은 이 가격차가 작은 편이며, 사고팔기 쉬워 '유동성이 높다.'고 평가된다. 거래 빈도가 떨어지는 소규모 기업의 주식은 스프레드가 더 크며, 따라서 유동성이 적다고 평가된다. 유동성은 일반적으로 '정규 시장 규모'로 정의되는데, 이 규모가 소매 투자자가 실시간으로 호가에 거래할 수 있는 주식의 수량을 결정한다.

1994 최초의 온라인 주식 거래 중개 회사가 등장한 해

**매도 호가
420파운드**

**매수 호가
400파운드**

실시간 거래

소매 투자자가 온라인 거래 플랫폼을 사용하는 경우, 매수하거나 매도하는 주식의 가격이 온라인으로 표시된다. 투자자들은 정해진 시간 안에 그 가격을 받아들여 거래할 것인지 여부를 결정해야 한다.

**매수-매도
스프레드
20파운드**

정액 거래 수수료
20파운드
판매 수수료
1% = 4파운드
총 24파운드

브로커

거래의 중개자 역할을 수행한다. 고정 수수료나 거래 액수에 대한 판매 수수료, 혹은 두 종류의 수수료를 다 부과하여 이익을 얻으며, 매수-매도 스프레드에 따른 이익도 얻는다.

420파운드에 산다

매도자

브로커에게 연락한다. 브로커는 거래에 대해서 추천을 할 수도 있고 단순히 고정 수수료만 받고 거래를 처리할 수도 있다.

매수자

개인 투자자는 계좌에 예치금이 있어야 브로커가 매수 주문을 내준다. 기업 고객은 브로커와 대출이나 예치금에 대한 협상을 할 수도 있다.

보험 위험과 규정

보험은 본질적으로 위험 관리 수단으로, 개인이나 기업 등의 단체가 잠재적 금융 손실에 대비해 비용을 지불하고, 손실이 발생했을 경우에 보험사로부터 보상을 받는 것이다.

보험의 원리

보험은 발생할 가능성 또는 잠재력이 있는 것으로 예측되고 수량화할 수 있는 위험을 완화한다. 생명 보험, 주택 보험, 기업 보험, 종합 보험, 자동차 보험 등 모든 종류의 보험이 같은 원리, 즉 여러 사람의 위험 가능성을 모아서(pooling) 분산시키는 원리로 작동한다.

개인은 보험이 없으면 조기 사망, 사고, 화재, 절도 등의 예기치 못한 사건으로 인한 재정적 어려움에 노출될 수 있다. 보험이 없으면 공장 등의 사업장은 폐쇄 위험에, 정부는 국가 부도 위험에 처하며, 기업은 개발과 성장에 어려움을 겪을 수 있다.

보험 회사는 보험료를 받고 개인과 기업 및 정부의 위험을 감수하는데, 이 보험료 부담은 보험 회사가 짊어지기로 동의한 위험의 가치의 극히 일부일 뿐이다. 보험료는 고객의 보험 청구 기록을 토대로 산정되는데, 이 기록을 통해 개인 및 기업 고객의 일반적 위험 수준과 예외적인 위험 가능성을 동시에 파악할 수 있다.

가입자가 많을수록 보험료는 적어지며, 그 보험료는 소수 고객이 청구하는 보험금으로 지불된다.

기업 보험

공장을 파괴할 화재 같은 재난에 대비해 보험에 가입하려는 기업은 보험 회사에 보험료를 지불하며, 보험 회사는 그러한 재난이 발생할 경우에 소정의 돈을 지급하기로 약속한다. 보험 회사가 보험금을 지급해야 할 상황은 기업과 보험사 간의 계약에 명기되는데, 이를 약관이라고 한다. 보험료는 약관에 명기된 모든 위험을 보상 범위로 한다. 보상 범위에 포함되지 않는 위험은 '면책 조항'으로 분류한다.

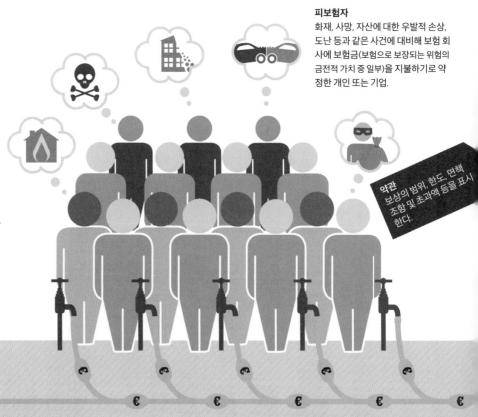

피보험자
화재, 사망, 자산에 대한 우발적 손상, 도난 등과 같은 사건에 대비해 보험 회사에 보험금(보험으로 보장되는 위험의 금전적 가치 중 일부)을 지불하기로 약정한 개인 또는 기업.

약관
보상의 범위, 한도, 면책 조항 및 초과액 등을 표시한다.

규제

보험 제도가 제대로 작동하기 위해서는 보험 업계에 대한 효과적인 규제가 중요하다.

규제 기관은 보험사가 피보험자의 청구에 보험금을 지급하는지 감시한다. 또한 보험사가 금융 책임을 다할 수 있도록 보험 회사도 보험에 들 것을 요구한다. 보험 회사가 보험에 드는 것을 재보험이라고 부른다.

재보험은 보험사 자체의 위험에 대비하도록 한다. 예를 들어 한꺼번에 많은 고객이 보험금 지급을 청구하거나 한 고객이 불시에 거액의 손실을 보았을 경우, 재정적 어려움 없이 보험금을 지급할 수 있도록 취하는 조치이다.

✓ 알아 두기

▶ **보험료(premium)**
보험 약관 또는 증서에 기술된 보상 범위에 대해서 보험 회사가 부과하는 금액이다.

▶ **초과액(excess)**
약정한 보험금을 초과한 손해액은 고객이 부담해야 한다.

▶ **추가 지급 준비금(surplus)**
보험 회사는 추가 지급 준비금을 예치해야 한다.

▶ **이익(profit)**
보험사가 투자 활동을 통한 자본 성장이나 이자로 얻는 이익, 또는 고객에게 적절한 가격에 보험 상품을 판매하거나 보험 청구가 적게 발생하여 얻는 이익을 뜻한다.

▶ **손실(loss)**
보험료를 충분히 부과하지 않았거나 투자 자산의 가치가 하락했거나 다수의 보험 청구로 지급된 액수가 컸을 때 손실이 발생한다.

▶ **투자 포트폴리오(investment portfolio)**
보험사가 받은 보험료를 투자해 구입한 자산들. 이 포트폴리오로 보험 회사는 이자, 배당금, 자본 이득 등의 수익을 창출한다.

▶ **투자 소득(investment income)**
보험료 투자와 지급 준비금으로부터 얻는 수입을 뜻한다.

▶ **약정(policy)**
보험사와 고객 간에 맺는 계약을 가리킨다.

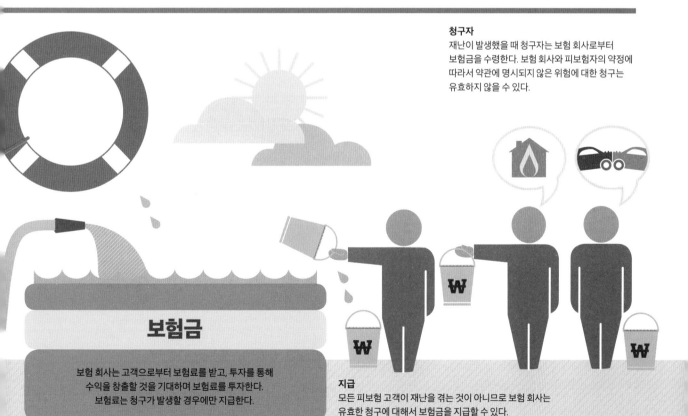

청구자
재난이 발생했을 때 청구자는 보험 회사로부터 보험금을 수령한다. 보험 회사와 피보험자의 약정에 따라서 약관에 명시되지 않은 위험에 대한 청구는 유효하지 않을 수 있다.

보험금

보험 회사는 고객으로부터 보험료를 받고, 투자를 통해 수익을 창출할 것을 기대하며 보험료를 투자한다. 보험료는 청구가 발생할 경우에만 지급한다.

지급
모든 피보험 고객이 재난을 겪는 것이 아니므로 보험 회사는 유효한 청구에 대해서 보험금을 지급할 수 있다.

투자 회사

투자 회사는 고객의 돈으로 고객을 대신하여 주식, 채권, 그밖의 금융 자산을 사고파는 곳이다.
투자자는 펀드의 지분을 매입하며 다양한 자산을 구입하기 위해 자금을 모은다.

투자 회사의 다각화

분산형 투자 회사는 다양한 종류의 자산과 각 자산 내 다양한 유형의 유가 증권(현금, 채권,
주식)에 투자하는 반면에 비분산형 투자 회사는 단일 산업 또는 단일 자산에 투자한다.
분산된 포트폴리오는 위험을 분산시켜 시장 변동성이 가져올 충격을 제한할 수 있다.

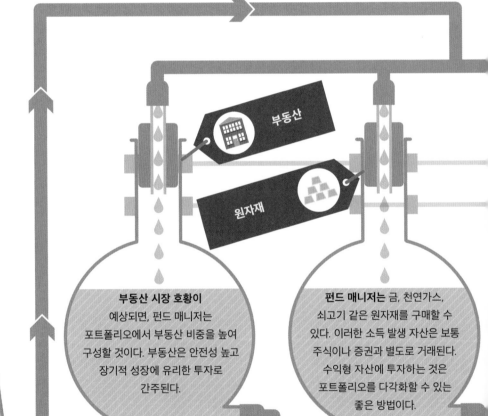

투자자의 자금 투입

부동산

원자재

펀드 매니저 수수료

투자 펀드
펀드 매니저는 자본
성장이나 소득 창출,
또는 두 가지 모두를
통한 수익 창출로
주주와 투자자 들의
이익을 도모한다. 투자를
평가하며 필요에 따라
투자 상품을 조정한다.

부동산 시장 호황이
예상되면, 펀드 매니저는
포트폴리오에서 부동산 비중을 높여
구성할 것이다. 부동산은 안전성 높고
장기적 성장에 유리한 투자로
간주된다.

펀드 매니저는 금, 천연가스,
쇠고기 같은 원자재를 구매할 수
있다. 이러한 소득 발생 자산은 보통
주식이나 증권과 별도로 거래된다.
수익형 자산에 투자하는 것은
포트폴리오를 다각화할 수 있는
좋은 방법이다.

투자 회사의 원리

투자 회사는 여러 기업 및 자산에 투자할 자금을 모아 펀드를 구성하는데, 혼자 힘으로는 이러한 투자 활동을 할 수 없는 고객들이 이런 회사에 돈을 맡겨 투자 시장에 진입한다. 펀드 매니저는 시장을 분석하여 매수 또는 매도 시점, 자금 보유 여부를 결정한다. 그들은 경제 및 세계 관련 뉴스에 재빠르게 반응하며, 글로벌 주식 시장의 동향을 예측해 고객에게 돈을 벌어 줄 투자를 모색하고 실행한다.

5%

미국 법에서 분산형 투자사의 단일 증권 보유가 허용된 총자산의 최대치

주의 사항

▶ **펀드 투자에** 부과하는 수수료에는 펀드에 포함된 기본 수수료 이외에도 송금 수수료, 관리 수수료, 가입 및 환매 수수료 따위가 있다.

▶ **투자 전문가들이** 적극적으로 관리하는데도 기본 시장 동향 예측치에 미치지 못하는 펀드도 많다.

유가 증권

주식

투자자들에게 돌려준 수익의 액수

펀드 매니저는 위험을 분산시키면서도 수익을 창출하는 것을 목표로 삼는다. 포트폴리오의 일부로 채권 상품을 구성했을 경우에는 이자 지급을 통한 고정 수입이 확보된다.

주식은 기업이나 국가, 또는 산업 부문별로 선택한다. 주식 투자 펀드에는 주식 배당금을 지불하는 소득형 펀드와 초기 투자 액수의 성장을 목표로 하는 자본 성장형 펀드가 있다.

수익
썬느를 통한 소득과 자본 성장을 수익이라고 한다. 수익은 거래 비용, 펀드 매니저 수수료, 그 밖의 비용을 공제한 순금액(순액)이다. 펀드 매니저 수수료는 기본 자산 가치의 하락 여부와 관계없이 부과된다.

펀드에 재투자

비은행 금융 기관

비은행 금융 기관(제2금융권)은 은행업 인허가를 받지 않으며 중앙은행 또는 금융 규제 기관의 감독을 받지 않는 금융 기관이다. 은행 서비스 업무는 제공할 수 있지만, 입출금이 자유로운 요구불 예금은 취급하지 않고 저축성 예금만 취급한다.

2008~2009년 금융 위기 이후로 규제 당국은 금융 규제에 대한 새로운 접근법을 고민해 왔다. 영국의 은행들은 현재 대출 기준을 엄격하게 할 것과 현금 지급 수준을 높일 것을 요구받고 있다. 은행은 또한 대출을 받는 이들에 대한 신용 조사를 수행해야 한다. 이러한 요구에 부합하기 위해서 전통적 은행은 대출이나 주택 구입 자금 대출금 상환 능력 면에서 중간 또는 높은 위험으로 평가받는 고객의 수를 줄이는 경향이 있다. 전통 은행에서 대출을 받지 못하자 비은행 대출 기관으로 이동하는 사람이 갈수록 증가하고 있다.

비은행 금융 기관의 유형과 사업 영역

지난 몇 해 동안 비은행 금융 기관의 수가 크게 증가했다. 비은행 금융 기관은 전통적 은행들이 따라야 하는 엄격한 기준에 구애받지 않고 개인 또는 기업에 대출을 해 줄 수 있으며, 은행보다 낮은 이자율로 더 큰 대출액을 제공할 수 있다. 비은행 금융 기관에는 다양한 유형이 있다.

상업용 대출 회사

이 회사들은 기업에 자금을 제공하지만 예금 상품은 취급하지 않으며 당좌 대월을 제공할 수 없다. 이들 회사의 대출 기준은 은행의 대출 기준보다 덜 엄격한 편이다. 이들 회사는 개인을 대상으로 하지 않는다.

P2P 대출 회사

P2P(peer to peer) 대출 기관은 대출 수요자와 공급자를 연결하는 중개자 역할을 수행한다. 이들 회사는 쌍방에 더 유리한 이자율을 제공한다는 발상에서 출발했다. 즉 대출 공급자는 은행 저축 계좌보다 높은 이자를 받는 동시에 대출 수요자는 은행 대출보다 낮은 이자를 지불하게 하는 것이다.

기타 비은행 금융 기관

비은행 금융 기관의 종류는 나라마다 다를 수 있다.

신용 조합
조합원이 주인인 비영리 금융 조합으로, 조합 가입자들의 예금을 모아 대출금으로 조달한다.

주택 조합
조합 가입자들의 저축 계좌를 운용하는 상호 회사. 가입자들의 예금을 모아 주택 구입 자금 대출을 제공한다.

사금융(사채업체 또는 대부업체)
높은 대출 이자를 부과하며, 신용 등급이 낮거나 법원 판결로 제도권 금융 기관에서 대출을 받을 수 없는 사람들을 주고객으로 한다.

전당포
자동차나 보석 같은 자산을 담보로 받고 대출을 제공하는 업체이다.

! 주의 사항

비은행 금융 기관은 영국 정부 감시 기관인 금융 감독청(Financial Conduct Authority, FCA, 한국의 금융 감독원)의 감독을 받는 금융 상품 또는 기업과 같은 정도의 안전성을 제공하지 않는다. 대출 수요자들에게는 대출 조건이 덜 유리하고, 대출 공급자는 대출을 주려는 개인들의 신용도를 확립하기 어렵다.

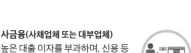

크라우드 펀딩

전통적인 금융 재원이 아닌 소액의 개인 투자자들을 대상으로 프로젝트나 창업 자금을 모집하는 신개념 금융 수단이다. 크라우드 펀딩 플랫폼을 이용하던 투사사는 여러 프로젝트에 투자함으로써 위험을 분산할 수 있다. 하지만 투자가 실패할 가능성은 존재한다.

42%

전체 소비자 중 한 해 동안 비은행 금융 기관을 이용하는 비율

은행

은행은 개인의 돈을 계좌에 맡아 둘 수 있으며, 각종 지불 거래를 치리할 수 있다 개인 고객을 대상으로 하는 대출 서비스를 수행하며, 신용 카드나 대출 또는 주택 구입 자금 대출, 당좌 예금 등의 금융 상품을 제공한다. 금융 당국으로부터 엄격한 규제와 감독을 받는다.

정부 재정과
공적 자금

> 통화량 > 정부 재정 관리
> 경제 통제하기 > 재정 실패

통화량

통화량은 특정 시기에 경제에서 사용할 수 있는 화폐의 총량이다. 정부는 통화량을 감시하는데, 통화량의 변화가 경제 활동과 물가 수준에 영향을 주기 때문이다. 정부는 통화 정책(financial policy)을 바꾸어(예를 들어 은행이 현금으로 보유해야 하는 지급 준비금 수준을 높이거나 낮춤으로써) 통화량에 영향을 줄 수도 있다. 경기 후퇴나 불황 때문에 통화량이 너무 낮아질 경우, 정부가 이를 끌어올리기 위한 조치를 취하기도 한다.

통화량을 측정하는 방법

경제에서 돈의 유형은 'M'군으로 분류한다. 중앙 은행에서 공급하는 일차적 화폐로, 가장 유동성이 높은, 즉 현금화하기 쉬운 형태의 돈을 '협의 통화(narrow money)'로 분류하며 M0(본원 통화라고도 한다.)와 M1으로 표기한다. 이에 비해 유동성이 낮은 돈을 '광의 통화(broad money)'로 분류하는데, M2, M3, M4가 이 범주에 포함된다. 이러한 분류를 정의하는 방식, 포함 혹은 제외시키는 범위는 국가마다 다르다.

> **"통화량을 지배하는 자가 국가를 지배한다."**
>
> 1881년 미국 대통령 제임스 가필드

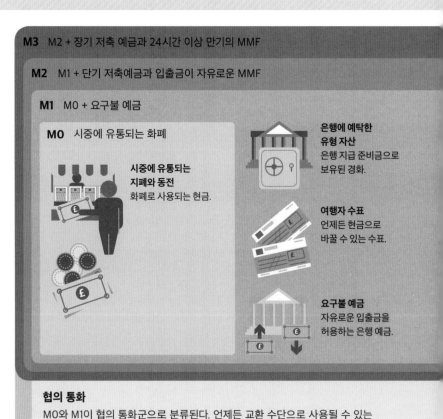

M3 M2 + 장기 저축 예금과 24시간 이상 만기의 MMF

M2 M1 + 단기 저축예금과 입출금이 자유로운 MMF

M1 M0 + 요구불 예금

M0 시중에 유통되는 화폐

시중에 유통되는 지폐와 동전
화폐로 사용되는 현금.

은행에 예탁한 유형 자산
은행 지급 준비금으로 보유된 경화.

여행자 수표
언제든 현금으로 바꿀 수 있는 수표.

요구불 예금
자유로운 입출금을 허용하는 은행 예금.

협의 통화
M0와 M1이 협의 통화군으로 분류된다. 언제든 교환 수단으로 사용될 수 있는 화폐로, 지폐와 동전, 여행자 수표 및 일부 유형의 은행 계좌가 포함된다.

유동성 높음

법정 통화 대 상징 통화

법정 통화에서 법정을 의미하는 단어 'fiat'는 "(법대로) 되게 하라."는 뜻의 라틴 어문에서 왔는데, 오로지 정부령으로 가치를 정하는 화폐라는 의미를 담고 있다. 금 같은 실물과의 거래 비율이 정해져 있지 않으며, 내재 가치가 없다. 정해진 금액의 다른 상품으로 교환되지 않는다.

실물 통화
금본위제에 따라 금의 가치를 기반으로 하는 통화

❯ **실물 기반** 실물 통화의 가치는 금이나 가죽 등 실물의 가치와 연관된다.

❯ **교환 가능** 동등한 가치의 금과 교환된다.

❯ **한정** 통화량은 금의 공급량에 의해 제한된다.

법정 통화
정부가 보증하는 지폐와 디지털 화폐. (88~89쪽 참조).

❯ **실물 기반 하지 않음** 그 가치는 정부와 국가 경제에 대한 신뢰를 바탕으로 한다.

❯ **교환 불가** 법정 통화는 어떤 것과도 교환되지 않는다.

❯ **무제한** 정부가 원하는 대로 발행할 수 있다.

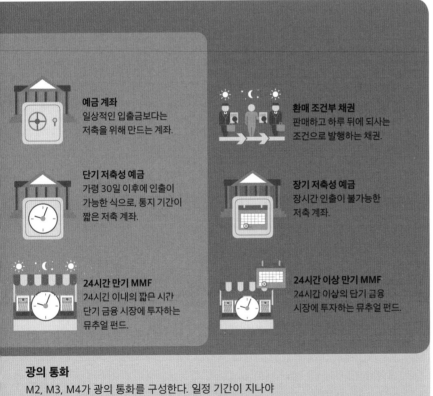

예금 계좌
일상적인 입출금보다는 저축을 위해 만드는 계좌.

단기 저축성 예금
가령 30일 이후에 인출이 가능한 식으로, 통지 기간이 짧은 저축 계좌.

24시간 만기 MMF
24시간 이내의 짧은 시간 단기 금융 시장에 투자하는 뮤추얼 펀드.

환매 조건부 채권
판매하고 하루 뒤에 되사는 조건으로 발행하는 채권.

장기 저축성 예금
장시간 인출이 불가능한 저축 계좌.

24시간 이상 만기 MMF
24시간 이상의 단기 금융 시장에 투자하는 뮤추얼 펀드.

광의 통화
M2, M3, M4가 광의 통화를 구성한다. 일정 기간이 지나야 지불 가능한 형태의 화폐로 인출할 수 있는 없는 통화.

유동성 낮음

경제 측정하기

정부 또는 중앙 은행은 통화량을 평가할 때 어떤 범주의 통화를 사용할지 결정한다. 예를 들어 미국 정부는 M2로 통화량을 측정하며 2006년부터 M3 데이터는 통화량에 포함하지 않는다(한국은행은 M1·M2의 통화량 지표와 금융 기관 유동성·광의 유동성의 유동성 지표를 편제하여 공표한다. ― 옮긴이). 정부는 수집된 데이터에 따라서 은행이 보유해야 하는 지급 준비금 액수를 조정하거나(90~91쪽 참조) 통화량을 늘리기로 결정한다(92~93쪽 참조).

M0

M1

M2

M3

화폐 유통 속도 높이기

경제에서 돈은 대부분 은행 예금(은행 계좌에 모인 자금)의 형태로 발생한다.
은행이 돈을 대출할 때마다 화폐 유통이 증가한다.

화폐 유통의 원리

은행이 고객에게 대출을 하면 약정된 금액이 고객의 계좌에 입금된다. 고객의 계좌에 대출된 금액이 고객의 계좌에 전자로 표시되는 순간부터 현금 인출이 가능해지므로 은행은 고객이 인출을 청구할 때 바로 지급할 수 있도록 그 금액의 현금을 준비하고 있어야 한다. 마찬가지로 고객이 그 대출 받은 돈으로 다른 은행의 다른 계좌에 직불 카드로 지불했던 물건값을 지불하려고 한다면, 대출금을 지급한 은행은 상대 은행이 신용 화폐 송금액을 수락하도록 설득할 수 있어야 한다. 송금액 지급 은행은 이러한 지불 요구를 이행할 책임이 있기 때문에 고객의 계좌에 찍혀 있는 예금액은 은행이 지급해야 하는 부채로 간주된다.

반면에 대출금은 은행의 자산으로 간주된다. 은행이 지급한 대출금은 발생한 이자와 더불어 은행으로 상환될 돈으로 간주하며 고객이 지불을 거부할 때는 상환을 강제할 법적 권리가 있기 때문이다. 은행은 이 대출 입출금 거래를 복식 부기라고 하는 기장법을 이용해 기록하는데, 은행의 회계 장부상 왼쪽에는 차변, 오른쪽에는 대변을 동시에 기입한다(오른쪽 참조).

은행의 자산과 부채

자산

자산은 부채를 지불하는 데 사용할 수 있는 소유 자산이다. 자산은 일반적으로 시간이 지나면서 수익을 창출한다. 고객의 대출 장부는 은행에 가장 중요한 자산인데, 고객이 대출에 대해 지불하는 이자가 은행의 주요 수익이기 때문이다.

부채

부채는 제3자에 지불해야 하는 금전적인 의무이다. 고객의 예적금 계좌는 은행의 주요 부채인데, 모든 고객이 언젠가는 은행에 맡긴 돈을 인출할 것이기 때문이다.

대차평균의 원리

고객의 계좌에 입금하는 형태의 대출을 통해서 은행은 통화량을 창출한다. 대출과 그 상환은 하나의 자산으로 간주되지만, 고객의 계좌에 들어간 대출금은 부채가 된다. 인출 청구가 있는 즉시 지급할 현금을 갖추지 못할 경우에는 파산에 직면할 수 있기 때문이다.
이를 방지하기 위해서 은행은 항상 부채와 자산이 일치하도록 재무상태표(구 대차 대조표)를 엄격하게 관리하며, 대출을 신청하는 고객의 상환 능력을 신중하게 평가한다. 중앙 은행(100~103쪽 참조)은 금융 시스템 전체를 감독하며 어려움에 직면한 은행을 지원하기 위해서 존재한다.

97%
신용 거래의 **형태**로 유통되는 화폐의 비율

자산

은행 재무 상태표: 대출

신용 생성 재무 상태표는 부채와 자산이 어떻게 균형을 이루는지 보여 준다. 은행이 고객에게 대출을 해 줄 경우, 은행의 자산(대출 금액)은 은행의 부채(고객의 계좌에 예치된 대출 금액)와 정확히 일치해야 한다.

자산 재무 상태표는 왼쪽에 자산(차변)을, 오른쪽에 부채(대변)를 기록한다.

고객의 계좌에 있는 대출 금액

자산	부채
고객에게 지급한 대출금 **£1,000**	고객 계좌에 새로 생긴 돈 **£1,000**

고객에게 지급한 대출금은 이자 수익이 발생하는 자산이다.

고객의 계좌에 예치된 대출금은 언제든 현금 인출이 청구될 수 있는 부채이다.

고객의 계좌에 들어간 대출 금액

고객이 추가로 빌린 액수는 은행의 자산에 추가된다.

자산	부채
고객에게 추가 대출 **£100**	고객 계좌에 새로 추가된 돈 **£100**
고객에게 지급한 총 대출금 **£1,100**	고객에게 새로 생긴 돈의 총 금액 **£1,100**

은행은 추가된 100파운드 대출금에 대한 이자를 추가로 받게 된다.

은행은 이제 100파운드를 추가로 지불해야 한다.

고객에게 추가로 빌려 준 돈은 은행의 부채에 추가된다.

복식 부기

회계에서 사용하는 복식 부기는 모든 거래를 대변과 차변으로 나누어 기입한 다음에 양쪽 계좌의 손익이 정확히 균형을 이루는지를 보여주는 기장법이다. 차변에 기입된 모든 자산 금액이 대변에 기입된 모든 부채 금액과 일치하며 상쇄되어야 한다. 따라서 차변의 총 금액이 대변의 총 금액과 동일해야 한다.

부채

은행 지급 준비금

은행은 예금으로 받은 돈 전액을 대출할 수 없다. 법이 예금의 일정 비율을 언제든 예금주에게 지급할 수 있도록 경화(언제든 금이나 다른 통화로 바꿀 수 있는 화폐 — 옮긴이)의 형태로 보유하도록 정하고 있다.

지급 준비금의 원리

중앙 은행은 상업 은행의 지급 준비금 비율을 결정한다. 이는 예금주가 예금을 현금으로 인출하고자 할 경우에 대비해 은행이 실물 화폐로 보유해야 하는 총 예금액의 최소율이다. 경화 보유 금액은 은행 건물 내 금고에 넣어 두거나 중앙 은행에 예금 형태로 예치한다. 은행이 보유하는 준비금은 일반적으로 총 예금의 약 10퍼센트이다(2017년 대한민국 법정 지급 준비율은 7퍼센트 — 옮긴이). 나머지 90퍼센트의 예금은 초과 지급 준비금으로, 다른 고객들에게 대출해 줄 수 있다. 중앙 은행이 상업 은행의 대출액 제한을 푼다면 부(wealth)가 창출되어 경제 성장에 기여하겠지만 모든 예금주가 동시에 예금을 인출할 경우에 상업 은행(시중 은행)은 그 청구액을 지불할 수 없게 될 것이다. 발생할 가능성이 낮은 시나리오이지만, 만에 하나 이런 상황이 닥친다면 상업 은행은 중앙 은행에 추가 지급 준비금을 요청할 수 있다. 중앙 은행은 통화량 조절을 위해 지급 준비율 변경을 시도할 수 있다. 이론상으로는 지급 준비율이 낮을수록 은행의 대출은 늘어나며, 그 반대도 마찬가지이다(100~103쪽 참조). 은행은 중앙 은행에 예치한 지급 준비금에 대한 이자를 받는다(2017년 한국은행 지급 준비금 계정 이자율은 0퍼센트 — 옮긴이).

 알아 두기

▶ **지급 준비율(reserve requirement or reserve ratio)**
은행이 총 예금액 가운데 경화 형태로 중앙 은행에 예탁해야 하는 지급 준비금의 비율

▶ **시재금(vault cash)**
은행 금고에 경화로 넣어 두는 지급 준비금

▶ **초과 지급 준비금(excess reserves)**
지급 준비금 할당 후 남은 예금액으로, 다른 고객에게 대출할 수 있는 금액이다.

▶ **예금 부채(deposit liabillity)**
은행에 예금된 돈. 은행이 미래에 예금주에게 지불해야 하므로 부채로 간주된다.

부분 지급 준비금의 원리

지급 준비율이 5퍼센트라면, 예금액 10만 파운드의 5퍼센트인 5,000파운드를 지급 준비금으로 보유해야 한다는 뜻이다.

예금주의 계좌에는 10만 파운드의 신용이 창출된다. 은행은 그 가운데 9만 5000파운드를 다른 고객에게 대출하며, 차주(대출 받은 고객)의 계좌에는 9만 5000파운드의 신용이 창출된다. 현재 은행은 현금 5,000파운드를 현금으로 보유하고 있지만, 청구가 발생할 액수는 19만 5000파운드이다.

중앙 은행이 지급 준비율을 5퍼센트로 정한다
5%

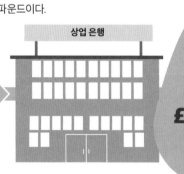

상업 은행

총 예금액
£100,000

£95,000
초과 지급 준비금은 다른 고객에게 대출하거나, 은행이 투자에 사용할 수 있다.

£5,000
지급 준비금은 은행 금고에 경화로 보유하여 (현금 인출에 사용하거나) 중앙 은행에 예치한다.

간단하게 설명하는 승수 효과

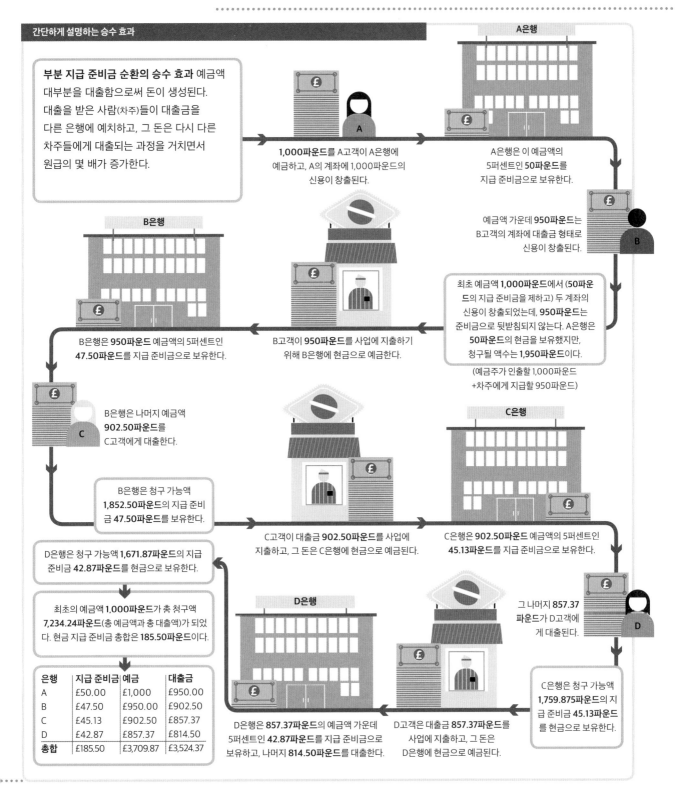

부분 지급 준비금 순환의 승수 효과 예금액 대부분을 대출함으로써 돈이 생성된다. 대출을 받은 사람(차주)들이 대출금을 다른 은행에 예치하고, 그 돈은 다시 다른 차주들에게 대출되는 과정을 거치면서 원급의 몇 배가 증가한다.

A은행

1,000파운드를 A고객이 A은행에 예금하고, A의 계좌에 1,000파운드의 신용이 창출된다.

A은행은 이 예금액의 5퍼센트인 50파운드를 지급 준비금으로 보유한다.

예금액 가운데 950파운드는 B고객의 계좌에 대출금 형태로 신용이 창출된다.

B은행

최초 예금액 1,000파운드에서 (50파운드의 지급 준비금을 제하고) 두 계좌의 신용이 창출되었는데, 950파운드는 준비금으로 뒷받침되지 않는다. A은행은 50파운드의 현금을 보유했지만, 청구될 액수는 1,950파운드이다.
(예금주가 인출할 1,000파운드 +차주에게 지급할 950파운드)

B은행은 950파운드 예금액의 5퍼센트인 47.50파운드를 지급 준비금으로 보유한다.

B고객이 950파운드를 사업에 지출하기 위해 B은행에 현금으로 예금한다.

B은행은 나머지 예금액 902.50파운드를 C고객에게 대출한다.

C은행

B은행은 청구 가능액 1,852.50파운드의 지급 준비금 47.50파운드를 보유한다.

C고객이 대출금 902.50파운드를 사업에 지출하고, 그 돈은 C은행에 현금으로 예금된다.

C은행은 902.50파운드 예금액의 5퍼센트인 45.13파운드를 지급 준비금으로 보유한다.

D은행은 청구 가능액 1,671.87파운드의 지급 준비금 42.87파운드를 현금으로 보유한다.

그 나머지 857.37 파운드가 D고객에 게 대출된다.

최초의 예금액 1,000파운드가 총 청구액 7,234.24파운드(총 예금액과 총 대출액)가 되었다. 현금 지급 준비금 총합은 185.50파운드이다.

D은행

C은행은 청구 가능액 1,759.875파운드의 지급 준비금 45.13파운드를 현금으로 보유한다.

D은행은 857.37파운드의 예금액 가운데 5퍼센트인 42.87파운드를 지급 준비금으로 보유하고, 나머지 814.50파운드를 대출한다.

D고객은 대출금 857.37파운드를 사업에 지출하고, 그 돈은 D은행에 현금으로 예금된다.

은행	지급 준비금	예금	대출금
A	£50.00	£1,000	£950.00
B	£47.50	£950.00	£902.50
C	£45.13	£902.50	£857.37
D	£42.87	£857.37	£814.50
총합	£185.50	£3,709.87	£3,524.37

경기 후퇴와 통화량

경제 활동 상태가 호황이냐 불황이냐에 따라 돈이 사용되는 방식은 달라진다.
경기 후퇴 시기에는 통화량이 위축되며, 이것이 경제 전체에 영향을 미친다.

경기 후퇴 주기

경제의 모든 것은 구매와 판매를 통해 다른 모든 것과 연결되어 있기 때문에 일련의 경기 침체는 지속적인 하락 양상으로 이어질 수 있다. 이를 경기 후퇴 주기라고 한다. 일부 가계 또는 기업(혹은 정부)이 지출을 줄이기 시작하면 다른 기업들의 판매가 감소하기 시작할 것이다. 그러면 그 기업들은 노동이나 원자재에 대한 지출을 줄여서 매출 감소가 가져올 악영향을 줄이고자 할 것이다. 또한 불확실하다고 판단되는 장기 투자에 대해서는 결정을 미룰 것이고, 그 결과 경제적 부의 창출에는 더 큰 타격을 줄 것이다. 이것이 강력한 악순환을 낳는 경기 후퇴 주기이다.

화폐가 유통되는 속도가 느려지면
경제라는 바퀴의 회전 속도가 둔화되고 이것이 경제 전반에서 돈의 움직임을 제한하여 경기 후퇴를 야기한다.

화폐 유통

경제

소비자는 지출할 돈이 줄어든다. 미래에 대한 자신감이 떨어져서 저축을 늘리고 지출은 줄이려 한다.

수요가 감소한 결과 생산자는 임금과 노동 시간을 줄이고 종업원을 해고하고 원자재 구매도 줄인다.

투자자들은 기업의 이익과 주가가 떨어질 것을 두려워하여 새로운 기업에 대한 투자를 꺼린다.

신용 위축

2000년대 초반에 은행과 기타 금융 기관들이 방대한 규모의 돈을 대출해 주기 시작했다. 느슨해진 규제와 저금리가 대출을 부추겼다.

미국과 영국이 특히 큰 영향을 받았는데, 누구나 쉽게 받을 수 있는 대출로 소비자 지출이 급증해 빠른 경제 성장을 야기했다. 하지만 은행이 막대한 액수를 대출해 준다는 것은 위험이 높은 사람들에게도 대출이 갈 수 있다는 것을 의미했다.

미국에서는 이것이 '서브프라임 모기지'의 형태로 나타났다. 전통적인 은행 주택 구입 자금 대출을 거부당한 사람들이 특정 대출 기관을 통해 대출을 받으면서 발생한 사태였다. 이 가운데 많은 사람이 대출금을 상환할 수 없게 되면서 시스템 전체의 건전성이 위태로워졌다.

금융 기관들이 상호 간에 대출을 중단했고, 그와 동시에 2008년의 신용 위축으로 소비자 대출도 고갈되었다. 돈을 구하기가 어려워지면서 지출이 둔화되었고, 세계 경제가 경기 후퇴기에 접어들었다.

경기와 통화량의 원리

경기 후퇴는 구매 및 판매 등 경제 활동이 침체되며 GDP가 (2분기 이상) 마이너스 성장하는 시기이다. 경기 후퇴는 보통 임금 하락과 실업 증가로 이어진다. 직장을 잃거나 전보다 소득이 감소하는 사람이 많아지기 때문에 지출할 수 있는 돈이 줄어든다. 사람들이 경제적 미래에 대한 두려움으로 돈을 저축하기 시작하면 전체 통화량이 감소해 경제 전반에 더 부정적인 영향을 미치게 된다. 재화에 대한 수요가 감소하면서 기업은 비용과 생산을 더 줄여야 하고, 이로 인해 경기 후퇴가 더욱 심해지는 악순환으로 이어질 수 있다.

경제 활동이 감소함에 따라 미래에 대한 사람들의 기대감이 떨어진다. 사람들은 돈을 덜 빌리게 되고 아울러 은행은 돈을 빌려간 사람들이 갚지 않을까 두려워 대출 규모를 축소한다.

실업자들은 소비할 돈이 줄어 지출을 줄일 것이고, 이로 인해 소비재 수요가 더욱 감소할 것이다. 노동자들은 짧아진 노동 시간과 낮아진 임금으로 인해 지출을 줄이고 저축을 더 하려고 할 것이다.

기업은 소비재 생산을 축소할 것이고, 따라서 노동과 원자재 수요가 한층 감소할 것이며, 성장률과 이익이 낮아진다. 기업들은 미래에 대한 불안으로 투자를 더욱 꺼리게 된다.

기업이 투자와 지출을 줄이면서 기계나 장비 등의 자본재 판매가 떨어진다. 자본재를 생산하는 기업들은 이익에 타격을 입을 것이고 생산 공장의 노동 수요가 줄어든다.

 알아 두기

▶ **확장 경기 부양 정책(expansionary policy)**
정부가 빠른 경제 성장을 꾀하는 재정으로 감세, 정부 지출 증가, 금리 인하, 대출 규제 완화 등의 조치를 취할 수 있다.

▶ **긴축 정책(contractionary policy)**
정부가 경제 성장의 둔화를 꾀하는 재정으로, 대개는 인플레이션을 피하기 위한 것이다. 증세와 정부 지출 축소를 시행한다. 대표적인 긴축 정책은 금리 인상과 대출 규제 강화이다.

5%
2009년 영국 경제는 5퍼센트 위축되었다

경기 후퇴에서 불황으로

경기 후퇴가 일정 기간 지속되는 국면을 공황이라고 한다. 공황 기간에는 한 국가의 GDP(한 국가 내에서 생산되는 모든 재화와 용역의 가치)가 10퍼센트까지 떨어지고 실업률이 급격히 치솟을 수 있다.

사례 연구: 대공황 1929~1941년
20세기 최악의 경제 위기. 경제학자들은 무엇이 대공황을 야기했는지, 대공황이 전 세계로 어떻게 확산되었는지, 회복은 왜 그렇게 오래 걸렸는지를 놓고 지금까지도 논쟁하고 있다.

1. '광란의 20년대'에 미국에서 이루어진 번영이 과도한 자신감과 무모한 투자로 이어진다. 수많은 평범한 미국인이 주식과 각종 증권을 사들이고, 높아진 수요가 그 가치를 부풀린다.

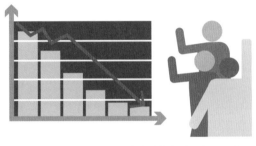

2. 1929년 말 실업이 증가하고 소비자 지출이 감소하고 농장들이 실패하는 등 미국 경제에 문제가 생겼다는 징후가 나타난다. 그러나 부자가 된다는 확신에 찬 일부는 여전히 투자를 멈추지 않는다.

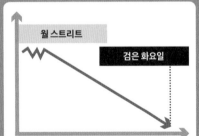

3. 1929년 10월, 엿새 동안 월 스트리트 뉴욕 증권 거래소의 주가가 폭락한다. 총 250억 달러의 손실이 발생하고, 이와 더불어 주식 시장에 대한 사람들의 신뢰도 증발한다. 많은 투자자가 파산하고, 은행은 돈을 잃고, 무역이 붕괴된다.

4. 혼비백산한 고객들이 한꺼번에 현금을 찾기 위해서 은행으로 몰려든다(오른쪽 참조). 많은 은행의 지급 준비금이 바닥나고 1933년까지 절반 이상의 은행이 문을 닫는다. 은행들이 대출을 축소하고 예금액도 축소하면서 미국의 통화량은 더욱 감소한다.

5. 자신감의 상실, 바닥난 돈, 인상된 대출 비용이 지출과 소비재 수요를 감소시킨다. 공장 생산이 줄고 노동자들이 해고되고 급여가 줄면서 소비력은 한층 더 떨어진다.

불황의 원리

경기 후퇴가 장기화하면 공황이 발생하며, 이 시기에는 경제가 끊임없이 하락하는 악순환에 갇혀 파국적인 결과가 생겨날 수 있다. 은행이 붕괴하고, 주식 시장이 폭락하고, 통화량이 위축되고, 물가가 떨어지고, 투자는 휴지조각이 되고, 채무 불이행과 도산이 줄을 잇고, 개인과 기업이 지출을 중단함에 따라 실업률이 치솟는다. 정부가 경제를 자극하기 위해 더 많은 돈을 쏟아 붓지만 소용이 없고, 저금리도 더는 소비자 지출을 부추기지 못한다. 오히려 이 시기에는 고용 창출과 성장을 촉진하기 위한 정부의 투자가 더욱 필요하다.

6. **유럽 국가에 많은 돈을 빌려 준 미국이** 대출금을 회수하고 해외 투자를 취소하고 수입품에 대한 관세를 인상하면서 공황이 전 세계로 확산된다. 유럽에서 은행들이 붕괴하고 실업이 증가한다.

7. **1932년** 미국 대통령 프랭클린 D. 루스벨트가 경제 및 사회 개혁으로 대공황을 돌파하기 위해 뉴딜 정책을 도입한다. 유럽 곳곳에서 우파 정당이 득세하는데, 경제 재건을 약속한 히틀러의 국가 사회주의 독일 노동자당이 대표적인 사례이다.

40%

1929~1932년 미국의 평균 소득 감소율

유동성 함정

경제가 불안정한 시기에는 사람들이 현금을 보유하는 경향이 있다. 현금이 다른 자산과 빠르게 교환할 수 있는, 신뢰할 만한 부의 저장 수단이기 때문이다. 불확실한 미래에 대한 안전한 보험인 셈이다. 현금을 보유하면 물가가 떨어질 때 더 큰 이익이 된다. 같은 금액으로 더 많은 물건을 살 수 있기 때문이다.

저축하려는 욕구가 너무 커서 정상적인 지출 활동이 위축될 정도가 되면 경제는 유동성 함정에 갇힐 수 있다. 통화량을 증가시켜 봤자 사람들이 경기가 호전되기를 기다리면서 돈을 쌓아두기만 한다면 경제 활성화에 성공할 수 없다. 오히려 사람들이 쌓아 둔 돈이 경제를 한층 더 둔화시키며, 이 현상이 계속되면 공황으로 이어지는 데 한몫할 수도 있다.

8. **일찌감치 금본위제를** 폐지해서 평가 절하로 디플레이션에 대처할 수 있었던 국가들이 먼저 회복하기 시작한다. 미국의 경우는 제2차 세계 대전으로 (산업 생산과 군 복무를 통해) 고용과 정부 지출이 증가하고, 이것이 경기 회복 속도를 높인다.

국가 재정 관리하기

사람들이 기대하는 공공 서비스를 제공하기 위한 재정 지출에서 정부는 최대한의 비용 효율성을 추구해야 한다. 따라서 조세 징수와 차입을 통해, 그리고 (아주 가끔은) 돈을 새로 찍어 냄으로써 예산을 조달할 계획을 세운다. 모든 형태의 과세가 주요한 재원이며, 부족분을 충당하는 수단으로 차입이 사용된다. 신규 화폐 발행은 통화의 가치 자체에 대한 신뢰를 잠식할 위험이 있기 때문에 거의 사용되지 않는 방법이다.

균형 맞추기

오늘날의 정부 지출은 주로 수요를 충족시키는 데 투입되며, 한 국가 경제의 약 3분의 1을 차지한다. 북유럽 3개국처럼 정부 지출이 이보다 훨씬 큰 비중을 차지하는 나라도 있다. 이만한 규모의 지출에 자금을 조달한다는 것은 아주 어려운 일이다. 정부는 부채와 예산의 균형을 추구하지만, 대부분 일정 비중은 차입에 의존하게 마련이다. 중요한 것은 국민이 정부 부채는 반드시 상환된다는 신뢰를 유지할 수 있는 수준으로 차입을 관리하는 것이다.

중앙 은행
정부와 중앙 은행은 통화와 통화량을 관리하며, 중앙 은행 지급 준비금을 보유하고, 정부가 정한 경제 목표를 이행한다
(100~103쪽 참조).

화폐 발행
현대의 정부들은 재정 조달을 위해 화폐를 발행하는 경우가 극히 드물다. 이 방법에 상당한 위험이 수반되기 때문이다(124~125쪽 참조).

과세
과세는 가장 안전한 자금 조달 수단이지만, 과세 대상이 되는 사람들에게는 돈의 손실을 의미하므로 사람들에게 환영받기 어렵다(106~107쪽 참조).

차입
이자를 지불해야 하며 반드시 갚아야 하므로, 비용 부담이 큰 방법이다(108~109쪽 참조).

재정 수입

돈 찍어 내기

정부는 인쇄나 전자 방식을 통해 신규 화폐를 발행할 수 있다. 하지만 이 방식으로 통화를 창출하는 데에는 위험이 따른다. 화폐는 신뢰를 기반으로 하기 때문에 정부가 화폐 발행으로 통화량을 늘리게 되면 그 화폐의 가치에 대한 신뢰도가 떨어질 수 있다. 신뢰가 완전하게 무너지면 초인플레이션이 발생할 수 있다(132~135쪽 참조). 1920년대 독일의 상황이 그런 경우였다.

6조 7000억 달러
2016년 미국 정부 지출 액수
(약 8000조 원)

재정 수지 균형
재정 수지는 정부의 수입과 지출 총액의 차이이며, 정부는 재정 수지 균형 달성을 목표로 삼는다.

소비와 투자
정부 지출은 정부 서비스 운영에 드는 즉시 비용과 도로·병원·학교 등 기간시설에 대한 투자를 합산한 것이다. 연금, 건강 보험, 교육, 복지, 국방과 같은 공공 서비스가 연간 지출의 주요 항목에 들어간다 (130~131쪽 참조).

부채 상환
정부는 부채를 반드시 상환해야 한다. 부채에 대한 이자가 국가 예산에서 큰 비중을 차지한다 (110~111쪽 참조).

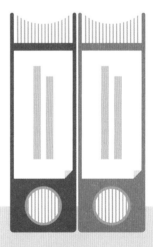

재정 지출

정부와 통화

정부와 중앙 은행은 경제에서 돈을 유통시키는 데 중요한 역할을 담당한다. 정부와 중앙 은행은 통화량을 감시하고 사회의 중추 부문에 자금을 보내고 현금 흐름이 정부 지출로 돌아올 수 있게 하는 정책을 펼친다.

정부와 통화의 원리

적절하게 통제되는 통화량은 건강한 경제의 지표가 된다. 통화량을 직접 통제하기는 어렵지만, 정부의 통화 정책은 거기에 영향을 미칠 수 있다. 통화 정책 결정에 가장 중요한 기관은 중앙 은행이다(100~103쪽 참조). 중앙 은행은 금리에 결정적인 영향을 미치며, 정부가 공개 시장 운영(102~103쪽 참조)이나 양적 완화(124~125

쪽 참조)를 통해서 경제에 더 많은 돈을 투입하려 할 때 중앙 은행을 이용할 수 있다. 조세 정책이나 차입과 대출 규제도 정부가 통화량을 통제하는 수단이 된다. 하지만 현대의 통화 제도 하에서는 이러한 통화량 통제 정책이 완벽하게 작동하지 않는다. 시중 은행들이 대출 조건을 자체적으로 결정하기 때문에 직접 통화량을 통제하려는 시도는 성공하기 어렵다.

통화량과 건강한 경제

사람의 건강이 충분한 혈액을 통해 영양이 제대로 공급되느냐에 달려 있듯이, 건강한 경제는 누군가가 돈을 쓰면 누군가는 돈을 벌고 또 번 돈을 쓰고 또 다른 누군가가 돈을 버는 식으로 지출 주기가 활발하게 이어지는 건강한 돈의 유통에 달려 있다. 이 주기가 둔화되면 경제가 침체되기 시작할 수 있다. 정부는 중앙 은행(경제의 심장이라고 할 수 있다.)을 통해서 돈이 돌고 돌게 만든다. 정부는 또한 정부 기금을 사회의 주요 영역에 골고루 배정되게 하며, 정부 지출을 위한 수입을 확보한다. 금리, 지급 준비율, 공개 시장 운영, 양적 완화 등의 모든 경제 정책이 통화 공급을 유지한다는 목표에 맞춰져 있다. 사람의 몸에 최적의 혈액이 공급된다 해도 영양을 효과적으로 활용하는 것은 결국 세포가 하는 일이다. 마찬가지로, 정부가 통화 공급을 개선한다 해도 경제 성장은 개인들과 기업들이 이 돈을 얼마나 효과적으로 유용한 재화와 용역으로 전환하여 삶의 질을 높일 수 있느냐에 달려 있다.

돈의 유출

중앙 은행은 금융 기관을 통화량을 늘리기 위한 혈관으로 이용한다. 한편, 경제에서 큰 부분을 차지하는 것이 정부 지출이다.

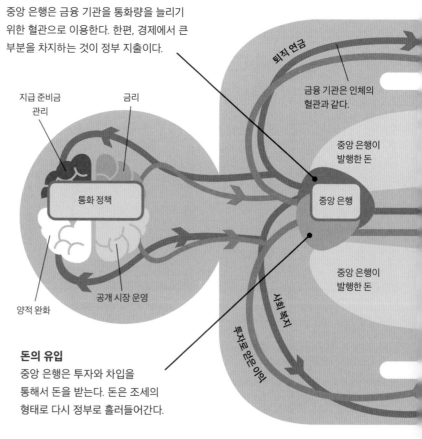

퇴직 연금

금융 기관은 인체의 혈관과 같다.

지급 준비금 관리

금리

통화 정책

중앙 은행이 발행한 돈

중앙 은행

중앙 은행이 발행한 돈

양적 완화

공개 시장 운영

사회 복지

투자로 얻은 이익

돈의 유입

중앙 은행은 투자와 차입을 통해서 돈을 받는다. 돈은 조세의 형태로 다시 정부로 흘러들어간다.

✓ 알아 두기

❱ **통화량(money supply)**
한 국가에서 유통되는 통화의 양으로, 화폐만이 아니라 유동성에 따라 통화 지표를 구분하며 예금이나 각종 금융 상품도 통화량에 포함된다.

❱ **중앙 은행(central bank)**
정부와 상업(시중) 은행에 금융 서비스를 제공하고 통화 정책을 시행하고 통화량을 통제하는 기관

❱ **유통 통화(currency in circulation)**
고객과 기업 간에 구매 및 판매 거래를 할 때 물리적으로 사용되는 돈

중앙 은행의 독립성

2000년대 초 많은 국가의 중앙 은행이 정부로부터 독립했지만, 여전히 투명성과 책임성이 요구된다. 2008년 금융 위기를 겪으면서 중앙 은행의 독립성이 과연 바람직한가 하는 문제가 제기되었다.

장점

❱ **은행이 선거에서** 승리하기 위한 인기 유지에 신경 쓸 필요가 없으므로 통화 정책이 더욱 공정해질 수 있다.

❱ **은행이 선거 주기의** 영향을 받지 않으므로 장기 정책을 계획하고 실행할 수 있다.

❱ **독립한 중앙 은행이** 물가 상승률을 낮게 유지하는 경향을 보여 왔다.

단점

❱ **선거로 선출하지 않기** 때문에 선거로 떨어뜨릴 수 없어 실책에 대해 문책하기 어렵다.

❱ **정부의 지원 없이** 중앙 은행의 통제만으로 금융 위기를 극복하기 어려울 수 있다.

❱ **정부가 경기 후퇴에** 대해 은행을 비난할 수 있으며, 결과적으로 국가 신용도를 잠식할 수 있다.

"통화 정책은 만병통치약이 아니다."

미국 경제학자 벤 버냉키

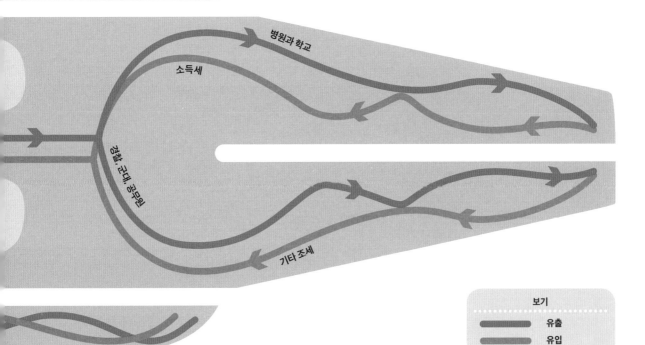

중앙 은행

중앙 은행은 일반 은행 제도의 보증자로 기능하는, '은행의 은행'이다. 중앙 은행은 한 국가의 통화 정책을 수립하는 데 결정적인 역할을 수행하며 정부의 경제 목표를 지원한다.

중앙 은행의 원리

중앙 은행은 국가의 통화, 금리 및 통화량을 관리하며 중앙 은행 지급 준비금을 보유한다. 이 중앙 은행의 지급 준비금이 있어서 상업 은행이 고객의 예금을 지급하는 일상 업무를 수행할 수 있다. 중앙 은행은 재할인율(기준 금리)을 인상하거나 인하함으로써 국가 전체의 통화량을 조절할 수 있다.

기준 금리(120~121쪽 참조)는 일반적으로 가장 저렴한 대출 금리이며, 중앙 은행 지급 준비금이 상업 은행의 대출 능력의 기본이 되므로 중앙 은행은 경제 전체에 도움이 될 수준의 금리를 결정한다. 기준 금리가 인상되거나 인하되면, 상업 은행의 대출 금리도 따라간다. 일반적인 상품의 수요와 공급 원리와 마찬가지로, 지급 준비금도 수요가 높으면 가격이 올라가며(즉 재할인율 또는 기준 금리가 인상된다.) 지급 준비금 수요가 낮아지면 가격도 떨어진다.

중앙 은행의 주요 기능 중에는 구체적 경제 목표 관리가 있다. 가장 대표적인 것이 물가 상승률로, 중앙 은행은 사전에 설정한 물가 상승률 목표치를 공표하고 이를 달성하기 위해서 노력한다.

✓ 알아 두기

▶ **재할인율(reserve interest rate)**
모든 상업 은행이 중앙 은행 지급 준비금을 빌릴 때 지불해야 하는 금리로, 중앙 은행이 결정한다. 기준 금리라고도 부른다.

▶ **공개 시장 운영(또는 공개 시장 조작, open market operations)**
중앙 은행이 국공채나 통화 안정 증권 등을 매입 또는 매각함으로써 본원 통화의 양과 시장 금리를 조절하는 수단

▶ **물가 안정 목표제(inflation targeting)**
중앙 은행 통화 정책 달성 목표의 하나로, 물가 안정을 목표로 명시적 물가 상승률을 사전에 결정하여 공표하고 운용한다.

최종 대부자

금융에는 위험 요소가 내포되어 있기 때문에 금융 제도의 안정성은 은행을 도산 위험으로부터 보호할 수 있는 기관이 있느냐 없느냐에 달려 있다. 중앙 은행은 잠재적으로 무제한이라 할 수 있는 지급 준비금으로 일반 은행들의 '최종 대부자' 역할을 수행한다. 고도의 위험 판정을 받아 다른 대출 기관들로부터 대출을 받지 못한 은행이 중앙 은행으로부터 대출을 받아 위기를 모면하는 경우가 있다. 이처럼 중앙 은행의 지급 준비금은 경제 전체에 치명적인 손상을 입힐 수 있을 금융 위기에 대비한 안전 장치가 되어 준다.

19개국
유럽 연합의 중앙 은행, 유럽 중앙 은행(ECB)이 총괄하는 국가의 수

통화 정책의 목표

중앙 은행이 펼치는 통화 정책의 목표는 대개 물가 안정(낮은 인플레이션)과 정부 지원이다. 국가 전체의 경제적 안정을 꾀하며 경제 성장을 지속하기 위한 환경을 조성하기 위해서는 물가 안정이 전제가 되어야 한다. 중앙 은행은 이 목표를 달성하기 위해서 몇 가지 전략을 펼칠 수 있다. 하나는 통화량 통제이다. 또 한 가지 전략은 특정 환율을 기준 목표로 삼아 통화량을 통제함으로써 외환 시장에 영향을 주는 것이다. 다음으로 특정 금리를 조정하는 방안이 있는데, 오른쪽의 그림이 그 원리를 보여 준다.

재할인율이 너무 높을 때
중앙 은행 자금에 대한 수요가 높으면 재할인율이 올라간다.

중앙 은행

중앙 은행은 상업 은행으로부터 지급 준비금을 받아 중앙 은행 지급 준비금을 생성하는데, 일상적 금융 제도가 작동되게 하는 막강한 힘이 된다. 일반적으로 중앙 은행은 지급 준비금을 예치 혹은 조달함으로써 목표 금리를 유지한다. 이것이 지급 준비금 수요에 영향을 미치며, 중앙 은행이 상업 은행에 부과하는 대출 비용에도 영향을 미친다.

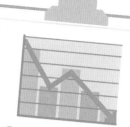

재할인율이 너무 낮을 때
중앙 은행 자금에 대한 수요가 낮으면 재할인율이 떨어진다.

상업 은행 지급 준비금

금리 밀어내리기
중앙 은행은 상업 은행으로부터 증권을 매입해 중앙 은행의 지급 준비금 보유액을 늘린다. 더 많은 자금이 준비되면 대출 비용(이자율)이 감소한다.

중앙 은행은 지급 준비금이 빠져나가면 기준 금리를 높여 목표 금리와 맞춘다.

중앙 은행이 상업 은행 지급 준비금을 더 많이 예치하면 금리를 인하해 목표 금리와 맞춘다.

금리 밀어올리기
중앙 은행이 이자율을 인상하기 위해서 상업 은행에 증권을 매각하면 중앙 은행 지급 준비금 보유액이 줄어든다. 그 결과 자금 수요와 대출 비용이 올라간다.

목표 재할인율

통화 정책 관리하기

중앙 은행은 재할인율을 인상하거나 인하함으로써 상업 은행의 지급 준비금 규모를 조절한다. 이것이 상업 은행의 차입 금리와 대출 금리에 영향을 미쳐 통화량도 이에 따라 조절되며, 지출과 물가 상승률도 영향을 받는다. 이자율이 낮아지면 저축은 감소하고 대출은 증가하며, 이자율이 높아지면 그 반대 현상이 일어나기 때문이다.

> ✓ **알아 두기**
>
> ❯ **2차 시장(secondary market)**
> 투자자들이 정부가 발행한 채권을 매입 또는 매도하는 곳
>
> ❯ **인플레이션(물가 상승, inflation)**
> 물가 전반이 상승하고 돈의 구매 가치는 하락하는 상태
>
> ❯ **금리 스프레드(금리 차, the spread)**
> 가장 낮은 이자율과 높은 이자율의 차이
>
> ❯ **신용 가이던스(credit guidance)**
> 핵심 사업 부양책 등 광범위한 정부의 정책 목표를 달성하기 위해서 설계된 중앙 은행의 저렴한 대출 프로그램이다.
>
> ❯ **지급 준비율(reserve ratio)**
> 예금액 가운데 은행이 현금으로 보유해야 하는 비율. 지급 준비율은 중앙 은행이 정한다.

통화량 증가

재할인율 인하

중앙 은행이 재할인율(기준 금리)을 인하하면 상업 은행이 중앙 은행의 지급 준비금을 더 저렴하게 빌릴 수 있다. 이렇게 하면 상업 은행이 시중 금리를 인하할 것이다.

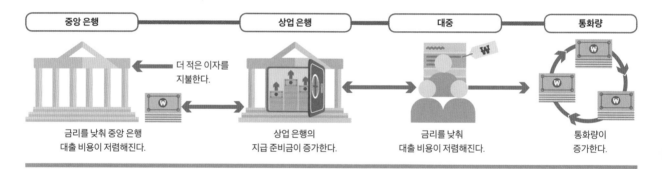

중앙 은행	상업 은행	대중	통화량

더 적은 이자를 지불한다.

금리를 낮춰 중앙 은행 대출 비용이 저렴해진다.

상업 은행의 지급 준비금이 증가한다.

금리를 낮춰 대출 비용이 저렴해진다.

통화량이 증가한다.

공개 시장 운영: 채권 매입하기

중앙 은행이 공개 시장에서 증권 또는 채권을 매입한다. 매입 대금으로 투자자들이 돈을 입금하고, 이로 인해 공개 시장의 지급 준비금이 늘어난다. 이에 대응해 상업 은행이 금리를 인하한다.

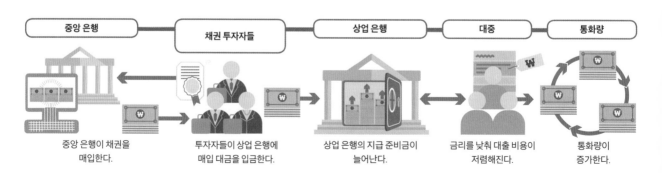

중앙 은행	채권 투자자들	상업 은행	대중	통화량

중앙 은행이 채권을 매입한다.

투자자들이 상업 은행에 매입 대금을 입금한다.

상업 은행의 지급 준비금이 늘어난다.

금리를 낮춰 대출 비용이 저렴해진다.

통화량이 증가한다.

중앙 은행이 통제하는 것

신용 지침

중앙 은행이 상업 은행의 인허가를 통제한다는 것은 중앙 은행이 상업 은행의 대출 정책에 영향을 줄 수 있다는 뜻이다. 예를 들면 중앙 은행은 중요한 산업 부문에 아주 낮은 금리를 제공하는 상업 은행에 일련의 혜택을 줄 수 있다.

공개 시장 운영

중앙 은행은 공개 시장에서 채권을 매입 또는 매각하여 단기 금리에 영향을 미칠 수 있다.

신용 접근성

중앙 은행은 상업 은행의 신용 접근성을 제한할 수 있는데, 예를 들면 상업 은행이 보유해야 하는 지급 준비금의 액수를 높이는 것이다.

1668년
세계에서 가장 오래된 중앙 은행인 스웨덴 국립 은행 설립 연도

통화량 감소

재할인율 인상

중앙 은행은 재할인율(기준 금리)을 인상함으로써 상업 은행의 일반 대출을 줄일 수 있다. 그러면 상업 은행이 중앙 은행의 지급 준비금을 대출하는 비용이 더 비싸지고, 다시 상업 은행은 시중 대출 금리를 인상한다.

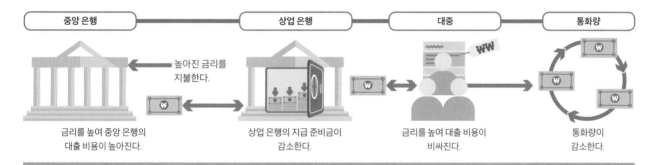

중앙 은행	상업 은행	대중	통화량
금리를 높여 중앙 은행의 대출 비용이 높아진다.	상업 은행의 지급 준비금이 감소한다.	금리를 높여 대출 비용이 비싸진다.	통화량이 감소한다.

높아진 금리를 지불한다.

공개 시장 운영: 채권 환매

중앙 은행이 채권을 시장에 환매해 돈을 적립한다. 투자자들이 이 채권을 매입하기 위해 돈을 인출하고, 그러면 은행의 예금 지급 준비금이 감소한다. 이에 대응해 상업 은행이 금리를 인상한다.

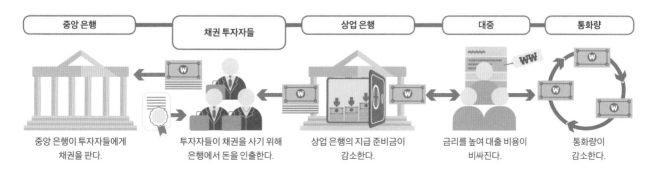

중앙 은행	채권 투자자들	상업 은행	대중	통화량
중앙 은행이 투자자들에게 채권을 판다.	투자자들이 채권을 사기 위해 은행에서 돈을 인출한다.	상업 은행의 지급 준비금이 감소한다.	금리를 높여 대출 비용이 비싸진다.	통화량이 감소한다.

예산 제약

정부의 재정도 개인이나 기업과 마찬가지로 제약이 있다. 정부는 지출이 소득을 초과할 경우에
부족한 재원을 충당하기 위해 돈을 빌려야 할 수 있으며 심지어는 새 돈을 찍어 내야 할 수도 있다.

예산 제약의 원리

정부는 공공 서비스와 재정 정책에 비용을 지불해야 한다. 이를
위해서 조세를 부과하며, 추가적인 자금이 필요할 경우에는 돈을
빌린다. 극단적인 경우에는 신규 화폐를 발행하기도 한다. 모든 방
침에는 비용이 따르지만 화폐 발행은 위험이 너무 커서 이를 선택
하는 정부는 거의 없다.

정부 지출과 세수의 차를 재정 적자(또는 예산 적자)라고 부른다.
재정 적자는 정부가 지출을 위해서 얼마의 돈을 빌려야 하는지를
보여 준다. 경우에 따라서는 소폭의 재정 적자를 지속적으로 유
치하며 운용하는 정부도 있다.

지출과 적자

공약에 소요되는 재정 지출이 세수와
기타 형태의 소득으로 충당되는 것이
가장 이상적인 상태일 것이다. 하지만
지출 비용이 충당되지 않으면(재정 적자),
차입이나 새로 돈을 찍어 추가 자금을
조달해야 한다. 크지 않은 적자는 대개
차입으로 해결할 수 있지만, 적자 폭이
지나치게 커지면 기존의 지출을 충당하기
위해서만이라도 차입 규모를 늘려야
해서 정부가 재정적 어려움을 겪을 수
있다(146~147쪽 참조).

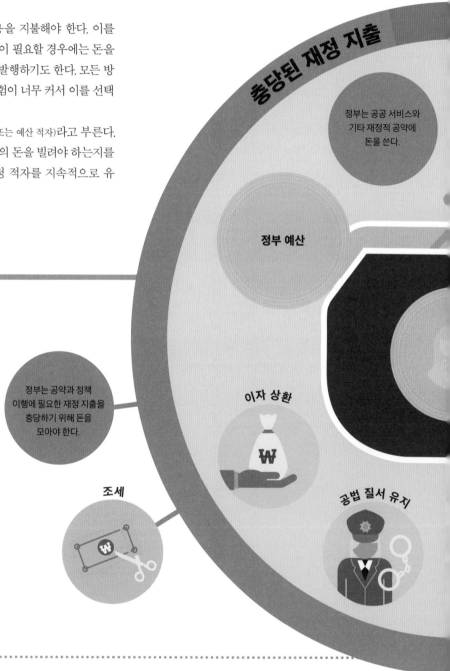

충당된 재정 지출

정부는 공공 서비스와
기타 재정적 공약에
돈을 쓴다.

정부 예산

정부는 공약과 정책
이행에 필요한 재정 지출을
충당하기 위해 돈을
모아야 한다.

이자 상환

조세

공법 질서 유지

정부 지출이 수입을 상회할 때 정부는 돈을 빌리거나 새 돈을 찍어야 한다.

돈 빌리기

₩

새 돈 찍기

재정 적자

사회 복지

국방

주택 및 환경

건강 보험

교육

75%

세계 최악을 기록한
리비아의 재정 적자
GDP의 75퍼센트

정부가 자금을 조달하는 방법

정부가 공약과 정책 이행에 소요되는 자금을 조달하는 데에는 세 가지 방법이 있다. 이 세 전략에는 각각의 장점과 단점이 있다.

》 조세
정부는 자국민이 벌어들이는 것과 소유한 것, 그리고 외국 무역에 대해 세금을 부과할 수 있다. 세금은 안전한 재원이지만 사람들에게 환영받지 못한다.

안전하다　　　인기가 없다

》 차입
정부는 자국민이나 (가령 연기금을 통해) 외국으로부터 돈을 빌릴 수 있다. 하지만 차입에는 이자 부담이 발생한다.

낮은　　　이자
정치적 부담　　　지불 부담

》 신규 화폐 발행
정부는 돈을 직접 찍을 수 있다. 간단한 해결책으로 보이는 이 방법이 흔히 사용되지 않는 것은 큰 위험이 따르기 때문이다(144~145쪽 참조).

쉬워　　　높은
보인다　　　재무적 위험

조세

과세는 정부가 공공 지출에 필요한 재원을 조달하는 주요한 방법이다. (소득세처럼) 국민에게
직접적으로 세금을 부과하는 직접세와 (부가가치세처럼) 간접적으로 세금을 부과하는 간접세가 있다.

조세의 원리

정부는 자국민 누구에게라도 세금을 내라
고 요구할 수 있는 특권이 있다. 이러한 조
세는 개인이나 조직이 벌어들인 것에 부과
하는 '직접세'와 사람들이 소비하는 돈에
부과하는 '간접세'로 나뉜다. 세금은 소비
나 소득의 일정 몫을 징수하거나 일률 세
율로 징수한다. 그런가 하면 소득이 높을
수록 점점 높은 세율을 적용하는 누진세
도 있다.

과세 수준 문제를 둘러싼 열띤 논쟁이
벌어지곤 하는데, 세율이나 과세 대상에
대한 법률은 국가에 따라 크게 다르다.

조세의 또 다른 기능

일부 세금은 상품으로 벌어들이는 수입을 줄
이기 위해 고안된다. 어떤 상품에 새로 세금
을 부과하거나 세금을 증액하면 상품 가격이
상승하기 때문에 구매력이 떨어질 것이다. 담
배처럼 유해한 상품에는 높은 세금을 매기는
것이 대중의 소비를 줄이는 방법이 될 수 있
다. 가격 인상에도 소비자의 행동이 크게 변
화하지 않는다면, 추가된 세금이 막대한 재원
이 될 수 있다. 세수를 늘려야 하는 정부에게
는 이것이 대단히 매력적인 과세 수단이 된다.

직접세와 간접세

조세는 소득에 부과하는 것과 지출에 부과하는 것이 있다.
영국에서 개인이 내는 대표적인 세금은 아래와 같다.

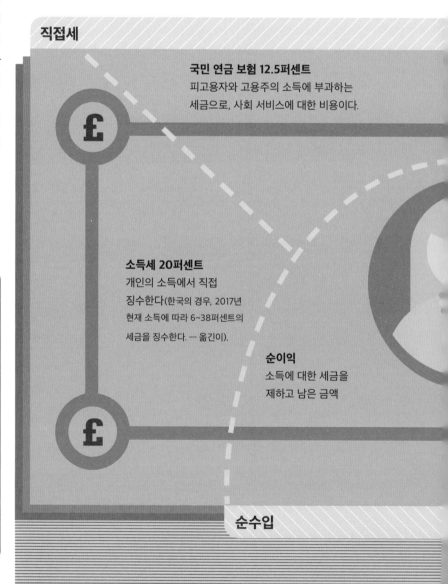

직접세

국민 연금 보험 12.5퍼센트
피고용자와 고용주의 소득에 부과하는
세금으로, 사회 서비스에 대한 비용이다.

소득세 20퍼센트
개인의 소득에서 직접
징수한다(한국의 경우, 2017년
현재 소득에 따라 6~38퍼센트의
세금을 징수한다. ─ 옮긴이).

순이익
소득에 대한 세금을
제하고 남은 금액

순수입

21조 달러

해외 조세 피난처에 은닉된 것으로 추정되는 자산 규모

(약 2경 4000조 원)

간접세

기타 특수 조세
조세는 어떤 것에든 적용될 수 있다.
독일은 개에 대한 조세를 징수하며
영국은 한때 창문에 과세한 적이 있다.

소비세
많은 상품, 특히 수입품에
소비세가 추가로 부과된다.

£

부가 가치세
재화나 용역의 원래
가치에서 기업이 새로
부가한 가치에 대해
부과하는 세금이다.
국가마다 세율이 다르다
(한국 10퍼센트, 영국 20퍼센트,
일본 8퍼센트, 미국은 주마다
다르다. — 옮긴이).

£

탈세와 조세 회피

조세 제도가 국가마다 다르기 때문에 기업들
이나 일부 부유한 개인들은 국제 과세율 차이
를 이용하여 납부하는 세금의 총액을 절감하
는 것이 가능하다. 이를 불법적으로 행할 경
우에는 탈세(tax evasion)가 되며, 합법적으
로 수행하면 조세 회피(tax avoidance)가 된
다. 하지만 현실에서는 그 경계가 모호한 경우
가 많다.

　일부 국가에서는 투자를 유치하기 위해서
의도적으로 아주 낮은 과세율을 적용하는 관
할 구역을 두고 있으며, 일부 구역에서는 투
자자의 신원에 대한 비밀을 보장한다. 그러한
지역이 '조세 피난처'로 악용된다는 비난도 있
는데, 이러한 관할 구역이 적법한 경제 활동
이 이루어지는 공간이 아니라 대규모 기업이
나 부자 들이 본국에서 마땅히 납부해야 할
세금을 회피하거나 탈세하는 수단으로 이용
되고 있나는 것이다.

세금

정부 차입

정부는 세수로 충당되지 못하는 지출은 차입을 통해서 해결한다.
하지만 과도한 차입은 심한 국가 채무를 초래할 수 있다.

채무 관리

정부는 전체적인 채무 수준을 면밀히 주시해야
한다. 높은 채무 수준은 곧 더 많은 이자를
지급해야 한다는 뜻이기 때문이다. 채무
수준이 과도하게 높아져 조세 수입으로
높은 이자율을 따라잡지 못할 경우, 상환이
불가능해질 수도 있다. 과다한 채무로
투자자들이 위험이 너무 크다고 전망되는
국가들의 경우에는 차입이 어려워져 일상적인
지출조차 충당할 수 없게 될 수도 있다.

차입

가장 전형적인 정부 차입은 개인과
금융 기관에 채권을 발행해서 대출
형태로 돈을 빌리는 방식이다.
정부는 투자자에게 일정 기간 고정
금리로 이자를 지급하고 만기가
되었을 때 대출금 전액을 주고 그
채권을 환매한다.

재원

일반적으로 정부는 재정 자금의
대부분을 조세의 형태로 조달하지만,
계획된 지출액을 충당하기 위해서
차입이 필요한 경우도 있다.
정부의 차입금은 만기 상환 의무가
있으므로, 정부 예산의 일부는
반드시 채무 상환에 편성해야 한다.

세금

정부 차입의 원리

정부가 세수입보다 더 많은 돈을 써야 할 경우가 종종 발생한다. 실업이 증가해 세수입이 줄어드는 경기 후퇴기에 이런 상황이 될 수 있다. 정부의 세수입과 지출액의 차이를 적자라고 한다. 정부는 적자를 충당하고 지출을 유지하기 위해서 차입을 해 그 채무를 결국에는 세수입으로 상환한다는 목표로 공공 서비스를 계속 제공한다. 대부분의 정부는 때때로 적자를 겪는데, 거의 항상 적자 상태로 운영되는 정부도 있다. 채무를 상환할 수 있고 이자 지불액이 크지 않다면 큰 문제가 되지 않지만, 끝까지 차입금을 상환하지 못해 국가 부도를 맞게 될 위험도 존재한다.

> ## "국가 부채는 과도하지만 않다면 오히려 국가적 축복이 될 것이다."

미국 초대 재무장관 알렉산더 해밀턴

채무 상환하기

채무 수준이 높을수록 상환에 필요한 정부 예산은 더 커진다. 여유금이 있는 정부는 채무 상환에 더 많은 자금을 할당할 수 있다.

상환 의무

정부의 모든 채무는 이자 지급은 물론 만기까지 반드시 전액을 상환해야 한다. 정부는 채무 불이행 사태나 채무에 대한 과도한 이자를 피하기 위해서 항상적으로 일정 수준의 상환을 이행해아 한다.

국가 채무 불이행

정부가 차입금 전액을 상환할 수 없거나 상환을 거부하는 것을 채무 불이행(default) 또는 국가 부도 상태라고 부른다. 정부가 차입한 채무 또는 그 일부에 대해 상환을 유지할 능력이 되지 못한다는 뜻이다.

국가 부도 위험

국가 채무

국가 채무는 과거부터 누적된 부채를 포함해 한 국가의 정부가 빚진 돈의 총합이다. 경제 규모가 크고 납세 인구 규모가 큰 국가는 그렇지 않은 국가보다 많은 부채를 부담할 수 있다.

국가 채무의 원리

한 국가의 정부(와 모든 이전 정부)가 빌린 돈의 총액을 국가 채무(국채) 또는 공공 채무(공채)라고 한다. 일반적으로 국가 채무는 채무 총액에서 정부의 유동 자산을 뺀 값으로 계산한다. 채무에 대한 이자가 발생하며, 이는 상당한 액수가 될 수 있다. 적자를 메우기 위해서 정부가 차입하는 모든 금액이 국가 채무에 추가된다. 정부의 지출이 한 해의 조세 수입보다 많으면, 적자가 된다. 정부의 지출이 한 해의 조세 수입보다 적으면 '여유금'이 생기는데, 이것은 채무를 갚는 데 사용할 수 있다. 물가 상승은 채무 부담을 줄이는 데 도움이 된다. 정부가 채무를 상환할 수 없게 되면 국가 부도를 맞고, 다시 돈을 빌리기가 어려워진다.

부채 부담

정부는 일반적으로 조세 수입을 이용해서 채무를 상환한다. 조세 수입을 늘릴수록 채무를 더 빨리 갚을 수 있다. 한 국가의 경제 규모가 클수록 안전하게 보유할 수 있는 채무의 규모도 더 커진다. 경제 규모가 클수록 더 많은 세금을 걷을 수 있기 때문이다.

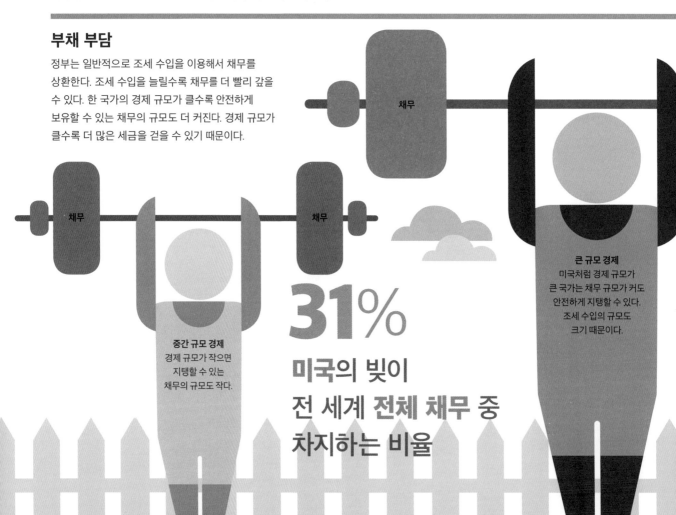

채무

채무

채무

중간 규모 경제
경제 규모가 작으면 지탱할 수 있는 채무의 규모도 작다.

큰 규모 경제
미국처럼 경제 규모가 큰 국가는 채무 규모가 커도 안전하게 지탱할 수 있다. 조세 수입의 규모도 크기 때문이다.

31%
미국의 빚이 전 세계 전체 채무 중 차지하는 비율

전시에 증가하는 국채

전쟁 기간에는 정부의 지출이 크게 증가한다. 정부는 일반적으로 국채 발행을 통해 돈을 빌려서
이를 조달한다. 최초의 국채를 발행한 것은 17세기로, 전쟁 자금을 모으기 위한 조치였다.

정부

취약한 경제
경제가 어려움을
겪을 때 새로
불이행 위험이
커진다.

**물가 상승
(인플레이션)이 채무
를 줄일 수 있다.**
물가가 상승하면
화폐 가치가 하락해
국내 채무 상환에
대한 부담이
가벼워진다.

책무성

경제 정책은 일반적으로 정부와 중앙 은행이 공동으로 책임진다. 결정된 정책을 대중과 각급 기관에 공표함으로써 국민 앞에 정부와 중앙 은행의 책무성을 높인다.

책무의 원리

민주적 국가에서는 대개 정부의 연간 조세 및 지출 계획(재정 정책)을 입법 기관(국회)에 보고하게 되어 있다. 연간 예산은 한 정부의 경제 정책의 중추적 도구가 되며, 각종 선거 기간에 열띤 논쟁 주제가 되곤 한다. 2008년 금융 위기 전까지 통화 정책(금리 변경과 통화량 조절)은 점차 중앙 은행의 영역이 되어 가고 있었다. 그러나 2008년 이후로 통화 정책과 금융 제도가 금융 위기에 어떤 책임이 있었는가 하는 문제를 놓고 심도 깊은 연구와 조사가 진행되고 있다.

언론이 예산에 대해 보도한다
언론 매체는 정부 예산의 변화와 그 변화가 대중에 미치는 영향을 보도한다.

대중이 소비 습관을 조정한다
예산에 관한 정보가 알려지면 가계나 기업이 지출과 저축에 대해 새로운 결정을 내릴 수 있다.

입법 기관이 예산을 승인한다
국가의 입법 기관인 국회가 예산을 논의하며 그 과정에서 변경이 있을 수 있다.

감사원이 재정을 감사한다
많은 국가에는 정부의 재정적 결정과 실태를 감사하는 독립 기관이 있다.

재정 영향
정부의 정책 입안자는 장기적인 관점을 취한다. 최고의 경제적 성과를 달성하기 위해서는 중앙 은행의 정책 입안자가 정부의 관점을 지침으로 삼을 필요가 있다.

정부가 예산안을 편성한다
일반적으로 연간 예산은 각 부문의 지출로 편성한다.

통화 정책의 영향
중앙 은행의 통화 정책은 정부의 지출에 영향을 미친다. 금리가 특히 고용과 물가 상승률에 영향을 미치기 때문이다.

중앙 은행의 투명성과 책무성

현재는 많은 국가가 중앙 은행을 정치권으로부터 독립시키는 추세이다. 자율적인 중앙 은행이 정부와 효과적으로 협조를 유지하며 공개적 논의와 민주적 합의를 이행하고 경제 전망을 내놓는 것이 필수적이다. 이를 위해 중앙 은행은 투명성과 책무성을 입증해야 한다.

투명성

❯ **개방성이 개선되면** 충분한 정보를 기반으로 하는 결정을 기대할 수 있다.

❯ **정치 및 경제 정책과** 절차 관련 정책을 전부 명확하게 밝혀야 한다.

❯ **국민과 정부에** 포괄적인 보고를 정기적으로 제공해야 한다.

책무성

❯ **중앙 은행 직원들에** 대한 엄격한 행동 규범으로 더 높은 수준의 결정을 이끌어 내야 한다.

❯ **감사를 거친** 재무 제표를 대중이 열람할 수 있어야 한다.

❯ **영업 비용과 수입을** 공개해야 한다.

외적 요인
중앙 은행은 의사 결정 시 사회적 인식과 기업 환경, 금융 시장의 변동성 등의 요인을 반드시 고려해야 한다.

중앙 은행은 상업 은행을 감독한다
상업 은행에 대한 감독은 중앙 은행이 경제의 구도를 그리는 데 중요한 역할을 한다.

보고서는 정책을 설명하고 정당성을 입증해야 한다
추가 설명 요구가 있을 경우에는 중앙 은행 총재가 위원회에 출두해 설명 책임을 다해야 한다.

중앙 은행이 금리를 결정한다
중앙 은행은 다양한 경제 지표를 감안하여 금리를 결정한다.

정책 회의록 공개
중앙 은행의 의사 결정 과정에 대한 보고서는 대중에 공개된다.

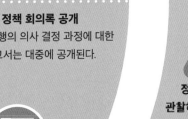

정책의 영향을 관찰하고 수치화한다
금융 기관과 전문 언론은 중앙 은행의 정책 결정 과정과 성과를 면밀히 주시한다.

국민에 미치는 영향
금리는 저축과 대출, 지출 결정에 영향을 미친다. 이는 나아가 생산과 고용, 생산비와 상품 가격, 그리고 궁극적으로는 소비자 물가에 영향을 미치게 된다.

금융 시장에 미치는 영향
금리는 금융 자산의 가치와 환율에 영향을 미치며, 환율은 소비자 수요와 기업의 수주 활동, 그리고 외화 자산 대비 국가 자산 수익률에 영향을 미친다.

경제 통제하기

정부는 조세 정책을 조정하고 이자율에 영향을 미침으로써 경제를 관리할 수 있다. 이러한 시도 하나하나가 경제가 작동하는 전체 구조의 작은 부분에까지 영향을 미친다. 하지만 경제란 정부가 직접 통제할 수 없으며, 각기 다른 요소들이 각기 다른 방식으로 상호 작용함으로써 돌아간다. 따라서 경기를 전망하고 재원 요구 경쟁 사이에서 균형을 맞추기 위한 시도는 모든 정부에게 주어지는 끝나지 않을 숙제이다.

경제 기계

오른쪽의 그림은 1949년 경제학자 윌리엄 필립스가 영국 경제를 수력 시스템으로 시뮬레이션한 실제 기계, 모니악을 본딴 설계도이다. 국민 소득 이론을 바탕으로 물탱크와 펌프, 관, 수문 등으로 이루어진 시스템을 비유해서 경제의 각 부분이 어떻게 상호 작용하는지를 보여 주었으며, 이 단순한 모형으로 정책 변화가 가져올 결과를 예측할 수 있도록 했다.

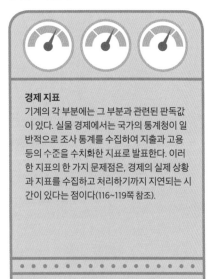

경제 지표
기계의 각 부분에는 그 부분과 관련된 판독값이 있다. 실물 경제에서는 국가의 통계청이 일반적으로 조사 통계를 수집하여 지출과 고용 등의 수준을 수치화한 지표로 발표한다. 이러한 지표의 한 가지 문제점은, 경제의 실제 상황과 지표를 수집하고 처리하기까지 지연되는 시간이 있다는 점이다(116~119쪽 참조).

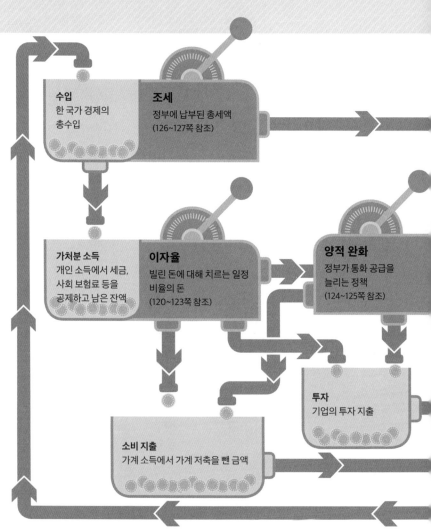

수입
한 국가 경제의 총수입

조세
정부에 납부된 총세액
(126~127쪽 참조)

가처분 소득
개인 소득에서 세금, 사회 보험료 등을 공제하고 남은 잔액

이자율
빌린 돈에 대해 치르는 일정 비율의 돈
(120~123쪽 참조)

양적 완화
정부가 통화 공급을 늘리는 정책
(124~125쪽 참조)

투자
기업의 투자 지출

소비 지출
가계 소득에서 가계 저축을 뺀 금액

국민 소득 회계

국민 소득

국민 소득은 국내 경제의 모든 부문과 국제 수지에서 발생한 소득의 총금액이다. 국민 소득 회계는 주어진 기간 동안 국가의 경제 활동 수준을 측정하기 위해서 정부가 쓰는 회계법이다.

소득 = 지출

국민 소득이란 국가 경제의 한 부분에서 지출되는 모든 금액이 나머지 부분에서 벌어들인 소득 금액과 일치해야 하며, 국가의 경제 안에서 발생하는 총소득이 총지출과 일치해야 한다는 개념이다. 이 기본 개념을 이용해서 경제학자들은 미래의 경제 상황을 예측하기 위한 모니악 (Monetary National Income Analogue Computer, 국민 소득 분석 아날로그 컴퓨터 — 옮긴이) 같은 경제 모형을 구축하기도 했다.

4조 2900억 달러

2015년 일본의 국민 총소득(GNI)

(약 5000조 원)

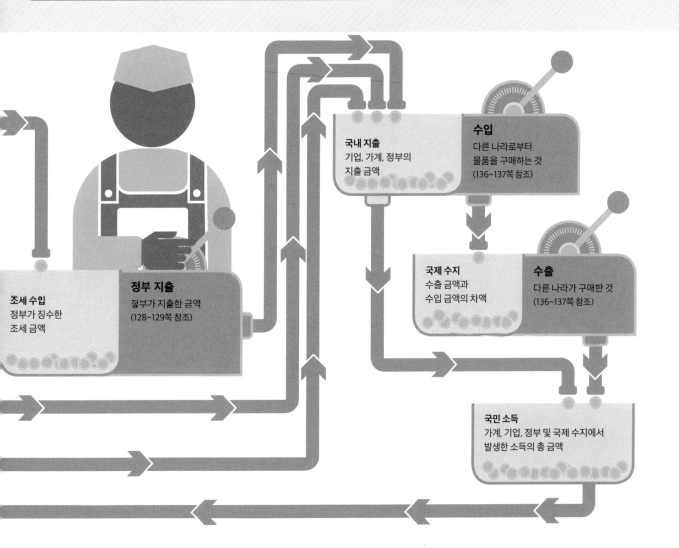

국내 지출
기업, 가계, 정부의 지출 금액

수입
다른 나라로부터 물품을 구매하는 것
(136~137쪽 참조)

조세 수입
정부가 징수한 조세 금액

정부 지출
정부가 지출한 금액
(128~129쪽 참조)

국제 수지
수출 금액과 수입 금액의 차액

수출
다른 나라가 구매한 것
(136~137쪽 참조)

국민 소득
가계, 기업, 정부 및 국제 수지에서 발생한 소득의 총 금액

경제 지표 읽기

정부는 몇 가지 주요 성과 지표를 사용하여 경제의 각 부문이 어떻게 돌아가고 있는지,
앞으로 어떤 문제가 발생할 수 있는지 살핀다. 하지만 그러한 지표들은 주의해서 읽어야 한다.

성과 평가

경제에서 일어나는 변동이 크고 잦은 까닭에 각종 지표는 보통 일정 기간
동안 일어난 변화의 속도로 표시된다. 즉 지표란 특정 시점에 실시된
설문조사를 기반으로 하는 추정치에 지나지 않는다는 뜻이다.

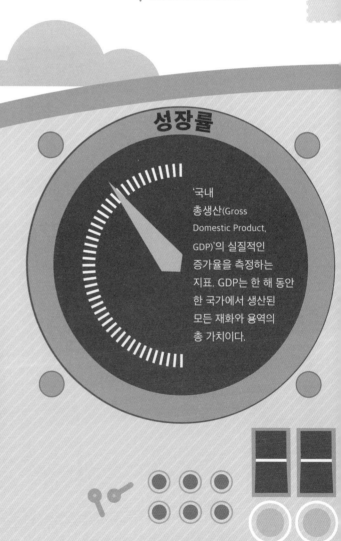

성장률

'국내 총생산(Gross Domestic Product, GDP)'의 실질적인 증가율을 측정하는 지표. GDP는 한 해 동안 한 국가에서 생산된 모든 재화와 용역의 총 가치이다.

인플레이션(물가 상승률)

물가가 평균적으로 상승하는 속도. 인플레이션은 대개 사람들이 한 해 동안 일반적으로 구입하는 상품을 토대로 하는 '장바구니 물가'의 상승률로 정의된다.

경제 지표의 원리

정부가 경제를 모니터링하기 위해서 사용하는 주요 지표는 개인, 기업, 정부 부서의 설문조사를 기반으로 한다. 통계청은 일반적으로 설문 조사를 실시한 다음 그 결과를 수치화하는 일을 맡는다. 통계청의 업무는 경제, 기업, 산업, 무역, 고용과 노동 시장, 사회 전반을 대상으로 한다. '대표 지표'는 일반적으로 사람들의 일상생활에 가장 큰 영향을 미치는 경제 부문과 관련이 있는데, 가령 개인의 취업 가능성이나 급여의 상승 또는 하락 여부, 사업 확장 가능 여부 등이 포함될 수 있다.

1884년 미국 노동 통계국 설립 연도

실업률

일하겠다는 의사가 있고 일할 능력을 가진 인구 가운데 현재 고용되지 않은 인구의 비율. 일반적으로 백분율로 계산하며 국가별로 편차가 매우 크다.

임금

임금 통계는 보통 상승률로 표시된다. 인플레이션으로 인해 물가가 상승하면 임금은 더 빠르게 상승해야 생활 수준이 지속적으로 향상될 수 있다.

경제 정책 결정하기

정부는 경제 통계를 면밀히 모니터링하여 어떤 정책이 경제 성과를 향상시킬 수 있을지 판단한다.
정부는 다양한 방법으로 경제에 개입하며, 각각 장점과 단점이 있다.

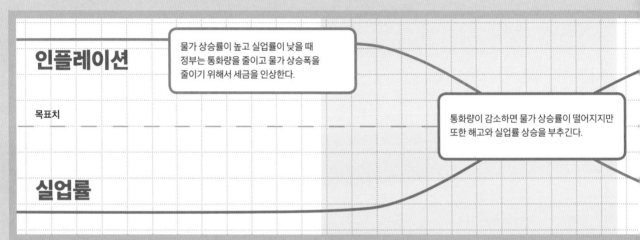

인플레이션

물가 상승률이 높고 실업률이 낮을 때 정부는 통화량을 줄이고 물가 상승폭을 줄이기 위해서 세금을 인상한다.

목표치

통화량이 감소하면 물가 상승률이 떨어지지만 또한 해고와 실업률 상승을 부추긴다.

실업률

경제라는 기계 조정하기

정부는 경제가 원활하게 돌아갈 수 있도록 조정하고 조율할 수 있는 다양한 통제 수단이 있다. 그중 가장 강력한 것이 조세와 지출 결정, 이자율이다. 이들 요소는 각기 다른 방식으로 경제에 영향력을 행사하며, 정부는 이들 정책이 시행될 때 나올 수 있는 결과를 다각도로 고려해야 한다.

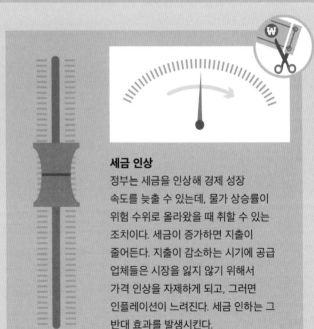

세금 인상

정부는 세금을 인상해 경제 성장 속도를 늦출 수 있는데, 물가 상승률이 위험 수위로 올라왔을 때 취할 수 있는 조치이다. 세금이 증가하면 지출이 줄어든다. 지출이 감소하는 시기에 공급 업체들은 시장을 잃지 않기 위해서 가격 인상을 자제하게 되고, 그러면 인플레이션이 느려진다. 세금 인하는 그 반대 효과를 발생시킨다.

> ## "인플레이션은 법 없이도 부과할 수 있는 세금이다."
>
> 미국 경제학자 밀턴 프리드먼

경제 정책의 원리

경제 정책을 결정하는 일은 흔히 정교하게 조정된 기계를 운전하는 것에 비유되곤 한다. 정부는 경제에서 핵심이 되는 몇 가지 변수에서 최상의 조합(특히 낮은 물가 상승률과 낮은 실업률)을 찾아내는 것을 목표로 여러 가지 정책을 조율한다. 그러나 경제학자들은 물가 상승률과 실업률은 상충하는 관계임을 지적한다. 낮은 실업률은 높은 물가 상승률을 수반하며 역으로 물가 상승률이 낮아지면 실업률이 높아진다는 것이다. 최근 경제학자들은 중앙 은행 같은 기관이 통화 정책을 통제하고 국가는 시장 효율성을 높이는 등의 '공급 중심 정책'에 집중하여 경제가 스스로 돌아가게 할 때 최상의 결과가 나온다는 결론을 내렸다.

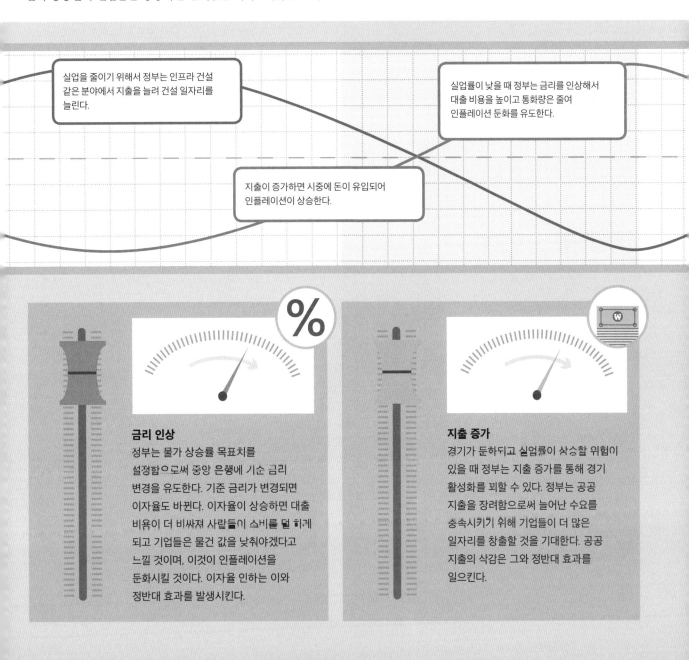

실업을 줄이기 위해서 정부는 인프라 건설 같은 분야에서 지출을 늘려 건설 일자리를 늘린다.

실업률이 낮을 때 정부는 금리를 인상해서 대출 비용을 높이고 통화량은 줄여 인플레이션 둔화를 유도한다.

지출이 증가하면 시중에 돈이 유입되어 인플레이션이 상승한다.

금리 인상

정부는 물가 상승률 목표치를 설정함으로써 중앙 은행에 기준 금리 변경을 유도한다. 기준 금리가 변경되면 이자율도 바뀐다. 이자율이 상승하면 대출 비용이 더 비싸져 사람들이 소비를 덜 하게 되고 기업들은 물건 값을 낮춰야겠다고 느낄 것이며, 이것이 인플레이션을 둔화시킬 것이다. 이자율 인하는 이와 정반대 효과를 발생시킨다.

지출 증가

경기가 둔하되고 실업률이 상승할 위험이 있을 때 정부는 지출 증가를 통해 경기 활성화를 꾀할 수 있다. 정부는 공공 지출을 장려함으로써 늘어난 수요를 충족시키기 위해 기업들이 더 많은 일자리를 창출할 것을 기대한다. 공공 지출의 삭감은 그와 정반대 효과를 일으킨다.

이자율

이자는 대출 기관이 차용인에게 자금을 빌려 쓰는 대가로 부과하는 요금이다. 중앙 은행이
정하는 기준 금리에 따라서 돈을 빌리거나 빌려주는 것이 쉬워지기도 하고 어려워지기도 한다.

이자율의 원리

대출 기관은 그들이 빌려준 돈이나 자산에 이자를 부과한다. 이 금액은 차용인이 대출금을 상환하지 못할 경우, 대출 기관이 떠안아야 할 위험에 대해 부과하는 수수료이다. 상환 실패 위험이 더 높은 것으로 판단되는 차용인에게는 더 높은 이자를 부과할 수 있다. 이자 수수료는 그 돈을 다른 곳에 투자했더라면 벌었을 이익에 대한 보상의 의미도 있다. 은행이나 기타 금융 기관 또는 대출 회사의 이자 수수료는 보통 빌린 금액의 백분율로 계산되며 연간 수치(연이율, APR)(210쪽 참조)로 표시된다. 중앙 은행은 한 국가의 금리에 핵심적인 역할을 수행한다(100~103쪽 참조).

금리는 어떻게 결정되는가

기준 금리는 정부가 정한 물가 상승률 목표치를 반영해 중앙 은행이 정한다.
시중 은행은 이 기준 금리를 기준으로 삼아 자사에서 제공하는 각종 금융 상품의
금리를 책정한다. 기준 금리에 변동이 생기면 시중 은행도 금리를 조정한다.

정부
정부는 매년 경제 성장률과 고용률 목표치를 설정한다. 정부가 추구하는 가장 중요한 정책 목표는 물가 안정이다. 그래야만 지속적인 경제 성장이 가능하기 때문이다. 물가가 제한적인 속도로 완만하게 상승하면 물가는 안정된다. 따라서 정부는 물가 상승 속도가 어느 수준 이상으로 빨라지거나 느려지지 않도록 물가 상승률 목표치를 설정하는 것이다. 이 목표치는 매년 소비자 물가 지수(Consumer Price Index, CPI)의 백분율로 발표된다. 소비자 물가 지수는 음식, 교통, 의류 및 오락 등 가정에서 구입하는 가장 대표적인 재화와 용역의 평균 가격을 측정한 수치이다.

중앙 은행
정부가 정한 물가 상승률 목표치가 중앙 은행에 전달되면, 중앙 은행은 이를 토대로 기준 금리(중앙 은행이 시중 은행에 돈을 빌려줄 때 부과하는 대출 금리)를 정한다. 중앙 은행은 시중 은행이 이 기준 금리에 맞추어 자사의 금리를 조정하도록 권장한다. 시중 은행의 금리에 따라서 개인이나 기업 고객의 대출 용이성이 결정되므로, 이 금리가 투자와 지출, 고용률, 임금 수준 등 경제 전반에 영향을 미친다. 이것이 나아가 상품 가격에 영향을 미쳐 물가 상승률까지 영향을 미치는 것이다(122~123쪽 참조).

기준 금리
기준 금리가 인상되면 시중 은행이 중앙 은행에 예치된 지불 준비금을 빌릴 때 더 많은 이자를 지불해야 한다. 즉 대출 비용이 비싸지는 것이다. 기준 금리를 인하하면 시중 은행이 중앙 은행으로부터 빌리는 지불 준비금에 대한 이자가 적어진다. 즉 대출 비용이 싸진다.

인플레이션이 금리에 미치는 영향

금리와 인플레이션은 밀접하게 연관돼 있어 한쪽이 변화할 때 다른 쪽도 영향을 받는다. 인플레이션은 통화량 과잉으로 통화의 구매력이 떨어지는 현상이다(132~135쪽 참조). 재화와 용역의 공급은 제한돼 있는데 통화량이 넘치면 돈의 가치가 떨어져 상품을 구매하기 위해서는 더 많은 돈을 내야 하는 것이다. 대출은 빌린 돈에 이자 수수료를 지불하는 상품이므로, 돈의 가치가

떨어지면 시중(상업) 은행은 대출 금리를 높일 수 있다. 수수료가 높을수록 대출 비용이 비싸져서 대출이 줄어들게 된다. 이것이 궁극적으로 지출에 영향을 미쳐 통화량이 감소하게 되고, 결국에는 인플레이션 수준까지 통화량을 떨어뜨릴 수 있다.

✓ 알아 두기

▶ **명목 이자율(nominal rate)**
은행에서 공시하는 이자율로, 물가 상승률(혹은 이자 수수료나 복리 효과)을 반영하지 않은 비율이다.

▶ **실질 이자율(real rate)**
돈을 대출해 준 금융 기관에 지불하는 이자로, 명목 이자율에서 물가 상승률을 제한 이자율이다.

시중 은행(상업 은행)

은행은 이윤을 창출해야 한다. 따라서 (기준 금리 인상으로 인해) 중앙 은행으로부터 대출하는 비용이 증가하거나 은행 간 대출 금리가 올라갈 경우에 이를 고객의 대출금에 부과하는 금리에 반영하게 된다. 시중 은행은 자사의 필요에 따라서 금리를 결정하기 때문에, 경우에 따라서는 기준 금리가 인하되어도 고객의 대출 금리에 이를 반영하지 않을 수 있다. 그런가 하면 신규 고객을 끌어들이기 위해서 더 높은 저축 이자율을 제공하는 은행도 있다.

은행 간 대출 금리
은행들이 서로 간에 돈을 빌려줄 때는 기준 금리보다 약간 높은 금리를 적용한다.

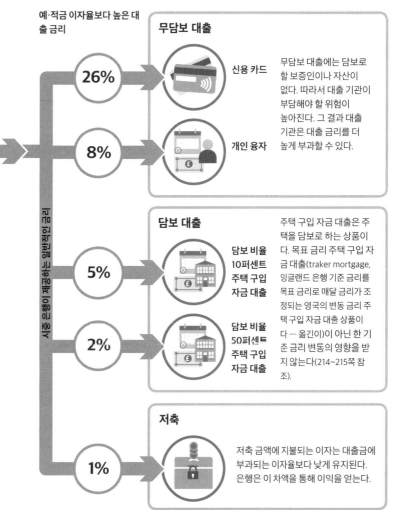

시중 은행이 제공하는 개인 대출 금리

예·적금 이자율보다 높은 대출 금리

무담보 대출 — 26% 신용 카드 / 8% 개인 융자
무담보 대출에는 담보로 할 보증인이나 자산이 없다. 따라서 대출 기관이 부담해야 할 위험이 높아진다. 그 결과 대출 기관은 대출 금리를 더 높게 부과할 수 있다.

담보 대출 — 5% 담보 비율 10퍼센트 주택 구입 자금 대출 / 2% 담보 비율 50퍼센트 주택 구입 자금 대출
주택 구입 자금 대출은 주택을 담보로 하는 상품이다. 목표 금리 주택 구입 자금 대출(traker mortgage, 잉글랜드 은행 기준 금리를 목표 금리로 매달 금리가 조정되는 영국의 변동 금리 주택 구입 자금 대출 상품이다 — 옮긴이)이 아닌 한 기준 금리 변동의 영향을 받지 않는다(214~215쪽 참조).

저축 — 1%
저축 금액에 지불되는 이자는 대출금에 부과되는 이자율보다 낮게 유지된다. 은행은 이 차액을 통해 이익을 얻는다.

금리 변동의 영향

금리가 계속 변하면 경제가 불안정해질 것이다. 그런 이유로 정부와 중앙 은행은 물가 상승률과 금리를 안정적으로 유지하기 위해 노력한다. 금리 변동이 소비자들에게는 소비를 하거나 저축을 하라는 신호로 받아들여진다. 또한 금리의 변화는 국가 경제에 대한 신뢰를 끌어올리기도 하고 떨어뜨리기도 한다. 금리가 인상되면, 저축에 높은 이자가 지급되어 저축하는 사람이 많아질 것이고 투자 또한 늘어날 수 있다. 반면에 대출 이자 부담은 높아지므로 대출에 대한 매력은 떨어질 것이고 은행은 대출 대상을 더 까다롭게 선택할 것이다. 이로 인해 대출을 받기가 어려워질 것이며, 주택 구입 자금 대출 등 이미 대출을 받은 사람들에게는 상환 부담이 커질 것이다. 반대로 금리 인하는 소비를 장려하기 위한 조치이다. 소비자들이 더 저렴한 비용으로 대출을 받을 수 있기 때문이다. 하지만 이자 수익이 작아지기 때문에 저축 예금자들은 예금액을 소비에 쓰거나 다른 곳에 투자하려 들 것이다. 변동 금리 주택 구입 자금 대출의 경우에는 이자 상환액이 줄어들어 소비에 지출할 현금이 많아질 것이다. 낮은 금리를 통한 소비 장려는 경기를 활성화시키겠지만, 연금과 같은 장기적 저축 계획에는 부정적으로 작용할 수 있다.

금리를 인상하면

이자율을 높이면 대출 비용은 상승하지만, 저축 이자 또한 높아져 소비보다 저축이 장려된다. 소비가 감소하면서 경기가 둔화하고 재화와 용역에 대한 수요도 감소한다. 이것이 기업 활동과 고용률에도 영향을 미치게 된다.

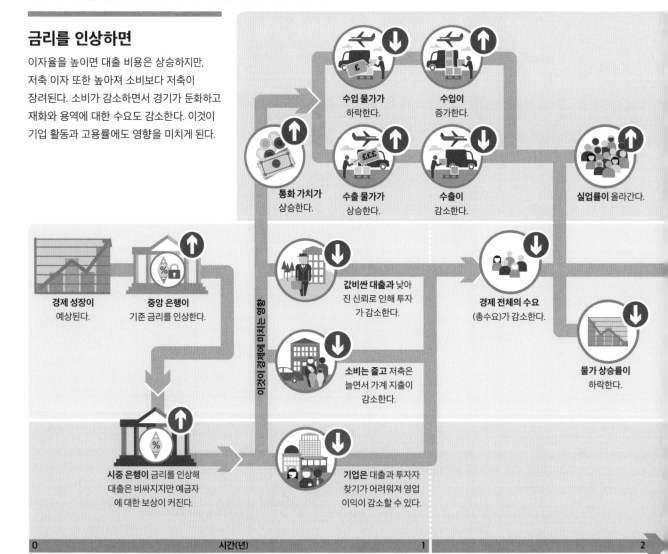

수입 물가가 하락한다.

수입이 증가한다.

통화 가치가 상승한다.

수출 물가가 상승한다.

수출이 감소한다.

실업률이 올라간다.

이것이 경제에 미치는 영향

경제 성장이 예상된다.

중앙 은행이 기준 금리를 인상한다.

값비싼 대출과 낮아진 신뢰로 인해 투자가 감소한다.

경제 전체의 수요 (총수요)가 감소한다.

소비는 줄고 저축은 늘면서 가계 지출이 감소한다.

물가 상승률이 하락한다.

시중 은행이 금리를 인상해 대출은 비싸지지만 예금자에 대한 보상이 커진다.

기업은 대출과 투자자 찾기가 어려워져 영업 이익이 감소할 수 있다.

마이너스 금리 정책

일부 국가는 중앙 은행이 기준 금리를 가령 마이너스 0.01퍼센트로 낮추는 마이너스 금리 정책(Negative Interest Rate Policy, NIRP)을 실험했다. 이 금리가 시중 은행으로 내려간다면, 예금자들이 예금액의 이자를 은행에 지불해야 한다는 뜻이 된다. 중앙 은행이 소비와 투자를 장려하기 위해서 현금을 은행에 쌓아 두는 사람들에게 마이너스 금리를 부과하더라도 시중 은행은 은행 고객들에게 이를 그대로 전가하지 않으려는 경향이 있다. 은행 고객들, 특히나 중소기업 고객들이 예금에 대한 수수료를 피하기 위해서 너도나도 예금을 인출하려 들 수 있기 때문이다. 하지만 고액 예금자는 안전한 자산 보호와 안정적인 현금 계정 유지를 위해 마이너스 금리로 수수료를 부담하는 편이 비용이 더 낮을 수도 있다.

40.5%

2016년 세계에서 가장 높은 물가 상승률을 기록한 아르헨티나의 4월 물가 상승률

금리를 인하하면

이자율이 낮아지면 대출 비용이 저렴해져 지출이 증가하지만, 저축 이자도 낮아지기 때문에 저축의 매력이 떨어진다. 통화량이 늘면서 재화와 용역에 대한 수요가 증가하여 기업 활동이 활성화되고 고용이 증가한다.

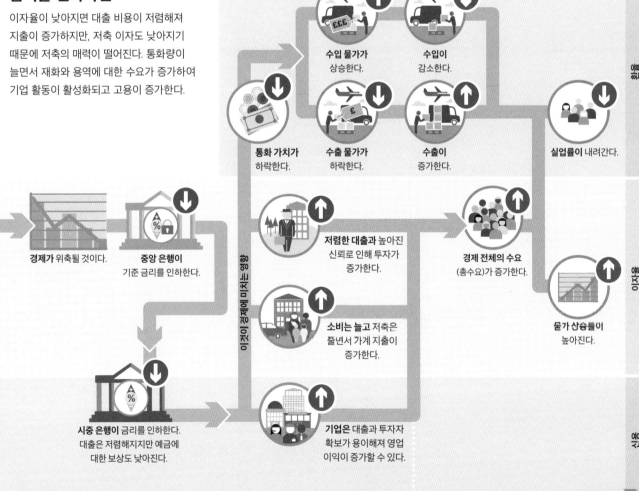

수입 물가가 상승한다.

수입이 감소한다.

통화 가치가 하락한다.

수출 물가가 하락한다.

수출이 증가한다.

실업률이 내려간다.

경제가 위축될 것이다.

중앙 은행이 기준 금리를 인하한다.

저렴한 대출과 높아진 신뢰로 인해 투자가 증가한다.

경제 전체의 수요 (총수요)가 증가한다.

소비는 늘고 저축은 줄면서 가계 지출이 증가한다.

물가 상승률이 높아진다.

시중 은행이 금리를 인하한다. 대출은 저렴해지지만 예금에 대한 보상도 낮아진다.

기업은 대출과 투자자 확보가 용이해져 영업 이익이 증가할 수 있다.

0 시간(년) 1 2

양적 완화

양적 완화는 21세기에 등장한 경기 부양 전략이다. 정부는 금리를 떨어뜨리고 투자와 지출을 높이기 위하여 중앙 은행의 발권력을 동원하여 화폐를 발행한다.

양적 완화의 원리

정부는 경제 성장률을 안정적이고 균형 있게 관리하기 위해서 다양한 도구를 사용한다. 핵심적인 도구의 하나가 중앙 은행을 통해 금리에 영향을 미치는 것이다. 금리를 인하하면 금융 기관이 기업과 개인에게 더 많은 돈을 대출하게 되어 저축보다 지출을 유도할 수 있다.

경제 활동이 둔화되어 디플레이션(물가 하락) 혹은 경기 후퇴의 두려움이 부상한 최근에는 양적 완화 정책이 사용되어 왔다. 양적 완화에는 화폐(보통은 전자 화폐의 형태를 취한다.) 발행이 동원되

는데, 중앙 은행은 이 화폐로 국채나 은행이나 연기금 같은 투자 기관의 공채를 매입한다. 양적 완화의 목표는 통화 유동성을 높이는 것이다. 그러면 금리를 낮출 수 있어 대출이 용이하고 저렴해질 것이며, 이것이 기업의 투자와 소비자의 지출을 늘려 경제가 활성화될 것이다.

양적 완화는 아직까지 실험 중인 통화 정책이다. 이것이 인플레이션을 야기할 수 있다는 우려가 있으며, 비판론자들은 아직까지 그 효과가 경제 전반에서 느껴지지 않는다는 점을 지적한다.

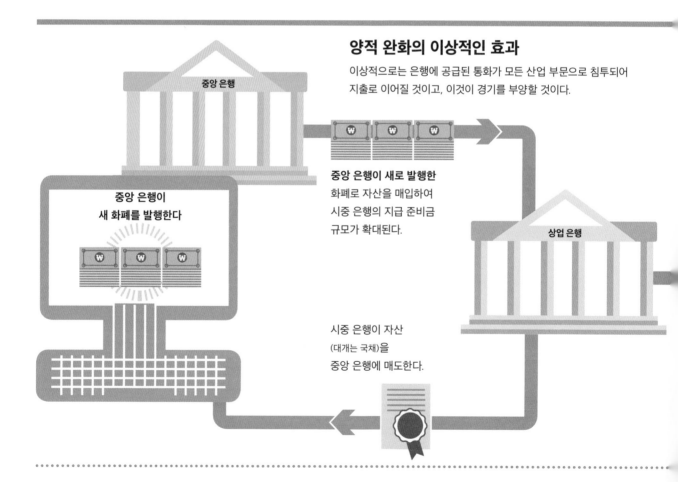

양적 완화의 이상적인 효과

이상적으로는 은행에 공급된 통화가 모든 산업 부문으로 침투되어 지출로 이어질 것이고, 이것이 경기를 부양할 것이다.

중앙 은행

중앙 은행이 새로 발행한 화폐로 자산을 매입하여 시중 은행의 지급 준비금 규모가 확대된다.

상업 은행

중앙 은행이 새 화폐를 발행한다

시중 은행이 자산 (대개는 국채)을 중앙 은행에 매도한다.

양적 완화의 잠재적 위험

양적 완화는 상대적으로 새로운 정책이어서 그 효과를 측정하기가 어렵다. 따라서 위험을 과도하게 키우지 않으면서 경제를 자극할 수 있는가 여부는 여전히 불투명한 상태이다.

막대한 액수의 통화를 발행했어도 경제가 기대처럼 반응하지 못할 수도 있다.

급격히 증가한 통화량으로 인해 인플레이션이 야기될 수도 있다. 하지만 초인플레이션으로 이어질 가능성은 낮다.

은행이 자금을 기업에 투입하지 않고 그냥 쌓아 두거나 다른 곳에 투자할 수 있다.

사례 연구

영국

영국은 이자율이 거의 0퍼센트로 떨어진 2009년 초에 양적 완화 프로그램을 시행했다. 새로 발행된 돈의 거의 대부분이 국채 매입에 사용되었다. 양적 완화 정책은 매도자가 자산을 매도하고 받은 돈을 유통시킬 때, 그리고 은행이 추가로 획득한 유동성을 투자로 돌릴 때 효과를 볼 수 있다. 잉글랜드 은행은 양적 완화가 경기는 부양했으나 물가 상승으로 부의 불평등이 심각해져 더 큰 대가를 치러야 했다고 평가한다.

3조 5000억 달러

미국 정부가 양적 완화로 자산 매입에 쓴 돈(약 4000조 원)

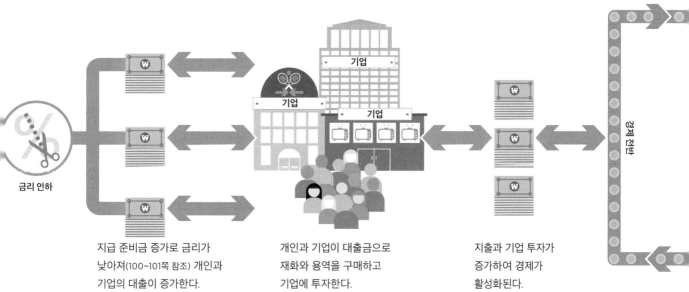

금리 인하

지급 준비금 증가로 금리가 낮아져(100~101쪽 참조) 개인과 기업의 대출이 증가한다.

개인과 기업이 대출금으로 재화와 용역을 구매하고 기업에 투자한다.

지출과 기업 투자가 증가하여 경제가 활성화된다.

경제 전반

세율

정부가 얼마의 조세를 징수할지 결정하기는 쉽지 않다. 세율이 너무 낮으면 국민이 원하는 서비스를 제공하기 어렵다. 세율이 너무 높으면 사람들이 세금을 내려 하지 않을 것이다.

세율의 원리

정부는 개인의 소득과 소유한 건물 및 주택, 저축과 투자, 연금, 유산, 혹은 지출에 대해서 조세를 부과할 수 있다. 대부분 정부의 세수입에서는 소득세의 비중이 가장 큰데, 소득세는 소득 수준에 따라 차등적으로 부과된다. 이는 공정하고 형평성 있는 과세를 추구하기 위한 방식이지만 조세 제도가 지나치게 복잡해지고 조세 회피 가능성을 높인다는 문제점도 있다. 국민의 생활 습관을 교정하기 위한 계몽적인 세금도 있다. 정부는 담배나 술처럼 건강에 해로운 것으로 인식되는 부정적인 항목에 세금을 부과함으로써 그에 대한 소비를 줄이도록 유도한다.

피구세

표준 경제 이론에서는 재화나 용역 소비가 해를 유발할 경우에 해를 유발한 주체에게 그 부정적 효과의 비용에 값하는 세금을 부과해야 한다고 주장한다. 예를 들면 설탕에 대해서는 비만에 대한 공중 보건 서비스 비용만큼의 세금을 부과하는 것이다. 이 이론을 주창한 경제학자 아서 피구(Arthur Pigou)의 이름을 따서 '피구세'라고 부른다.

✔ 알아 두기

▶ **실효 세율(effective tax rate)**
조세 제도, 특히 소득 세제에는 다양한 '공제' 방식이 운영되는데, 가령 투자를 장려하기 위해 마련한 투자 공제가 있다. 소득세와 법인세처럼 한 가지 이상의 세금을 한 번에 징수하는 경우도 있다. 그 결과 실효 세율이 기준 세율과 다른 경우도 존재한다.

▶ **한계 세율(marginal tax rate)**
초과 수익에 대해 부과하는 세율. 예를 들어 소득이 1원 초과되면 추가로 세금을 내야 한다. '한계율'의 크기는 개인과 기업의 행동에 영향을 미친다. 한계 세율이 높아지면 사람은 노동에 더 많은 시간을 들이기보다는 여가를 활용하는 쪽으로 결정한다.

▶ **회색 경제(grey economy)**
현금 급여나 현금 수수료를 받고 일하는 사람들이 조세 회피를 위해서 수입을 신고하지 않는다.

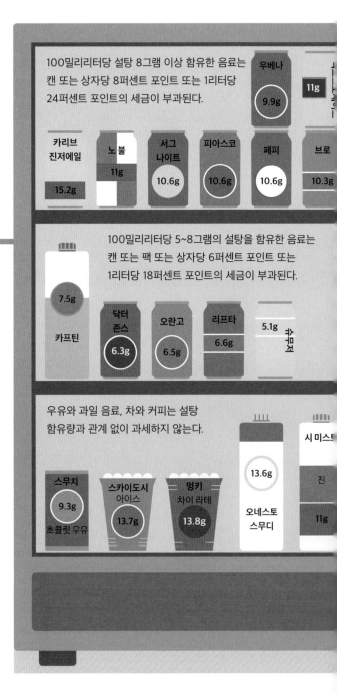

100밀리리터당 설탕 8그램 이상 함유한 음료는 캔 또는 상자당 8퍼센트 포인트 또는 1리터당 24퍼센트 포인트의 세금이 부과된다.

우베나 9.9g
11g
카리브 진저에일 15.2g
노블 11g
서그 나이트 10.6g
피아스코 10.6g
페피 10.6g
브로 10.3g

100밀리리터당 5~8그램의 설탕을 함유한 음료는 캔 또는 팩 또는 상자당 6퍼센트 포인트 또는 1리터당 18퍼센트 포인트의 세금이 부과된다.

카프틴 7.5g
닥터 존스 6.3g
오란고 6.5g
리프타 6.6g
5.1g

우유와 과일 음료, 차와 커피는 설탕 함유량과 관계 없이 과세하지 않는다.

스무치 9.3g 초콜릿 우유
스카이도시 아이스 13.7g
멍키 차이 라테 13.8g
오네스토 스무디 13.6g
시 미스트
진 11g

세금의 의도치 않은 효과

▶ 설탕 1그램당 과세율로 따지면 설탕 함유량이 높은 음료가 낮은 음료보다 과세율이 낮다. 그러다 보니 소비자들이 오히려 설탕이 더 많이 든 음료를 선택할 수 있다.

▶ 소비자가 밀크 셰이크나 스무디처럼 과세가 없는 설탕 음료를 선택할 수 있다.

▶ 세금 인상이 빈곤층 소비자에게 더 큰 타격이 되는 역진세(과세 금액이 증가할수록 세율이 감소하는 세금. 음료 한 병에 동일 세금을 부과하므로 고소득자보다 저소득자가 더 많은 세금을 내는 셈이다. — 옮긴이)로 기능할 수 있다.

▶ 음료 회사의 이익이 감소해 정부 세수에 영향을 줄 수 있다.

▶ 기업이 영향을 받아 일자리가 줄어들 수 있다.

▶ 멕시코는 2014년부터 청량 음료에 10퍼센트 세금을 부과해 세수를 20억 달러 이상 창출했다. 처음에는 떨어졌던 매상이 회복세로 돌아섰다.

래퍼 곡선

미국의 경제학자 아서 래퍼(Arthur Laffer)의 이름을 딴 '래퍼 곡선'은 조세 수입이 극대화되는 최적의 세율이 있음을 보여 주는 이론이다. 과세율이 너무 높으면 납세하지 않고 회피하려는 사람이 많아진다. 따라서 세율 인상 초기에는 세수입이 증가하지만 궁극적으로는 감소할 것이다. 그러나 현실적으로는 그 최적의 세율 수준을 제시하기가 어렵다는 문제, 고액의 순자산을 소유한 개인들의 세금 미납을 합법화해 주는 것으로 보인다는 문제, '회색 경제'에 진입한 보통 사람들의 조세 회피 문제 등 많은 논쟁이 벌어지고 있다.

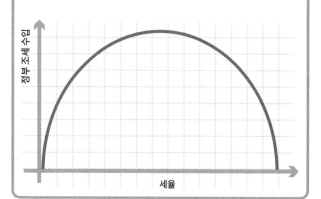

24%
그리스에서 과세되지 않고 미신고로 이루어진 2013년 경제 활동의 비율

정부 지출

오늘날의 정부들은 자국 경제를 부양할 수 있는 정치 공약의 우선 순위를 정하여 경제의 많은 부문에 조세 수입을 이용한 재정을 지출한다.

정부 지출의 원리

현대의 정부는 대개 교육, 의료, 연금, 복지 수당 등 다양한 공공 서비스를 제공한다. 유권자는 도로, 공항, 수도, 전기 및 가스 공급 및 기반 시설에 대한 투자를 기대할 수 있다.

하지만 정부라고 해 원하는 대로 모든 것을 다 지출할 수는 없다. 조세 수입의 건전성은 국가의 경제가 얼마나 번성하느냐에 달려 있다. 대다수의 정부는 정치적 공약에 따라 지출의 우선순위를 정하고 연간 예산을 책정하여 지출액을 할당한다.

대표적인 재정 지출

정부의 지출은 정치적 우선 순위, 전체 경제 대비 정부의 규모, 채무 수준에 따라 결정된다. 예를 들어 스칸디나비아 국가들은 복지 지출을 우선시하는 것으로 알려져 있다. 정부 지출은 경제를 부양하는 기능도 수행한다. 기반 시설 등의 사회 간접 자본에 대한 지출을 늘리면 경제 활성화에 도움이 된다. 과학 연구 기금은 제품 발명에 도움이 되어 경제 성장의 양분이 될 것이며 교육 지출은 생산적인 인력을 키우는 데 이바지할 것이다.

재정 지출, 확대냐 축소냐

정부 지출은 교통 및 통신 부문 지출처럼 경제를 직접 지원하는 데 사용될 수 있다. 과학 연구는 정부 기금의 지원을 받는 경우가 많으며 교육 지출은 직업 훈련을 지원한다. 국가의 핵심 산업에 보조금을 지원하는 정부도 있다. 하지만 2008년 금융 위기를 겪은 뒤 많은 정부가 재정 적자를 감축하기 위해 지출 삭감을 시도해 왔다(146~147쪽 참조). 이러한 변화가 장기적으로 경제에 어떤 효과가 있을지는 아직까지 미지수인 까닭에 지출 삭감에 대해서는 논란이 분분하다.

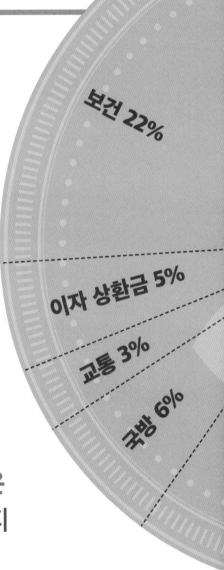

보건 22%

이자 상환금 5%

교통 3%

국방 6%

"손에 들어오지 않은 돈은 절대 미리 쓰지 않는 법이다."

전 미국 대통령 토머스 제퍼슨

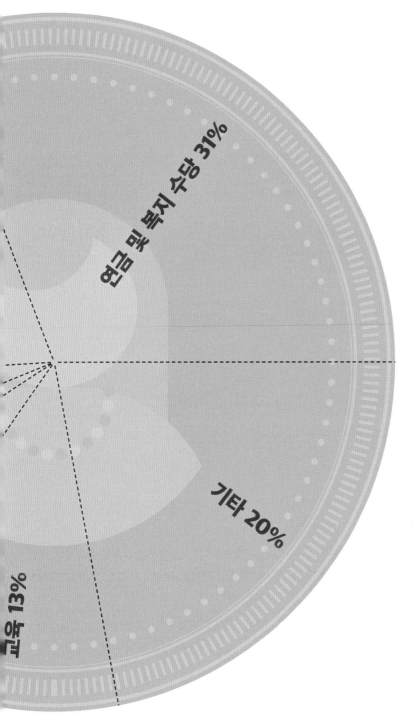

연금 및 복지 수당 31%

기타 20%

교육 13%

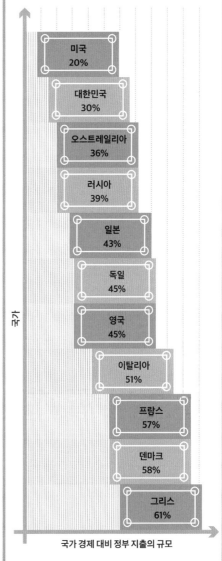

경제 규모 대비 정부 지출

자국 경제 대비 정부의 예산 규모는 국가마다 다르다.
일반적으로 정부 지출은 GDP의 약 40퍼센트를 차
지한다. 아래의 그래프는 일부 국가들의 예산 차이를
보여 준다. 대한민국 정부의 지출은 GDP의 30퍼센
트인 데 비해 덴마크는 58퍼센트이다.

미국
20%

대한민국
30%

오스트레일리아
36%

러시아
39%

일본
43%

독일
45%

영국
45%

이탈리아
51%

프랑스
57%

덴마크
58%

그리스
61%

국가

국가 경제 대비 정부 지출의 규모

정부가 미래에 투자하는 방법

정부 지출은 경제 발전에 이바지할 수 있다. 정부는 생산 활동뿐만 아니라
일상 부문에도 투자하여 경제 성장을 지원한다.

정부 투자의 원리

정부는 일반적으로 공공 기관이 사용하는 건물을 제공하고 철도와 도로, 전기와 가스 공급 시스템 등 국가의 필수 기간 시설을 건설하고 유지할 책임이 있다. 정부는 주택 건설에도 투자하거나 연구를 후원할 수도 있다.

이러한 부문에 지출하는 것은 정부의 투자 활동이며, 국가 예산에서는 '자본' 지출 항목으로 편성된다. 이는 민간 기업이나 개인이 기계나 건물에 지출하는 것과 마찬가지로 장기적인 수익 창

정부의 투자와 수익

정부는 다양한 경제 활동 부문에 투자할 수 있다.
그 수익은, 아래에서 볼 수 있듯이 정부 또는
사회 전체에 혜택으로 돌아갈 수 있다.

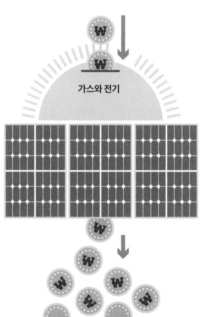

정부 수익

▶ **직접** 여객 운임

▶ **단기** 역 인근의 소비 증가로 인한 조세 수입

▶ **장기** 기업 활동 성장

▶ **간접** 경제 성장

정부 수익

▶ **직접** 에너지 사용 요금 징수로 들어오는 현금

▶ **단기** 정부의 에너지 비용 감소

▶ **장기** 기업의 기간 시설 투자 증가

▶ **간접** 경제 성장

정부 수익

▶ **직접** 공과금으로 들어오는 현금

▶ **단기** 정부의 공과금 비용 감소

▶ **장기** 보건 및 환경 혜택

▶ **간접** 도시의 성장

출을 위한 투자이다. 이러한 투자는 (통행료나 여객 운임처럼) 직접적인 수익으로 돌아오는 경우가 있는가 하면 (도로 신설로 운송이 빠르고 용이해져 기업의 무역 활동이 증가함으로써 세수입 증가라는 경제적 혜택이 발생하는 식의) 간접적 수익도 있다. 정부는 그러한 투자가 수익을 창출한다는 것을 증명할 때 재정 지출의 정당성을 확보할 수 있다.

자본 지출과 자본 차입

자본 지출을 위한 재원을 조달하기 위해서 정부는 (기업과 마찬가지로) 자금을 차입할 수 있다. 이는 총 국가 채무가 늘어난다는 것을 의미한다. 따라서 국가 채무 감축이 급선무인 정부라면 자본 지출을 줄일 방안을 먼저 모색해야 할 것이다. 하지만 자본 지출 감소에만 치중했다가는 투자 수익을 놓칠 수 있으므로, 많은 정부가 비용을 절감하기 위한 방법으로 민간 투자(private funding)를 활용하고 있다. 정부 사업에 투자한 민간 투자자들은 사업 수익을 나눠 받는다. 경우에 따라서 이는 완전 민영화를 의미할 수도 있다. 즉 정부가 출자와 운영 전체를 민간 기업이 이행하도록 허용하는 것이다. 이것이 불가능하거나 바람직하지 않을 경우, 민간 투자는 정부와 민간 투자자가 출자와 운영의 비용과 위험, 이익을 분담하는 형태로 이루어질 수도 있다.

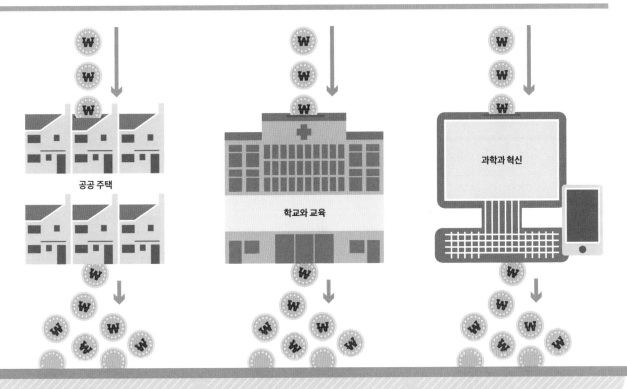

공공 주택

학교와 교육

과학과 혁신

정부 수익

▶ **직접** 임대료 수입

▶ **단기** 저렴한 임대료로 무주택자 감소, 이에 따른 사회 안정

▶ **장기** 주택 지구 성장

▶ **간접** 경제 성장

정부 수익

▶ **직접** 없음

▶ **단기** 호의적 여론

▶ **장기** 생산성 높은 인력 확보, 사회통합

▶ **간접** 경제 성장

정부 수익

▶ **직접** 연구 활동에서 오는 수입

▶ **단기** 조세 수입

▶ **장기** 새로운 시장 형성, 기업 투자 증가

▶ **간접** 더 빠른 경제 성장

인플레이션

화폐의 구매력이 떨어지고 평균적인 물가가 상승하는 현상을 인플레이션이라고 부른다.
물가가 상승하면 생계비가 상승하게 된다.

인플레이션의 원리

인플레이션은 전년 대비 물가가 전체적으로 상승하는 것이다. 이 상승치는 장바구니에 담긴 대표적인 생활 품목의 가격으로 측정한다. 같은 재화와 용역을 구매하는 데 필요한 금액이 클수록 화폐 가치는 하락하며, 생활비는 비싸진다. 다양한 요인이 인플레이션에 영향을 미치지만, 재화와 용역의 수요 및 공급과 통화량 변화가 가

장 주요한 요인이다.

인플레이션의 가장 주된 유형으로는 '수요 견인 인플레이션'과 '비용 인상 인플레이션'을 꼽을 수 있다. 비용 인상 인플레이션은 비용 상승을 겪고 있는 기업에 의해 주도되며 고객에게 바로 전가된다. 기업의 비용 상승에는 생산비 증가나 임금 인상 등 여러 원인이 작용한다. 수요 견인 인플레이션은 총수요가 총공급을 초과할

때 나타나는 물가 상승이다. 기업이 수요에 맞추어 공급을 늘리지 않고 대신 가격을 인상하는 것이다. 이것 하나만으로는 수요 견인 인플레이션이 발생하지 않지만, 통화량의 과도한 증가까지 겹친다면 소비자들은 계속해서 인상된 가격을 지불해야 할 것이고, 이것이 물가 상승을 야기할 것이다.

비용 인상 인플레이션

비용이 상승하는 데에는 몇 가지 요인이 작용한다. 예를 들어 원자재 가격이 상승하면 연쇄 효과(도미노 효과)가 발생하여 경제 전체의 물가 인상으로 이어질 수 있다. 에너지와 운송비 상승도 물가를 인상시킬 수 있다. 인건비와 세금 상승도 궁극적으로 물가 상승의 형태로 소비자에게 부담이 전가되는 비용 요인이다.

자재비 인상

필수 원자재인 석유의 공급이 제한되면서 유가는 물론 수송비, 열 처리비, 제조비 등이 상승한다. 이것이 기업의 기본 비용에 즉각적이고도 광범위한 영향을 미치는데, 이 자동차 공장처럼 석유가 생산에 없어서는 안 되는 기업이 특히 큰 영향을 받는다.

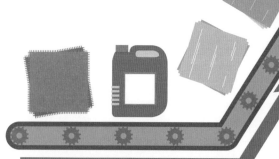

부품비 인상

유가가 상승하면 자동차 제조에 쓰이는 부품을 만드는 비용이 늘어나 기업의 생산비가 증가하게 된다.

"인플레이션은 어디까지나 화폐적 현상이다."

미국 경제학자 밀턴 프리드먼

상품 가격 인상
제조사는 높아진 생산비에 대응하여 그 부담의 일부를 고객에게 전가하게 된다.

물가 상승 가속화
경제 전반에 걸쳐 재화와 용역 가격이 상승하면 인플레이션 속도가 높아진다.

임금 인상
제품 가격이 인상되는 것으로 보이므로 직원들은 급여 인상을 요구한다. 회사가 이에 동의하고 전체 비용은 증가한다.

✓ 알아 두기

▶ **명목 가치(nominal value)**
인플레이션을 반영하여 조정되지 않는 가격, 임금 및 기타 경제 변수.

▶ **실질 가치(real value)**
인플레이션이 반영된 수치로, 일정 기간 다양한 경제 변수를 관찰해 상승한 이 수치가 경제 성장의 영향을 받은 것인지 물가 상승의 영향을 받은 것인지 결정한다.

비용 인상 인플레이션의 원인

비용 인상 인플레이션은 기업의 생산 원가가 상승하면서 발생한다. 여기에는 여러 가지 원인이 작용한다.

▶ **원자재 비용** 자연 재해에 의한 생산 부족 또는 독점으로 인한 인위적 제한(1970년대에 석유 수출 금지로 유가가 3배 상승한 사례 등)으로 인해 원자재 비용이 상승할 수 있다

▶ **인건비** 파업, 낮은 실업률(숙련된 노동력을 유치하기 위해서는 기업이 더 많은 돈을 지불해야 한다.), 강한 노조, 물가가 상승하리라는 종업원들의 예상 등의 요인이 작용하여 급여가 인상되면 기업은 그 추가 비용을 고객에게 전가할 수 있다.

▶ **환율** 한 국가의 통화 가치가 다른 나라의 통화 가치보다 떨어질 경우, 외국의 상품을 구매하기 위해서는 더 많은 돈을 지불해야 하는데 이것이 인플레이션을 유발할 수 있다.

▶ **간접세** 부가 가치세를 비롯하여 상품에 부과되는 이 세금이 고객에게 전가될 수 있다.

인플레이션과 화폐 유통 속도

경제 성장에는 통화량뿐 아니라 돈이 도는 속도도 영향을 미친다. 이것을 화폐 유통 속도라고 하는데, 일정 기간 동안 재화와 용역이 거래될 때 한 단위의 돈이 사용된 횟수를 말한다. 예를 들어 1년 동안 세 차례 별도의 거래에서 1달러(동일 단위의 돈)의 화폐가 3회 지출되었다면 화폐 유통 속도는 3이 된다. 통화량이 급속하게 증가하고 화폐 유통 속도까지 빨라진다면 재화와 용역의 공급이 수요를 따라가지 못하게 되고, 적어진 상품에 더 많은 돈이 몰려들 것이다. 이는 통화 정책의 결과로 통화량이 갑작스럽게 증가해 경제가 너무 빠르게 팽창할 경우에 일어날 수 있는 상황이다. 기업들은 가격 인상으로 급증한 수요에 대응할 것이고 이로써 수요 견인 인플레이션에 시동이 걸린다.

하지만 통화량 증가가 반드시 화폐 유통 속도의 증가를 가져오는 것은 아니다. 경제에 대한 신뢰가 낮을 경우, 은행은 대출을 제한할 수 있으며 개인이나 기업은 돈을 쓰지 않고 쌓아 두려 할 수 있다. 돈이 덜 돌아 경제가 둔화되면 인플레이션은 감소한다.

수요 견인 인플레이션

국가 경제가 급성장해 전화기 제조사의 상품 수요가 급증했다. 하지만 기업의 모든 자원이 이미 전면 가동되는 상황이라 더 이상 공급을 늘릴 수 없다. 그러면 이 기업은 대신 제품 가격을 인상한다.

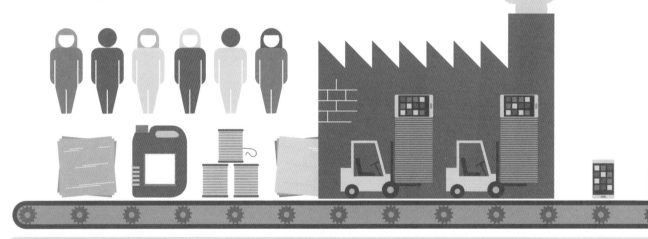

수요 증가
국가의 경제 성장으로 통화량이 증가하면 전체적으로 소비와 지출 욕구가 증가한다. 업계 선두인 이 브랜드 휴대폰의 수요가 특히 더 높아진다.

생산 역량 총가동
공장은 전 종업원이 투입되어 완전 가동 상태에 들어가 있다. 생산 설비 증강을 위한 투자에는 시간이 소요되므로 더 이상 생산량을 늘리지 못한다.

수요가 공급을 압도한다
공급 업체가 단기간에 생산량을 늘릴 수 없으므로 소비자 수요가 공급 가능한 제품 수량을 초과한다.

수요 견인 인플레이션의 원인

경제가 너무 급속하게 혹은 지속 불가능한 정도로 팽창해 통화량이 과잉되었을 때, 재화와 용역에 대한 고객의 수요가 공급을 초과함으로써 인플레이션이 발생할 수 있다. 이러한 지출 증가에는 다음의 몇 가지 요인이 작용할 수 있다.

❯ **통화 정책** 금리 인하가 대출 제한을 완화함으로써 통화량이 증가하고, 이로써 대출과 지출이 확대할 수 있다.

❯ **정부 지출** 정부의 투자와 지출 증가가 통화량을 증가시켜 소비자의 지출 활동이 늘어날 수 있다.

❯ **세율 인하** 직접세나 간접세의 인하로 소득이 증가할 수 있다.

❯ **소비자 신뢰도** 소비자와 기업이 미래에 자신감을 갖게 되면 저축할 돈을 지출에 사용할 수 있다.

❯ **부동산 가격** 집값이 상승하면 주택 소유자들이 더 부유해졌다고 느껴 지출 의욕이 증가하고 이로써 소비재 수요가 증가할 수 있다.

❯ **수출 급증** 수출이 증가하면 자국으로 유입되는 통화가 증가하여 그 연쇄 효과로 인플레이션이 일어날 수 있다.

2%
미국 연방 정부의
인플레이션
목표치

인플레이션 속도가 빨라진다
소비자 지출이 경제 전반에 걸쳐 증가하고 기업이 공급 증가가 아닌 가격 이상으로 대응한다면 물가가 상승할 것이다.

제품 가격 상승
통화량이 증가하고 소비자의 자신감이 높아지면서 소비자가 공급이 제한적인 제품에 더 많은 돈을 지불할 것으로 보이므로 기업은 제품 가격을 인상한다. 어느 정도로 인상하느냐는 소비자의 제품 수요가 어느 정도이냐에 달려 있다. 수요가 비탄력적이라면, 즉 소비자가 꼭 필요로 하고 없으면 생활이 안 되는 품목이라면, 기준 소매 가격은 더 높아질 수도 있다.

유효 수요
고객의 수요 증가가 제품 가격에 영향을 미친다. 이 수요가 '유효 수요'이기 때문이다. 즉 소비자는 그만한 가치가 있다고 판단하는 제품에 기꺼이 더 높은 가격이라도 지불할 의사가 있고 그 가격을 지불할 수입도 있다.

국제 수지

한 국가의 국제 수지란 일정 기간 동안 발생한 모든 경제적 거래의 기록이다. 이 기록은 자국으로 들어오고 자국에서 나간 모든 재화와 용역, 투자를 추적한다.

자국

국제 수지의 원리

한 국가의 국제 수지 계정은 자국과 다른 국가 간에 이루어진 모든 차입과 대부 거래를 기록한다. 한 국가로 돈이 유입되는 거래는 대부(credit)로, 돈이 국외로 이동하는 거래는 차입(debt)으로 표시된다. 국제 수지 계정은 세 부분으로 이루어지는데, 재화와 용역 거래를 기록하는 경상 계정, 자본과 비금융 자산의 이동을 기록하는 자본 계정, 투자를 기록하는 금융 계정이다.

이론상 한 국가의 국제 수지는 총합이 0이 되어야 한다. 경상 계정의 대변과 자본 계정의 차변이 일치해야 하고, 그 반대도 마찬가지가 되어야 하기 때문이다. 실제에서는 회계 관행의 변주와 환율 변동 등이 작용하여 총합이 0이 되는 경우가 극히 드물다.

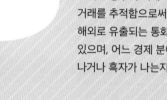

국가 간 통화 흐름

한 국가의 국제 수지에는 개인과 기업, 그리고 정부의 거래가 포함된다. 이러한 거래를 추적함으로써 자국으로 유입되고 해외로 유출되는 통화량을 측정할 수 있으며, 어느 경제 분야에서 적자가 나거나 흑자가 나는지를 파악할 수 있다.

국제 수지의 세 계정

국제 수지 계정은 세 가지 주요 계정으로 이루어지는데, 각 계정은 각기 다른 유형의 국가 간 거래를 기록한다. 세 가지 주요 계정은 다시 특정 지출 영역을 기록하는 하위 범주로 나뉜다.

경상 계정

➤ 원자재와 재화
➤ 관광, 여행, 해운 등의 용역
➤ 주식과 부동산 거래 등을 통한 소득
➤ 해외 원조나 증여 등의 일방적 지불

자본 계정

➤ 이민자의 송금이나 자산 이동
➤ 천연 자원이나 토지 등 비금융·비생산 자산

금융 계정

➤ 채권, 투자, 외화 등 해외에 보유한 자산
➤ 채권, 투자, 자국 통화 등 외국인이 국내에 소유한 자산

국가의 국제 수지		
경상 계정	자본 계정	금융 계정
대부(대변) +20억 유로	차입(차변) -10억 유로	차입(차변) -10억 유로
합계: 0		

나머지 국가들

재화와 용역
30억 유로

수출

경상 계정

경상 계정은 주로 국가 간에
발생한 재화와 용역의
거래를 다룬다.

30억 유로 - 10억 유로 = 20억 유로

재화와 용역
10억 유로

수입

송금과 토지 거래
10억 유로

자본 계정

이 계정은 주로 돈과
비금융·비생산 자산의 이동을
추적한다.

10억 유로 - 20억 유로 = -10억 유로

송금과 토지 거래
20억 유로

통화와 주식
10억 유로

금융 계정

이 계정은 자국 및
외국 통화와 채권, 투자 등의
해외 자산을 추적한다.

10억 유로 - 20억 유로 = -10억 유로

통화와 주식
20억 유로

Zero

경상 수지

'경상 수지'의 합계는 0이 되어야
하지만, 실제에서 이런 경우는
거의 발생하지 않는다.

유입된 돈
50억 유로

유출된 돈
-50억 유로

국가 간 환율 변동

환율은 수요와 공급에 따라 변한다. 한 국가의 경제가 무역 상대국의 경제보다 강하고 안정적이라면 그 국가의 화폐 가치는 더 높게 평가될 것이다.

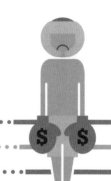

환율 변동의 원리

국가의 경제 여건은 날마다 바뀌며, 이것이 환율이 끊임없이 변동하는 이유이다. 이러한 환율 변동은 통화가 거래(한 국가의 통화로 다른 국가의 통화를 매매)되는 전 세계의 외환 시장에서 결정된다.

외환 거래자는 통화를 매입하고자 하는 국가의 경제 성과를 우선적으로 평가해 결정을 내린다. 그들은 금리 등의 실시간 데이터와 선거나 금융 기관 간 충돌, 생산 시설에 대한 신규 투자 증가 같은 경제 성과에 영향을 미칠 수 있는 정치적, 상업적 사건을 주시한다. 네 가지 핵심 경제 지표(GDP, 인플레이션, 고용, 금리)를 보면 한 국가의 경제 성적을 알 수 있으며, 이것이 환율을 결정하는 인자가 된다.

정치적 안정도 중요하다. 그 나라의 정부가 자국의 경제를 관리할 능력이 없다고 판단되면 투자자들은 신뢰를 잃을 것이고, 그 나라에 투자했던 것을 매각하고 그 나라 통화를 다른 통화로 교환할 것이다. 이것이 현지 통화 공급량을 늘리고 수요를 감소시킴으로써 실질적으로 현지 통화의 가치를 떨어뜨린다.

통화 약세

몇 가지 경제 요인이 (각 요인 개별로 또는 그 요인들이 결합해) 한 국가의 통화 가치 하락을 유발할 수 있다.

낮은 금리
낮은 금리는 국내 경제 성장에는 유리하지만 외환 투자자들에게는 매력적이지 않다.

높은 인플레이션
물가 상승은 상품의 원가를 상승시켜 수출 수요가 감소하게 되고 수출국 통화 가치가 떨어진다.

GDP 하락
생산 감소는 그 국가의 수출 수요가 감소했음을 의미하며, 따라서 그 나라의 통화 가치도 떨어진다는 것을 의미한다.

높은 실업률
실업률이 올라가면 생산성이 떨어지고 경쟁력이 부족하다는 신호로 읽힐 수 있다.

낮은 신뢰도
이러한 징후에 놀란 투자자들이 현지 통화를 매도하면 환율이 하락한다.

알아 두기

▶ **비둘기파(dovish)**
금리를 낮게 유지하려는 신중한 성향의 통화 정책

▶ **매파(hawkish)**
금리 인상 등으로 긴축을 중시하는 강경한 성향의 통화 정책

▶ **자본 도피(capital fight)**
한 국가의 통화로 투자된 돈을 다른 국가로 이동시키는 것으로, 대개 투자자가 신뢰를 잃을 때 발생한다.

환율 변동

어떤 나라가 되었건 국가 경제의 상태가 외환 대비 자국 통화의 가치가 상승 혹은 하락을 결정한다. 금리, 인플레이션, 생산성, 고용률 모두 환율에 영향을 미친다. 투자자의 신뢰 또한 환율에 영향을 미친다. 투자자들은 건전한 정치 체제, 효율적인 기간 시설, 고급 인력, 사회적 안정을 보유한 국가를 선호한다.

5조 3000억 달러

세계에서 매일 거래되는 외환의 평균 액수
(약 6000조 원)

은행의 대응
중앙 은행은 자국의 통화 가치 하락이 예상되면 통화량을 축소시키기 위한 조치를 취할 것이다.

금리 인상
금리를 인상하면 투자자들이 높아진 이자율로 이익을 얻을 수 있기 때문에 그 국가의 통화를 매입하게 된다.

외환 매각
국고에 보유한 외환을 매각하고 자국 통화를 보유하면 자국 통화의 수요가 증가한다.

통화 강세
몇 가지 경제 요인이 경기 활성화의 신호로 작용하면 통화 수요가 증가하여 통화 가치가 올라갈 수 있다.

높은 금리
높은 금리가 외국의 투자자들을 끌어들이면 통화 가치가 상승한다.

안정적 인플레이션
물가 상승률이 안정적이거나 하락하는 추세이면 통화 가치를 높이는 데 도움이 될 수 있다.

GDP 상승
높은 생산성은 그 나라의 제품 수요가 높다는 뜻이며, 따라서 그 나라 통화 수요도 높다는 뜻이 된다.

낮은 실업률
고용률은 GDP와 직결되어 있어 그 나라의 제품이 수요가 있음을 말해 준다.

높은 신뢰도
한 국가의 경제에 대한 신뢰도가 통화 가치를 상승하게 만든다.

준비 통화의 중요성

준비 통화는 한 국가의 중앙 은행과 금융 기관이 지급 준비금으로 보유하고 있는 외국환으로, 안전 통화로 인식되고 있으며 무역 결제에 사용한다. 준비 통화를 사용할 경우, 현지 통화로 변경하지 않고 지불할 수 있어서 환율 위험(환율 시세 변동으로 발생할 수 있는 손실 부담 — 옮긴이)을 최소화할 수 있다. 많은 국가의 중앙 은행이 지급 준비율(은행이 반드시 보유해야 하는 예금의 비율)을 정한다. 세계 각국이 가장 보편적으로 보유하는 준비 통화는 미국 달러화이다.

정부 연금 관리하기

대부분의 정부는 현재 일하는 납세자들의 돈을 재원으로 퇴직한 사람들의 연금을 지급한다.
납세자의 돈을 투자·운용하여 연기금 전체의 규모를 키우는 정부도 있다.

정부 연금의 원리

대부분의 국가는 현재 일하는 세대가 내는 세금으로 퇴직 연령에 도달한 사람들과 은퇴 예정인 사람들의 연금을 지급한다. 영국의 경우도 현재 근로자가 납부하는 국민 연금 보험금으로 은퇴자의 연금을 지급한다. 정부는 충분한 자금을 확보해야 하는데, 대다수 선진국이 인구 고령화를 겪고 있는 상황에 이는 특히나 어려운 과제가 되고 있다. 연기금이 현재와 미래의 부채를 얼마나 충당할 수 있는가를 예측하는 것이 정부 연금을 성공적으로 관리하는 데 관건이 된다.

연금 보험료 관리하기

칠레와 일본 등 일부 국가 정부와 미국 주 정부의 연금 관리자들은 예상되는 수요 금액만큼 연금 보험료 지급 가능액을 늘리기 위해 납세자들로부터 모금된 기금을 투자해 운용한다. 일부 국가에서는 연기금(예를 들면 영국의 국민 연금 보험 기금)의 잉여분을 정부에 대출해 주기도 하지만, 일반적으로는 이미 퇴직한 사람들의 연금 지급에 사용한다.

투자 관리하기

국부 펀드(정부가 수익 창출을 목적으로 조성한 투자 기구로, 주식·채권·재산·금융 상품 등을 운용한다—옮긴이)를 운용하는 국가에서는 정부가 납세자가 낸 돈을 투자해 펀드의 가용 자금을 키운다. 국부 펀드의 투자 대상은 대개 덜 위험하면서도 변동성 있는 한 우량 자산이다. 주식 시장이 상승하면 연기금 자금은 증가하며 그 반대의 경우 감소한다.

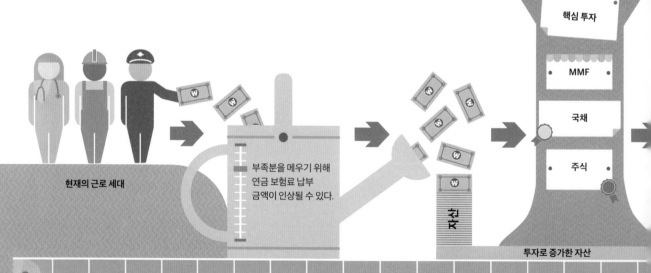

현재의 근로 세대

부족분을 메우기 위해 연금 보험료 납부 금액이 인상될 수 있다.

핵심 투자

MMF

국채

주식

원금

투자로 증가한 자산

"퇴직 연금이란 유예된 보상금에 지나지 않는다."

미국 정치가 엘리자베스 워런

! 주의 사항

▶ **주식에 대한 과잉 투자** 고수익의 가능성이 있는 주식에 대한 과잉 투자는 퇴직 연금과 연동된 어떠한 펀드에도 잠재적 위험 요소가 될 수 있으며, 특히나 국가 연금에 막대한 손실을 입힐 수 있다. 일본 정부는 일본 공적 연금이 주식 시장 투자로 인해 2015년 3/4분기에 5.6퍼센트의 손실을 입은 뒤 이 사실을 깨달았다.

▶ **정부 정책의 우선순위** 정부의 최우선 역점이 무엇이냐에 따라 퇴직 연금의 투자 방향이 달라질 수 있다. 정부의 정책이 항상 연금금의 성장이나 미래의 지불 능력을 최우선 목표로 삼는 것은 아니다. 가령 일부 국가에서는 연금금의 일부를 다른 용도로 정부에 빌려주거나 주택과 같은 공공 사업에 투자하기도 한다.

부채
연금 지급액은 정부의 재무 상태표에는 부채로 기록된다. 이 부채를 충족시키기 위한 금액은 인구 분포와 직결되어 있다. 예를 들어 노령 인구의 수명이 길어질 것으로 예상된다면, 미래의 연금 수령 액수는 증가할 것이다.

투자 기관 자산 투자

사회 기반시설

연금 수령자

연기금의 재무 건전성 평가하기

연기금을 유지하고 키우기 위해서는 충분한 돈이 적립되어야 한다. 연기금의 운용 성과는 다음 두 방식으로 평가할 수 있다.

▶ **연금 자산 적립 수준** 부채(지급해야 하는 연금액) 대비 연금 자산에 적립된 금액. 연금 자산 적립 수준은 백분율이나 적립 비율 (자산의 현재 가치를 부채의 현재 가치로 나눈 것)로 나타낸다. 100퍼센트의 적립 수준 또는 1 초과의 적립 비율은 연기금에 지급 의무를 이행할 돈이 충분함을 의미한다. 100퍼센트 미만의 적립 수준 또는 1 미만의 적립 비율은 연금 지급액이 충분하지 않음을 의미한다.

▶ **적자** 연기금 부채가 연기금 자산보다 클 경우, 그 차액을 일컫는다. 미적립 부채라고도 한다.

재정 실패

정부는 재정 파국에 처할 수 있으며, 이러한 파국은 주로 두 경로를 통해 발생한다. 하나는 채무 상환 의무를 이행할 능력을 잃어 잠재적 국가 부도 상태가 되는 경우이다. 다른 하나는 국민에게 통화, 즉 돈 자체의 가치에 대한 신뢰를 확실하게 주지 못해 잠재적 초인플레이션 상태가 되는 경우이다. 근본적으로 두 경우 다 공공의 신뢰 상실에서 기인한다. 따라서 정부가 공공의 신뢰를 잃었을 때 국가 부도 가능성은 더 커진다.

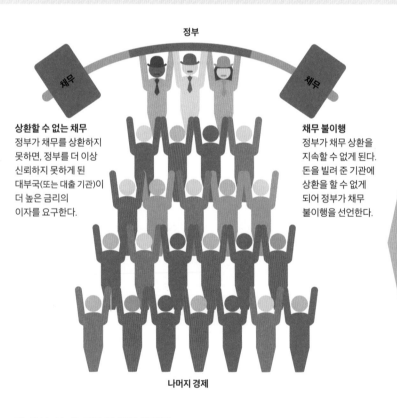

정부

채무

채무

상환할 수 없는 채무
정부가 채무를 상환하지 못하면, 정부를 더 이상 신뢰하지 못하게 된 대부국(또는 대출 기관)이 더 높은 금리의 이자를 요구한다.

채무 불이행
정부가 채무 상환을 지속할 수 없게 된다. 돈을 빌려 준 기관에 상환을 할 수 없게 되어 정부가 채무 불이행을 선언한다.

나머지 경제

통제 불가능한 채무와 채무 불이행
정부가 과도한 금액을 차입했다가 상환을 하지 못하게 되는 경우, 재정 지출을 삭감하고 세금을 인상하여 대처할 수 있지만, 그럼에도 부채 상태를 전환하지 못하면 채무 불이행이 불가피해진다(146~147쪽 참조).

대중의 신뢰 상실과 부도 위험

정부와 정부 기관들이 무능과 부패로 인해서 혹은 패전의 결과로 신뢰를 상실할 때, 중대한 위기에 처한다. 이러한 신뢰 상실로 발생할 수 있는 재앙을 방지하기 위해서 민주주의 국가에서는 정부 대표자의 해임을 시도할 수 있다.

A 결함

정부의 신뢰

6개국

뉴질랜드, 캐나다,
오스트레일리아,
타이, 덴마크, 미국은
국가 부도를
맞은 적이 없다

신뢰의 중요성

신뢰 얻기

신뢰는 돈을 불리고 정부가 제대로 작동하는 데 중대한 요소가 된다. 신뢰는 경제 성장에도 매우 중요하다. 국민이 정부의 재정 공약을 믿지 못한다면 정부는 경제에 대한 통제력을 상실한다. 신뢰는 얻기 힘들고, 대개는 일정 기간 정치적 안정이 지속되었을 때 생긴다.

신뢰 상실

정부는 여러 가지 이유에서 국민의 신뢰를 잃을 수 있다. 약한 정부는 재정 수요를 충족시키기 위해서 세금을 인상하지 않고 대신 더 많은 화폐를 발행하기로 결정할 수 있다. 채무, 특히나 외국 차관을 상환할 수 없는 국가라면 이를 위한 세금을 징수하는 것보다는 채무 불이행을 선언하는 쪽이 더 쉽다. 두 경우 모두 그 정부와 그 국가의 통화에 대한 신뢰가 훼손될 것이다.

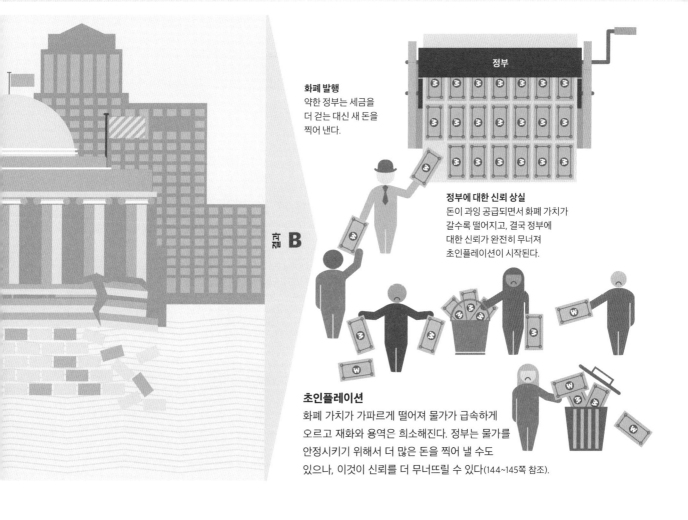

결핍 **B**

화폐 발행
약한 정부는 세금을
더 걷는 대신 새 돈을
찍어 낸다.

정부에 대한 신뢰 상실
돈이 과잉 공급되면서 화폐 가치가
갈수록 떨어지고, 결국 정부에
대한 신뢰가 완전히 무너져
초인플레이션이 시작된다.

초인플레이션
화폐 가치가 가파르게 떨어져 물가가 급속하게
오르고 재화와 용역은 희소해진다. 정부는 물가를
안정시키기 위해서 더 많은 돈을 찍어 낼 수도
있으나, 이것이 신뢰를 더 무너뜨릴 수 있다(144~145쪽 참조).

초인플레이션

국가의 통화에 대한 대중의 신뢰가 무너지면, 물가가 통제가 불가능한 수준으로 상승할 수 있다.
이러한 초인플레이션이 실제로 발생한 사례는 드물지만, 그 위험성은 심각하다.

초인플레이션의 원리

현대 경제에서 물가 안정을 유지하기 위해서는 통화 가치에 대한 신뢰가 필수적이다. 따라서 정부는 신뢰를 떨어뜨릴 수 있는 극적인 물가 변동을 막기 위해서 통화량을 조절하려 한다. 그러나 정부가 약하거나 신뢰를 받지 못할 경우에는 이러한 정부의 통제가 무너질 수 있다. 예를 들어 약한 정부는 공적 지출을 위한 자금을 조달하기 위해서 세금은 인상하지 못하고 대신 화폐 발행을 선택할 것이다. 그 결과 국민이 흔해진 돈이 무가치하다고 믿게 되면 물가가 급속도로 상승하게 되어 어떤 물건을 사더라도 더 많은 돈을 지불해야 한다. 이에 정부는 경제를 계속 움직이기 위해 더 많은 화폐를 발행해야 한다는 압박을 받게 될 것이다. 이런 상황에서 초인플레이션이 시작된다. 이 상태가 되면 정부는 상황을 통제할 능력을 회복하기가 극히 어렵다.

사례 연구: 독일의 초인플레이션, 1921~1924년
독일은 제1차 세계 대전이 끝난 뒤 지독한 초인플레이션을 경험했다.

신뢰의 붕괴

1. 전쟁이 끝나고 독일에 새 정부가 들어서지만 불안정하다. 전쟁 채무, 전쟁 배상금, 공공 서비스 비용의 지불을 위해서 화폐를 발행한다.

전쟁 채무
공공 서비스
배상금

2. 독일 정부가 새로 발행한 돈으로 외화를 사들이면서 독일 마르크화 가치가 붕괴된다.

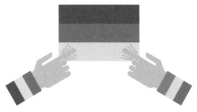

3. 1922년 독일 정부는 전쟁 배상금을 지불할 수 없게 된다. 프랑스와 벨기에가 루르 계곡을 점령하고 배상금을 현금이 아닌 재화(석탄·목재)로 지불할 것을 강제한다.

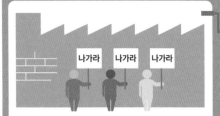

나가라 나가라 나가라

4. 루르 지역의 독일 노동자들이 파업을 벌인다. 정부는 노동자의 급여를 지불하기 위해 다시 화폐를 발행한다.

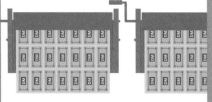

5. 경제가 붕괴하고 독일 정부는 계속해서 화폐를 발행한다.

6. 독일인들의 자국 화폐에 대한 신뢰가 증발하면서 독일의 국내 물가가 폭등한다.

2000억 마르크

초인플레이션

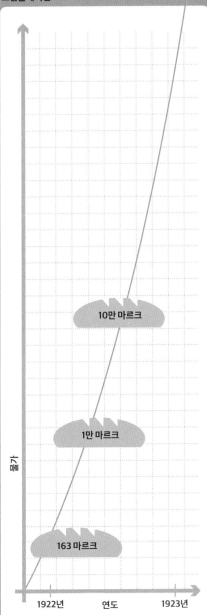

10만 마르크

1만 마르크

163 마르크

1922년   연도   1923년

물가

7. 초인플레이션이 시작되면서 물가가
사람들이 돈을 지출하는 속도보다 빠르게
상승한다. 1922년에 163마르크 하던 식빵
한 덩어리 값이 1923년 11월에 이르면
2000억 마르크로 치솟는다.

초인플레이션 멈추기

신뢰
초인플레이션은 앞으로도 물가가 계속해서 급속도로 상승하리라는 사람들의 예상 심리가
기반이 되는 현상이다. 따라서 그만큼 물가 상승세도 급속도로 멈출 수 있다(이론적으로는
그렇다.). 정부가 인플레이션을 종식하겠다고 약속하고 신뢰할 수 있는 조치(예를 들면 엄
격한 발권 규정을 전제로 새로운 통화 단위 도입)를 취하고 이행한다면 제한된 비용으로 초
인플레이션을 멈출 수 있다. 하지만 그러한 약속을 이행한다는 것은 험난한 과정이 될 것이
며, 약한 정부라면 더욱 어려울 것이다.

독재
초인플레이션이 약한 정부의 결과이므로 이를 끝내기 위해서는 민주주의가 종식될지라도
강한 정부가 필요하다는 주장이 있다. 논란의 여지가 다분한 이 주장은 경제학자 토머스 사
전트가 1920년대 중부 유럽(지리적으로 알프스 산맥에서 발트 해까지로 독일·스위스·리히
텐슈타인·오스트리아·슬로베니아·폴란드·체코·슬로바키아·헝가리를 가리킨다. — 옮긴이)의
사례를 통해서 내린 결론이었다.

460자 펭괴*
초인플레이션이 최고조였던
1946년 7월, 1달러와 같은 값

*1927년 1월~1946년 7월 헝가리에서 쓰였던 통화. 1자는 10의 24제곱.

새 정부

8. 1923년 11월 독일에 새 정부(바이마르 공화국)가 수립되고 독일 중앙 은행에도
새로운 총재가 임명된다. 중앙 은행은 신규 화폐로 정부 채무를 청산하는 것을
중단한다. 새로운 통화 렌텐마르크가 도입되고 쓸모 없어진 마르크 지폐는
폐지된다 렌텐마르크는 토지를 담보로 발행되었으며, 신임 중앙 은행 총재는
달러 대비 렌텐마르크의 환율을 고정하겠다고 약속했다. 이 조치로 통화에
대한 국민의 신뢰가 회복된다. 1924~1925년에 걸쳐 독일의 전쟁 채무와 배상금
일부가 삭감되면서 상황이 안정된다.

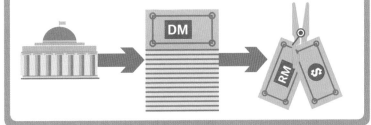

채무 불이행

이자 지급액이 세수 증가 속도보다 빠르게 증가할 경우, 정부는 국가의 채무를 통제하지
못하는 상태가 된다. 이런 상황이 발생하면 정부는 채무 불이행을 선언한다.

채무 불이행의 원리

정부의 차입은 원칙적으로는 안정적으로 관리된다. 하지만 잘 운
영되는 정부조차도 때로는 통화 위기나 급격한 경기 후퇴처럼 큰
비용이 들어가는 예기치 못한 사태를 맞을 수 있다. 이런 사태가
발생하면 정부는 인상된 채무 이자나 만기가 된 기존 채무의 원
리금을 상환하기 위해서 또 다시 큰 금액을 차입해야 한다. 이런
압박을 완화하기 위해 정부는 세금을 인상하고 공공 지출을 삭
감하여 자금을 모은다. 실제로 공공 서비스를 줄이거나 직원 급
여를 현금 대신 어음으로 지불하기도 한다. 이러한 조치들도 실
패할 경우, 정부는 결국 상환 능력이 없음을 인정하고 채무 불이
행을 선언하게 된다. 이를 단행하면 이 나라의 경제적 안정에 대
한 신뢰가 떨어지기 때문에 정부는 앞으로 차입이 매우 어려워질
것이다. 하지만 채무 불이행을 선언한 이후에 아주 빠른 속도로
회복하는 국가도 있다.

이자 지급

채무 불이행 위험이 높다고 판단될 경우, 대부국(돈을 빌려 준 국가)은 높
아진 위험을 상쇄하기 위해 이자율을 인상할 것이다. 채무가 많은 국가의
경우, 이 상황 자체가 빚의 악순환(오래된 채무의 이자를 지불하기 위해 신
규 채무를 지는 것)으로 이어지는, 일종의 자기 실현적 예언이 될 수 있다.
대부국이 차입국에 대한 신뢰를 잃으면 더 높은 이자율을 요구할 것이고
그럴수록 국가 채무 관리가 더 어려워져 채무 불이행 가능성이 높아진다.

(세로축) 차입

(가로축) 상환 액수

아르헨티나 1998~2001년

1998년부터 2001년까지 아르헨티나가
처한 빚의 악순환은 당시 사상 최대 규모의
채무 불이행 사태로 귀결되었다(2012년
'구조 조정'된 그리스의 국가 채무에 비하면 왜소한
수준). 아르헨티나는 이미 국가 채무가
엄청난 상태에서 다른 나라와 국제 통화
기금(IMF)으로부터 또 다시 차입을 하다가
경기 후퇴가 발생하자 채무를 상환할 수
없게 되었고 결국 채무 불이행을 선언했다.

차입 증가

채무 증가

세계은행 미국

채무

경기 후퇴

1. 1990년대 초에
초인플레이션을 겪게 된
아르헨티나는 IMF의
규정을 준수하고자 한다.
아르헨티나는 IMF 같은
국제 기관과 미국 등
다른 국가로부터 큰 돈을
빌려야 하는 상황이다.

6. 경기 침체가 악화된다.

5. 아르헨티나 정부가
비용 삭감을 위해서
긴축 조치를 시행한다.

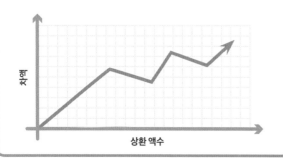

10억 7000만 유로

2012년에 탕감된 그리스의 국가 채무 액수(약 1조 5000억 원)

7. 상환 규모가 여전히 너무 작아 불어나는 채무를 통제하지 못한다.

차입 증가

채무 증가

9. IMF가 아르헨티나의 재정 적자 수준을 평가하고 자금 지원 계획을 철회한다.

8. IMF가 정한 조건을 충족시키지 못한다.

10. 아르헨티나는 1200억 달러의 채무를 상환하지 못하여 채무 불이행을 선언한다.

3. 아르헨티나의 상환 노력에도 채무가 통제 불가능한 수준이 된다.

아르헨티나 채무 불이행 선언

11. 페소 가치가 추락한다.

12. 실업률이 20퍼센트에 이른다.

2. 그밖의 다른 국가들로부터 큰 돈을 빌린다.

차입 증가

채무 증가

아르헨티나, 부채의 악순환이 시작되다

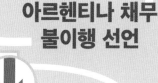

13. 예금 인출 사태가 발생하자 정부가 예금을 동결시킨다.

14. 시위와 폭동이 발생한다.

15. 정국 불안이 고조된다.

채무

4. 돈을 빌려준 국가들이 아르헨티나의 지불 능력에 신뢰를 상실한다.

16. 2002년 채무 상환 합의로 아르헨티나는 경제 회복을 도모한다.

개인 금융

> 가치, 재산, 소득 > 소득을 위한 투자
> 재산을 키우는 투자 > 투자 관리
> 퇴직과 퇴직 연금 > 채무 > 디지털 시대의 화폐

자산, 재산, 소득

재산은 개인이나 그룹 또는 국가가 소유한 재화와 자산으로, 금전적 가치가 있는 것을 일컫는다. 개인의 순자산은 소유한 자산의 가치에서 채무 또는 개인 부채를 뺀 값이다. 소득에는 노동을 통해서 얻는 수입과 소유한 자산으로부터 얻는 수입이 있다. 자신의 순포지션(매입 또는 매도 포지션이 상쇄된 후의 잔여분)을 알고 있으면 재정적 목표를 세우고 효과적인 투자 전략을 수립하여 퇴직 전이나 퇴직 후 경제적 자립이 훨씬 쉬워진다.

경제적 자립을 위한 계획 세우기

경제적으로 자립한다는 것은 퇴직 후에 일하지 않고서도 생활비를 지불할 만한 충분한 돈이 있다는 뜻이다. 그러기 위해서는 현명한 저축과 투자를 통해서 충분한 재산을 축적해야 하며, 퇴직 후에도 계속해서 지출을 할 수 있게 해 줄 일종의 수동적 소득(passive income, 이자 수입, 임대 수입 등 노동에 의존하지 않는 소득으로, 불로 소득이라고도 부른다—옮긴이)을 창출할 수 있어야 한다.

상황 평가
투자자는 현금, 주식, 채권, 부동산, 퇴직 펀드 등의 자산 가치를 계산한다. 그리고 거기에서 부채(대출, 신용 카드 체무, 주택 구입 자금 대출 등)를 차감한다(152~153쪽 참조).

재정 목표 설정
저축자는 현실적인 은퇴 연령을 정해야 한다. 이를 위해서는 퇴직 후 좋은 생활 수준을 유지하기 위해서 얼마의 소득이 필요한지를 평가해야 한다.

소득에서 저축액 늘리기
소득의 일부를 저축으로 전환하고 아울러 효율적인 투자로 수익을 확보할 수 있다면, 저축이 재정 목표를 달성하기 위해서 더 좋은 조건이 될 수 있다(154~155쪽 참조).

재무 상담의 장단점

장점

재무 설계사는 고객의 상황을 평가하여 재무 목표 달성에 가장 유리한 주택 구입 자금 대출, 연금, 투자 상품을 모색한다. 직접 시장을 조사하고 연구할 시간이 없는 사람들에게 유용하다. 고객은 설계사가 조언을 잘못 했거나 자신에게 불리한 상품을 판매했다고 느껴지면 법적 조치를 취할 수 있다.

단점

재무 설계사의 역할은 제한적일 뿐이며 최고의 저축률이나 가계 지출 절감같이 일상에서 돈을 효율적으로 다루는 문제는 조언해 주지 않는다 (하지만 이러한 정보는 신문이나 인터넷에서 쉽게 찾을 수 있다. 재무 상담은 또한 돈이 많이 들 수 있다.). 전문적인 재무 설계사는 일반적으로 관리하는 자산의 약 1퍼센트를 수수료로 받는다.

52%

미국에서 재무 설계사를 고용하는 퇴직자의 비율

채무 관리

현명한 저축자는 대출과 신용 카드 채무를 최대한 빨리 상환하고 대출 비용을 낮출 수 있을 저렴한 금리를 찾아 주택 구입 자금 대출 채무를 빨리 줄여 나간다(156~157쪽 참조).

투자 배당금 활용

투자에 대한 배당금으로 추가 수입이 발생할 경우, 그 자금을 채무를 줄이는 데 사용할 수도 자산 형성을 위한 재투자에 사용할 수도 있다(160~161쪽 참조).

경제적 자립

일생에 걸쳐 꾸준하고 효과적인 방법으로 투자한다면 재산을 형성하거나 수농석 소득을 올릴 수 있다. 이것에 성공하면 노동하지 않고도 안락한 생활 수준을 유지할 수 있다.

순자산의 계산과 분석

한 사람의 재산(또는 순자산)은 소유한 모든 자산을 합산한 후 여기에서 모든 채무 금액을 차감한 액수이다.

순자산 목록표

개인들도 언제든 자신의 순자산을 계산할 수 있다. 자신이 소유한 자산 액수에서 채무 액수를 빼면 된다. 그런 다음 몇 달 혹은 몇 년에 걸쳐 수치를 비교해 보면 재무 상태에 어떤 변화가 생겼는지 알 수 있다.

자산 − 채무 = 순자산

자산

유동 자산

조달이 용이한 현금 자산

➤ 현금으로 보유한 돈
➤ 당좌 계좌에 보유한 현금
➤ 생명 보험의 현금 가치
➤ MMF
➤ 양도성 예금 증서
➤ 단기 투자

투자 자산

**단기간 또는 장기간 이후
현금으로 전환할 수 있는 자산**

➤ 은행 약정 예금
➤ 증권, 주식, 채권
➤ 투자용 부동산
➤ 저축성 생명 보험 증권(약정 기간 동안 불입해 만기 또는 만기 전 사망 시 보험금이 지급되는 상품 — 옮긴이)
➤ 퇴직 펀드

채무

단기 부채

12개월 이내에 상환할 수 있는 부채

➤ 신용 카드 원리금 상환액
➤ 개인 대출 또는 학자금 대출 상환액
➤ 공과금, 통신비, 보험료 등 매월 지출하는 생활 요금
➤ 해당 연도의 미납 개인 소득세

장기 부채

12개월 이후에 상환할 수 있는 부채

➤ 주택 구입 자금 대출 또는 임대료
➤ 자녀 양육비 또는 이혼이나 별거 시 위자료
➤ 대학교까지 자녀 교육비
➤ 연기금 납부액
➤ 자동차 구입 또는 임대 계약 시 지불액

순자산의 원리

금융 기관이 개인의 재정 상태를 파악할 때는 순자산 수치가 중요한 정보가 된다. 순자산은 시간이 가면서 변할 수 있다. 예를 들면 은행 예금에서 이자 수입이 발생한 경우 총자산은 증가할 것이며, 새로 주택 구입 자금 대출을 받는 경우에는 채무 수준이 높아질 것이다. 순자산이 증가한다는 것은 재무 건전성이 높은 상태임을 의미하며, 순자산이 감소하는 것은 그 반대를 의미한다. 한 사람의 재무 건전성을 판단할 때는 채무 상태까지 고려하는 순자산이 소득이나 재산보다 더 적절한 지표가 된다.

3000만달러 초고액 자산가들의 유동 자산 가치
(약 330억 원)

개인 자산

판매해서 현금화할 수 있지만 시간이 걸리는 자산

- ▶ 주택, 집의 규모를 줄여 갈 경우 판매할 수 있다.
- ▶ 휴가지 펜션 등의 추가적 부동산
- ▶ 미술품, 보석 및 기타 귀중품
- ▶ 소장 가치가 있는 가구
- ▶ 차량(빠르게 감가상각된다.)

+

=

? 우발 부채

장래에 일정한 조건 하에 발생할 수도 있는 채무

- ▶ 자본 이득세 등의 세금
- ▶ 상환 능력이 없는 자녀를 위한 자동차 또는 기타 대출 보증
- ▶ 소송 발생 시 손해 배상 청구액
- ▶ 개인의 법적 분쟁 발생 시 변호사 비용

✔ 알아 두기

▶ **고액 자산가**
(high net worth individual, HNWI)
100만 달러가 넘는
유동 자산을 소유한 개인

▶ **초고액 자산가**
(very high net worth individual, VHNWI)
최소한 500만 달러의
유동 자산을 소유한 개인

순자산

이 수치(자산에서 부채를 뺀 값)는 일정 시점 한 개인이 소유한 재산을 평가하는 데 사용된다.

▶ 이 수치가 마이너스일 경우, 채무가 자산보다 크며 재무 건전성이 나쁜 상태이다.

▶ 이 수치가 플러스일 경우, 자산이 부채보다 크며 재무 건전성이 양호한 상태이다.

▶ 재무 상담사는 고객에게 1년에 1회 순자산을 계산할 것을 권고한다.

유동 자산과 순가치

순자산은 현재의 재산을 평가하는 데 유용한 척도이지만, 유동 자산은 저축자와 투자자 들에게 긴급한 상황에서 얼마만큼의 현금을 조달할 수 있는지를 말해 주는 척도이다. 투자의 일정 부분은 현금화하기 쉬운 형태로 유지하는 것이 바람직하다.

소득과 재산

개인 금융의 핵심이 되는 두 개념인 소득과 재산은 개인 재정 상태의 두 요소를 말해 준다.
소득은 유동적이며 불안정한 반면에 재산은 대개 정적이며 안정적이다.

소득
소득은 가계로 유입되는 돈이다. 주거비와 각종 공과금,
식비를 비롯한 생활 필수 비용은 물론 휴가 등의 여가적
비용 지출에 사용된다.

소득을 재산으로 만들기

거액을 상속받거나 복권에 당첨되지 않는
한 보통 사람들은 대부분 저축을 통해
재산을 형성한다. 방법은 간단하지만 그러기
위해서는 인내심과 규율이 필요하다. 매주
또는 매달 나가는 금액(지출)을 들어오는
금액(수입)보다 낮게 유지하지 않으면 안
되며, 그 차액은 가능한 한 빨리 저축하거나
투자해야 한다.

수입(세금 차감 후)

소득
소득에는 투자에 대한 수익뿐만 아니라
각종 수당(복지 수당, 실업 수당 등)과 세금
공제액이 포함된다.

급여

임대 소득

이자 소득

주식 배당금

지출

제경비
가계 지출은 예산을 짜 조절할 수 있는데,
그렇게 하면 저축이 가능한 지점을
정확하게 찾아내는 데 도움이 될 것이다.

식비

주거비

교통비

의복

소득과 재산의 원리

재산은 개인이 소유한 자산과 저축, 투자의 가치이다. 소득은 노동의 대가로 받는 보수, 투자 배당금, 또는 보험 수당이나 연금 등 정기적으로 받는 돈이다. 재산을 형성하고 보호하기 위해서는 두 개념의 차이를 인지하는 것이 중요하다. 소득을 꼼꼼하게 관리하고 신중하게 투자하면 미래의 재산이 될 수 있다.

재산

재산은 가족 또는 개인이 이미 소유한 자산의 가치이다. 저축 하나만으로 이루어질 수도 있고 저축과 투자, 상속이 결합된 형태일 수도 있다. 소득이 더 이상 발생하지 않는 경우를 제외하면 일상적인 경비로 재산을 사용하는 사람은 거의 없다.

재산

ㅡ 채무

채무는 분납이 더 유리한 경우가 아닌 한 최대한 빨리 상환해야 한다.

저축

제경비에 지출하고 채무 약정을 이행한 다음 남은 돈은 저축한다. 저축 예금액은 자산에 투자할 수 있다.

 투자

자산

투자 소득을 창출하고 투자 자산의 가치까지 올린다면 가장 유익한 투자라고 할 수 있다.

신용 카드 사용액

대출

주택 구입 자금 대출

교육

부동산

주식

미술품

보석

소득을 재산으로 전환하기

높은 소득이 재산을 보장하는 것은 아니다. 지출을 수입보다 낮추고, 저축을 하고, 현명하게 투자하는 것이 장기적인 경제적 안정을 확보할 수 있는 열쇠이다.

소득을 재산으로 만드는 원리

재산을 얼마나 모으면 은퇴하기에 충분한가? 정해진 답은 없으며 개인에 따라 기준이 다르기 마련이다. 고소득자는 저소득자보다 높은 생활 수준을 추구하는 경향이 있으며, 따라서 은퇴 후에도 기존의 라이프 스타일을 유지하기 위해서는 더 많이 저축하고 더 많이 투자하여 더 많은 재산을 창출해야 한다. 고소득층은 급여가 높다 보니 자칫 자신이 이미 부자라는 생각을 갖게 되어 라이프 스타일을 유지하기 위한 씀씀이가 커질 위험이 있다. 그 결과 저축을 거의 하지 않는 경우가 생기는 것이다.

재산을 만들기 위해서는 세금 차감 후 소득분의 일정 부분을 정기 적금에 할당해야 한다. 재무 전문가들이 가장 보편적으로 추천하는 것은 정기 소득의 3분의 1을 저축하라는 것이다.

고소득으로도 재산 창출에 실패할 때

높은 급여를 받는 사람이라 해도 저축 습관이 나쁘면 안정된 퇴직 생활을 보장할 수 없다. 세후 소득에서 3분의 1을 저축한다는 것이 현실적으로 불가능해 보일지도 모른다. 하지만 하다못해 10퍼센트만 저축해도 오랜 기간이 지나면 상당한 목돈이 되어 투자 자금으로 쓸 수 있다.

지출 수준

고소득자인 A는 장기적 가치가 거의 없는 물건에 돈 쓰는 일에 익숙하다.

고소득자

고위 관리자 두 사람이 동일한 급여를 받으며 한 회사에 다니고 있다. 하지만 두 사람이 급여를 사용하는 방식은 아주 다르며, 그 결과도 아주 대조적이다.

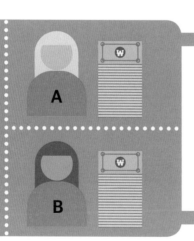

B는 퇴직 펀드와 주식에 투자하며 고금리 저축 상품에 적금을 붓는다.

70%
부유한 미국인 중 **70퍼센트**가 자수성가했다고 생각한다

개인 예산

재산을 모으기 위해 다양한 방법으로 가계 지출을 줄일 수 있다. 지출에서 절약한 금액을 저축에 투자한다면, 아무리 하찮아 보이는 푼돈이라도 해를 거듭함에 따라 큰돈이 될 것이다. 예산을 정한 뒤 이를 지키는 것이 저축 목표액을 달성하는 데 도움이 된다. 저축 전략은 아래와 같은 방법으로 실행할 수 있다.

❯ 주택 구입이나 석사 학위 자금 마련 등의 **재 정 목표를 설정한다.**

❯ 주거비, 식비, 통신비, 교통비, 채무 상환액과 같은 **비용 지출 계획을 작성한다.**

❯ 계획대로 지출을 관리하기 위해서 매주 또는 매달 **예산을 모니터링한다.**

❯ **소득 중에서 매달 저축할 비율을 결정하고,** 그 액수가 곧장 저축 예금 계좌로 빠져나가도록 자동 이체를 신청한다.

❯ **월세나 전세가 저렴한 집을 구하거나,** 대출 금리가 낮아졌을 경우 이자율이 더 낮은 주택 구입 자금 대출을 받아 기존의 대출금을 갚아서 대출 이자 부담을 줄인다.

❯ **보험료를 비교하여** 저렴한 보험사로 전환하며, 여러 통신 회사의 요금제를 비교해 통신비 지출을 절약한다.

❯ 충동 구매를 근절하기 위해서 **구매 목록을 들고 쇼핑하며,** 가격이 저렴하고 할인 혜택이 있는 대용량 제품을 구매한다.

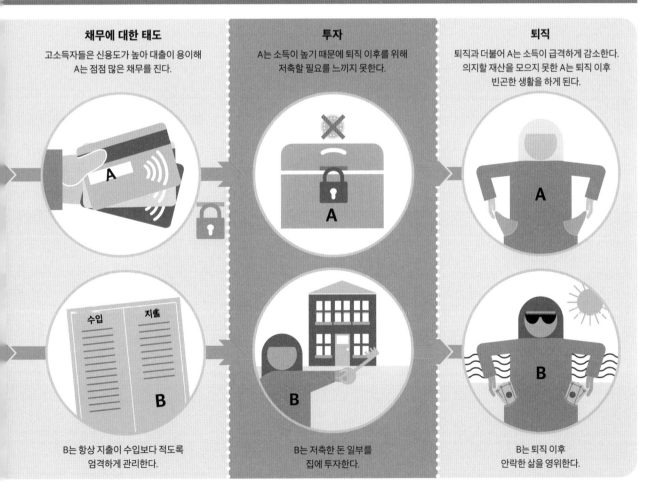

채무에 대한 태도

고소득자들은 신용도가 높아 대출이 용이해 A는 점점 많은 채무를 진다.

B는 항상 지출이 수입보다 적도록 엄격하게 관리한다.

투자

A는 소득이 높기 때문에 퇴직 이후를 위해 저축할 필요를 느끼지 못한다.

B는 저축한 돈 일부를 집에 투자한다.

퇴직

퇴직과 더불어 A는 소득이 급격하게 감소한다. 의지할 재산을 모으지 못한 A는 퇴직 이후 빈곤한 생활을 하게 된다.

B는 퇴직 이후 안락한 삶을 영위한다.

소득 창출하기

정기적인 저축과 투자 자금을 확보할 수 있을 충분한 수입을 올리는 것이 재산을 만드는 기본 토대이다. 소득원은 다각화될수록 좋은데, 특히 노동에 의존하지 않는 수동적 소득이 어느 정도 포함되는 것이 좋다.

소득 창출의 원리

재산을 만드는 방법은 여러 가지가 있는데, 주로 소득에 달려 있다. 돈과 부동산이나 여타 자산을 상속받는 것이 재산 형성의 첫걸음이겠지만, 대규모 상속을 기대할 수 없는 사람에게는 저축과 투자가 가장 주요한 전략이 될 것이다. 소득은 주로 두 경로로 얻을 수 있다. 가장 보편적인 경로는 임금처럼 노동 활동을 통해 얻는 능동적 소득(active income, 활동 소득이라고도 한다.)으로, 이 소득에는 어느 정도의 노력과 수고가 들어간다. 부동산 임대료나 주

식 배당금, 채권에 대한 이자, 투자 포트폴리오를 통해 들어오는 소득인 수동적 소득(passive income)은 능동적 소득에 포함되지 않는다. 소득원이 어떤 유형이 되었든 개인의 소득이 지출을 충당하고도 어느 정도 충분하지 않다면 재산을 구축한다는 것은 거의 불가능하다. 따라서 재산을 만들기 위한 목표를 설정할 때는 이를 염두에 두어 반드시 저축이 가능한 충분한 소득을 창출한다는 전략을 기반으로 삼아야 한다.

능동적 소득
노동의 대가로 버는 돈이 능동적 소득이다. 고용주나 고객, 손님에게 서비스를 제공하는 대가로 연봉이나 임금, 팁, 수수료 또는 그밖의 형태로 재정적 보상을 받는 것이다.

다양한 수동적 소득원

 저축 저축 계좌가 높은 수익을 가져다 줄 수 있지만, 현금화가 어느 정도로 용이한지 알아 두는 것이 중요하다.

 블로그 인기 있는 주제로 꾸준히 글을 쓰는 블로그 활동을 통해서 다양한 경로로 수익을 창출할 수 있다.

 저작권 사용료 사진이나 저술 등의 창의적인 작업 결과에 대해서 저작권 사용료 지불 협상이 가능하다.

 임대 수입 남는 집이나 방을 임대해서 정기적 수입을 얻을 수 있다.

 중고 거래 온라인 쇼핑, 중고 장터, 경매 등으로 더 이상 사용하지 않거나 필요 없어진 물품을 판매하여 자금을 모을 수 있다.

 시장 조사 포커스 그룹 개인 소비자가 시장 조사 회사가 모집하는 신제품 체험단에 참여해 활동비 소득을 올릴 수 있다.

✔ 알아 두기

❯ 투자 소득(portfolio income)
이자, 배당금 또는 자본 이득으로 얻은 돈. 미국 등 일부 국가의 세무 당국은 이를 별도의 소득 유형으로 인정한다.

❯ 자본 이득(capital gain)
주택이나 미술품 같은 자산을 판매해서 얻는 수입으로, 처음 구입했을 때보다 자산의 가치가 상승하면 발생하는 이익이다.

❯ 불로 소득(unearned income)
투자, 연기금, 위자료, 이자, 임대 등을 통해서 발생하는 수동적 소득

수동적 소득
지속적인 노력이나 수고를 거의 들이지 않고 버는 돈이 수동적 소득이다. 보통은 투자를 통해 얻는데, 투자를 하기까지는 어느 정도 노력이 요구되지만 그 이후에는 거의 주의가 필요하지 않다. 수동적 소득은 취업이 아닌 활동으로 버는 돈을 가리키는 용어이기도 하다.

재산 만들기

경제지가 매년 발표하는 세계 억만장자 명단에 이름을 올리는 부자들은 저마다 다른 방식으로
부의 제국을 건설했지만, 출발점은 거의 예외 없이 투자에 쓸 약간의 종잣돈이었다.

재산 구축하기

대부분의 사람들은 소득을 얻어 그 일부를 저축함으로써 재산을 구축하여
미래의 경제적 안정을 도모한다. 창업이나 투자를 위한 충분한 자금을 확보하는
것도 재산을 구축하는 과정의 하나이다. 생활 태도나 습관에서 작은 변화를
꾀하는 것으로도 지출을 줄이고 저축을 늘릴 수 있는데, 아무리 소득이 낮은
사람이라도 이렇게 첫걸음을 떼면 재산을 쌓아 갈 수 있다.

2. 절약과 저축

예산을 엄격히 관리하면 지출을 줄일 수
있으며, 이렇게 해서 남는 돈은 재투자할
수 있다.

▶ **지출 내역 추적** 나가는 돈을 꼼꼼하게 점검
해서 비용을 절감할 수 있는 곳을 찾아낼 수
있다.

▶ **예산 절감** 예산 계획을 엄격하게 지킬 때 목
표에 더 빨리 도달할 수 있다.

▶ **신용 등급 관리** 저축이 많고 채무는 적을 때
더 높은 신용 등급을 받을 수 있어 향후 투자
를 위한 대출을 받기가 용이해진다.

1. 소득 창출

소득을 재산으로 전환해야 한다는
점을 고려해야 한다. 능동적 소득이
되었든 수동적 소득이 되었든 또는
두 유형을 조합하든, 소득 창출
노력은 가계에 정기적인 수입을
가져다준다.

▶ **능동적 소득** 저축을 통해서 가계에 들어
온 돈을 극대화할 수 있으며, 노동자들은
더 높은 소득을 위해 직장을 옮길 수 있다.

▶ **수동적 소득** 자산 매입 또는 매도 등의 투
자를 통해서 소득을 키울 수 있다.

재산을 만드는 원리

재산을 구축하기 위해서는 자제력과 규율, 최적의 결과물을 가져올 장기 전략이 있어야 한다. 대다수 사람에게 재산이란 일정 기간 동안 소득의 일부를 저축해서 모은 돈이며, 이를 밑천 삼아 투자해서 더 큰 돈을 만들 수도 있다. 투자는 다양한 금융 상품에 분산하는 것이 유리하며, 처음 시작할 때 자신이 없으면 전문가의 조언을 구하는 것이 바람직하다.

3. 영리한 투자
퇴직이 가까울수록 위험을 감당할 여지가 줄어든다는 점을 염두에 둔다.

▶ **퇴직 연령 고려** 저축을 일찍 시작할수록 자금 운용 선택지가 다양하며 유연한 대응이 가능하다.

▶ **투자 옵션 고려** 현금 저축, 주식, 부동산, 연금 등 각 옵션의 조건과 개인의 상황을 반영해 선택한다.

▶ **위험(리스크) 요소 평가** 각 옵션의 수익률과 위험 요소를 비교, 균형을 맞추는 것이 중요하다.

4. 재산 유지 및 관리
투자자는 자신의 투자 포트폴리오가 효율적으로 운용되는지, 충분한 실적을 내고 있는지, 수시로 재평가해야 한다.

▶ **투자 항목 모니터링** 모니터링을 통해서 수익이 높고 수수료가 낮은 상품으로 투자 대상을 바꿀 수 있다.

▶ **타이밍 잡기** 전 세계의 정치적, 경제적 상황 변화가 매도와 매입, 혹은 재투자 시점을 결정하는 데 영향을 미친다.

▶ **유언장 작성** 재산 상속에 대비해 세금 효율성을 고려한 유언장을 작성해 두는 것이 바람직하다.

> **"부자가 되려면 버는 것은 물론 모으는 것까지 생각해야 한다."**
>
> 미국 건국의 아버지 벤저민 프랭클린

재산 축적을 위한 경로

투자의 목적은 돈을 버는 것이다. 저마다 자신의 생활 수준 또는 생활 방식에 따라 적절한 투자 방법을 선택할 수 있다.

전통적 투자 자산 가치는 경제적 변화에 따라 변동하기 때문에 투자자들은 상황을 주시하며 투자 시점을 결정한다.

부동산 주거용 부동산을 통해 자본 성장이나 꾸준한 임대 소득을 얻을 수 있다. 휴가지 펜션은 자본 싱킹은 직은 편이지만 갑제적으로 높은 소득원이 될 수 있다.

사업 사업 아이디어에는 별다른 투자가 필요하지 않지만 장기적으로 엄청난 잠재력이 있을 수 있다. 창업 기업에 투자하면 큰 이익을 얻을 수도 있지만 실패하는 기업도 많아 위험이 높은 편이다.

소득을 위한 투자

개인이 재무 계획을 세우는 주요한 목적은 가족이 늘어날 경우를 대비하여 더 큰 집을 장만하고
자녀를 교육시키며 궁극적으로는 퇴직 이후 건강한 소득이 보장되는 삶을 사는 것이다. 이를 위해서
개인은 미래에 현금 흐름을 창출할 자산에 투자해야 한다. 많은 사람이 자산 관리 서비스를 통해서
투자하는데, 이 경우 수익의 일정 퍼센트를 수수료로 지불한다. 그런가 하면 스스로 조사하고
연구해서 직접 투자하는 것을 선호하는 사람도 있다.

수익성 대 위험성

투자는 시간을 두고 재산을
축적하기 위한 방법이지만,
소득 창출 수단이 될 수도 있다.
고소득을 보장하는 투자는 위험
또한 높은 경우가 많은 반면에
잉여금을 저축하는 등 더 안전한
방식은 대개 돌아오는 소득도 낮은
편이다. 가장 보편적인 전략은
투자 자금을 위험도가 각기 다른
다양한 자산에 분산하여 투자하는
것으로, 주식과 부동산과 채권으로
투자 포트폴리오를 구성하는
것이다.

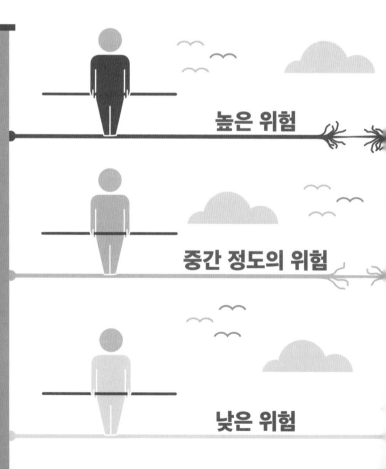

높은 위험

중간 정도의 위험

낮은 위험

라이프 스타일링

개인의 연령에 따라 자산 비율을 변경하는 투자 전략이다. 고위험 투자에서 저위험 투자로 자금이 자동적으로 이동하도록 사전에 설정할 수 있다. 예를 들어 투자자가 젊을 때에는 자산의 100퍼센트를 선물 같은 고위험 항목에 투자한다. 하지만 연령대가 올라가 퇴직 연령에 가까워질수록 이 투자 자금은 국채처럼 점점 더 안전하고 위험이 적은 항목으로 이전될 것이다.

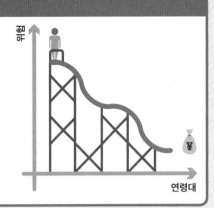

"**위험**은 자기가 무엇을 하는지 모르는 데서 온다."

미국의 억만장자 투자가 워런 버핏

주식
고위험, 높은 소득이 발생할 수 있다

▶ 보통주(182~183쪽 참조)　　▶ 선물(52~53쪽 참조)
▶ 우선주(164~165쪽 참조)　　▶ 단위형 펀드(168~169쪽 참조)
▶ 옵션(52~53쪽 참조)

부동산
중간 정도의 위험, 꾸준한 소득이 발생할 수 있다

▶ 주거용, 상업용, 산업용 부동산　　▶ 매매 거래를 통한 이익
　임대료(170~171쪽 참조)　　　　　　 (176~177쪽 참조)

이자 소득
저위험, 일정 정도의 소득이 발생할 수 있다

▶ 저축 예금 계좌(166~167쪽 참조)　　▶ 무담보사채(오른쪽 참조)
▶ 정기 예·적금(오른쪽 참조)　　　　　▶ 채권(166~167쪽 참조)

✓ 알아 두기

▶ **정기 예·적금(term deposit)**
정해진 기간 동안 은행이나 기타 금융 기관이 보유하는 현금 투자. 약정 기간은 한 달짜리부터 몇 년짜리까지 있다. 일반적으로 보통 저축 예금 계좌보다 약간 높은 이자율을 제공한다.

▶ **무담보 사채(debenture)**
기업이 발행하는 장기 증권으로, 정해진 금리로 이자를 지급한다. 영국에서는 기업의 자산을 담보로 하며, 미국에서는 무담보 사채가 일반적이다.

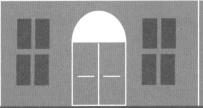

주식 배당금

배당금은 보통 기업이 그해에 벌어들인 이익을 그 기업의 주주들에게 정기적으로 분배하는 돈이다. 배당금은 많은 투자자에게 안정적인 소득원이 된다.

주식 배당금의 원리

주식에 투자하는 사람들은 두 가지 주된 이유로 주식을 매수한다. 하나는 주가가 올라갈 것으로 예상하고 매도할 때 이익을 기대하는 경우이고 또 하나는 배당금으로 발생하는 소득을 기대하는 경우이다. 주식 배당금을 소득원으로 삼는 투자자에게는 주주에게 많은 배당금을 지급하는 것을 우선순위에 두는 기업의 주식을 선택해야 하고, 매수하는 주식의 유형을 고려해야 한다. 모든 주식이 배당금을 지급하는 것은 아니기 때문이다. 이처럼 배당금 소득을 원하는 투자자는 우선주(165쪽 참조)를 선택하는 경우가 많으며, 철저한 조사를 통해서 유배당 주식을 고를 수도 있다.

3% 이상
FTSE 100에 속한 기업들의 평균 배당 수익률

후한 배당금이 예상되는 경우

▶ **주주에게 지급하는** 배당금 액수가 꾸준하게 유지되는 기업

▶ **배당금 지급액이** 연간 5퍼센트 이상 증가한 기업

▶ **배당 수익률**(배당금을 주가로 나눈 비율)이 2퍼센트 이상인 기업

▶ **차입 없이도** 배당금을 지급하기에 충분할 만큼의 이익을 기록하는 기업

▶ **현행** 배당금 수준을 유지하기에 충분한 추가 이익을 기록하는 기업

배당금을 지급할 기업은 어떻게 찾을까?

투자자는 어떤 주식이 미래에 정기적인 소득을 돌려주는 안전한 투자가 될 것인지 결정할 때 여러 가지 척도를 사용하게 된다. 가장 일반적인 척도는 재무 건전성이 얼마나 양호한가를 살피는 것인데, 수년에 걸쳐 꾸준하게 배당금을 지급해 온 이력이 있는 기업이 좋은 선택이 될 것이다.

투자자

A 기업

▶ 큰 액수는 아니지만 기복 없이 오랜 기간 배당금을 지급해 왔다.

▶ 배당금 지급 이후에도 탄탄한 현금 보유액을 유지한다.

기업이 약속한 배당금을 지급할 수 있을까?

수년 동안 지급해 온 배당금 지급 액수로
그 기업의 실적 추이를 살펴보면 그
기업이 미래에 정기적으로 소득을 안겨 줄
장기적 투자 대상으로 바람직한가 여부를
알 수 있다. 꾸준한 수익을 창출하며
오래되고 규모가 큰 기성의 기업일수록
주주들에게 안정적으로 배당금을
지급하는 경향이 있다.

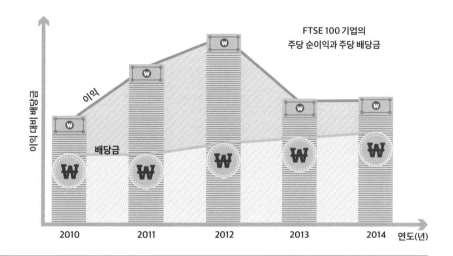

FTSE 100 기업의
주당 순이익과 주당 배당금

이익

배당금

2010   2011   2012   2013   2014   연도(년)

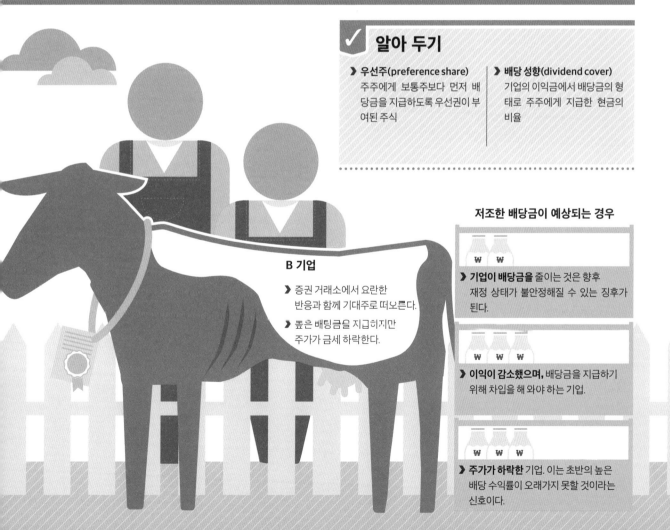

✔ 알아 두기

▶ **우선주(preference share)**
주주에게 보통주보다 먼저 배
당금을 지급하도록 우선권이 부
여된 주식

▶ **배당 성향(dividend cover)**
기업의 이익금에서 배당금의 형
태로 주주에게 지급한 현금의
비율

B 기업

▶ 증권 거래소에서 요란한
반응과 함께 기대주로 떠오른다.

▶ 높은 배팅금을 지급하지만
주가가 금세 하락한다.

저조한 배당금이 예상되는 경우

W W

▶ **기업이 배당금을 줄이는 것은** 향후
재정 상태가 불안정해질 수 있는 징후가
된다.

W W W

▶ **이익이 감소했으며,** 배당금을 지급하기
위해 차입을 해 와야 하는 기업.

W W W

▶ **주가가 하락한** 기업. 이는 초반의 높은
배당 수익률이 오래가지 못할 것이라는
신호이다.

저축으로 소득 창출하기

신중한 투자자들에게는 위험이 낮은 편인 저축 예금과 정기 적금이 더 안전한 선택으로 받아들여진다. 하지만 그런 만큼 이것이 생계를 유지할 수 있을 만한 충분한 소득을 '벌어줄' 수단이 될 것인지도 고려해야 할 것이다.

저축 예금이냐 정기 적금이냐?

모든 투자 상품은 위험성과 수익성, 두 요소의 득과 실이 상충하는데, 저축 예금과 정기 적금도 예외는 아니다. 저축 투자의 득은 위험이 최소라는 점이며, 실은 아주 높은 수익을 기대하기 어려울 수 있다는 점이다. 인플레이션이 발생하면 그조차도 손실로 뒤집힐 수 있다. 수익성이 아주 높은 저축 상품들은 위험도 그만큼 높은 경향이 있다.

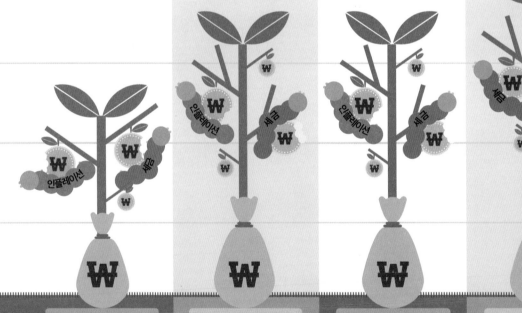

요구불 예금
- 저수익, 저위험
- 최소 납입 금액 의무 규정이 없다.
- 현금 인출은 예금주가 요구하면 즉시 가능하다.

통지 예금
- 저수익에서 중수익, 저위험
- 최소 예금액 의무 규정이 있는 경우도 있다.
- 현금 인출은 사전통지와 협의가 있어야 한다.

최소 개월 거치식 예금
- 저수익에서 중수익, 저위험
- 금리는 더 높지만 제한이 있다.
- 상당한 수익을 올리기 위해서는 예금액이 커야 한다.

양도성 예금 증서(CD)
- 저수익에서 중수익, 저위험
- 고정 금리
- 정기 예금(1개월~5년)이므로 만기까지 현금은 인출할 수 없다.

저축 소득의 원리

저축 예금과 정기 적금은 주식이나 투자 전문 기관에 위탁하는 관리 운용 펀드 같은 변동성 높은 투자 상품과는 달리 아주 낮은 위험에 보장된 수익을 제공해 왔다. 하지만 금리가 낮은 시기에는 적당한 소득원이 될 만큼 높은 수익을 돌려주는 저축 예금이나 정기 적금은 찾기가 어렵다. 그런 시기에는 많은 저축 투자자가 변동 금리의 이점을 활용해 지속적으로 최신 금리 조건을 모니터링하면서 가능한 최대치의 이자 소득을 벌어 줄 상품을 선택한다. 예금 액수가 클 경우에는 미세한 금리 변화만으로도 소득에 큰 차이가 날 수 있다.

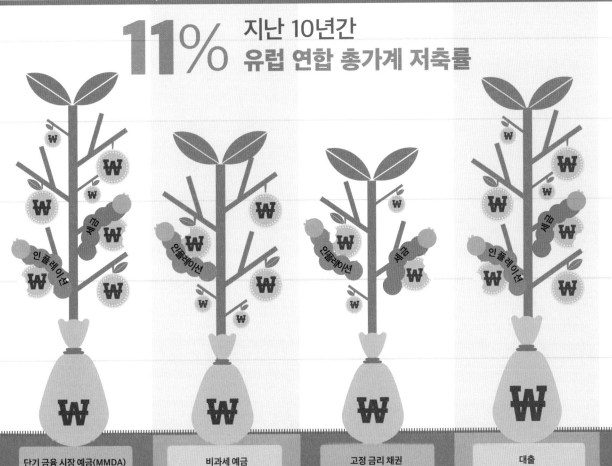

11% 지난 10년간
유럽 연합 총가계 저축률

단기 금융 시장 예금(MMDA)	비과세 예금	고정 금리 채권	대출
➤ 중수익에서 고수익	➤ 중수익에서 고수익	➤ 중수익에서 고수익	➤ 중수익에서 고수익
➤ 고위험이지만, 일부 은행은 예금자 보호를 제공한다.	➤ 수익이 차감되지 않는, 절세 혜택	➤ 고위험이 될 수 있지만, 일부 은행은 예금자 보호를 제공한다.	➤ 중간 위험, 수익 잠재성이 높다.
➤ 고금리이지만 고액 예금이 요구되며 대개 거치 기간이 제한적이다.		➤ 고금리이며, 일부 펀드는 이자 수익 재투자가 가능하다.	➤ 자본 이자 지급

관리 운용 펀드에 투자하기

관리 운용 펀드는 투자 전문가 또는 투자 기관이 개인 투자자를 대신하여 주식을 매매하고
운용하는 간접 투자 상품으로, 투자자 개인은 자신의 돈에 일어나는 일을 직접 통제할 수 없다.

관리 운용 펀드의 원리

개인 투자자가 관리 운용 펀드에 돈을 넣으면, 그 돈을 다른 투자자들의 돈과 모아 펀드를 구성한다. 펀드 매니저가 그 펀드의 총액을 주식에 투자하거나 또는 채권이나 부동산 대출 등 여러 유형의 자산을 조합하여 투자한다. 펀드에서 이자가 발생하면, 투자 원금 대비 이자 수익금을 각 개인 투자자에게 지급한다. 개인 투자자는 단일 자산 투자 펀드를 선택할 수도 있고 여러 자산에 분산 투자하는 멀티 에셋 펀드를 선택할 수도 있다. 멀티 에셋 펀드는 한 자산의 실적이 낮더라도 다른 자산의 높은 수익으로 손실을 상쇄할 수 있다는 장점이 있다(188~189쪽 참조). 관리 운용 펀드는 능동적으로 관리되는 액티브 펀드(뮤추얼 펀드)와 수동적으로 관리되는 패시브 펀드(인덱스 펀드)로 나뉜다. 액티브 펀드는 시장의 수익률을 초과하는 고수익을 추구하며, 패시브 펀드는 낮은 수수료에 시장 수준의 수익률을 목표로 삼는다.

절차

관리 운용 펀드에 투자하기로 결정한 개인 투자자는 가능한 한
안전하면서도 높은 수익을 낼 수 있도록 일련의 결정을 거치게 된다.

① 관리 운용 펀드의 유형

액티브 펀드
펀드 매니저가 시장 수익률보다 높은 수익을 올리기 위해 성장 가능성이 높은 종목을 발굴해 개별 주식에 능동적으로 투자

패시브 펀드
S&P 500같은 특정 시장의 주식에 투자하는 펀드

단일 자산 펀드
모금된 모든 자금을 주식이든 채권이든 한 유형의 자산에 투자하는 펀드

멀티 에셋 펀드
모금된 자금을 여러 가지 다른 유형의 자산에 분산해서 투자하는 펀드

상장 펀드
주식시장에 상장되어 거래가 가능한 펀드에 투자하는 유형

비상장 펀드
비상장 기업의 주식을 매매하는 펀드로, 펀드 매니저를 통해서만 거래된다.

② 펀드 고르기

위험
개인 투자자는 투자 금액에서 어느 정도까지 손실을 감수할 것인지 결정해야 한다.

기간 설정
어느 시점에 투자했느냐가 투자의 조건에 영향을 미칠 것이다.

상품 공시서
개인 투자자는 투자하기 전에 수수료나 해약금, 손실 금액에 대한 보호 규정, 투자 성과 보장 등 투자 상품의 세부 정보를 꼼꼼히 확인해야 한다.

장기 실적 개인 투자자는 시장을 조사하여 자신이 투자한 상품 가운데 지속적으로 좋은 성과를 내는 종목을 파악해야 한다.

관리 운용 펀드의 위험과 수익

일반적으로 자산의 변동성이 높을수록 수익도 높다. 위험을 최소화하면서 고수익을 달성하기 위해서는 여러 자산에 분산 투자하는 펀드가 유리하다.

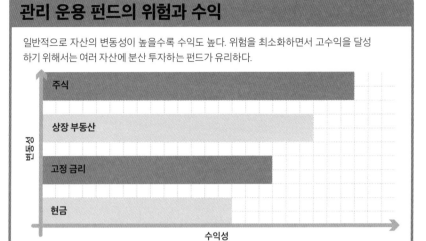

- 변동성 (세로축)
- 수익성 (가로축)
- 주식
- 상장 부동산
- 고정 금리
- 현금

✓ 알아 두기

❱ **시장 지수(market index)**
단일 시장의 주식과 채권 실적을 반영하는 지표

❱ **지수 차익 거래(index arbitrage)**
동일 종목의 선물과 현물 지수 간 가격 차이를 이용해서 수익을 얻는 투자 전략(64~65쪽 참조)

❱ **인덱스 펀드(index fund)**
S&P 500지수(아래 참조)같이 하나의 특정 시장의 주식으로 구성된 투자 펀드

각종 지수들

❱ **FTSE 100** 영국 100대 기업의 지수
❱ **FTSE 전 종목 지수(FTSE all-share)** 런던 증권 거래소에 등록한 모든 기업의 지수
❱ **다우 존스 지수(Dow Jones)** 미국 30대 기업의 지수
❱ **S&P 500지수(Standard & Poors 500)** 미국 500대 기업의 지수
❱ **윌셔 5000지수(Wilshire 5000)** 미국 모든 기업의 지수
❱ **MSCI EAFE** 유럽 및 태평양 21개국의 주식 시장

③ 펀드 구매하기

 등록 펀드 매니저는 증권 감독 기관에 등록되어 있어야 한다.

 직접 투자 온라인 증권 서비스 플랫폼을 통해서 개인이 직접 펀드를 매매할 수 있다.

 전문가 조언 투자 전문가들이 지출할 금액과 매수할 단위에 대해 자문해 줄 수 있다.

 다각화 여러 종목의 펀드에 투자 잠재 위험을 줄일 수 있다.

 수수료 투자자는 수수료를 낮추기 위해서 애를 쓴다. 수수료가 높을수록 수익이 낮아지기 때문이다.

 중도 해지 원칙적으로 중도 해지가 불가능한 펀드는 중도에 매도할 때 해약금을 물어야 한다.

④ 펀드 관리하기

정기 실적 보고서 매월 또는 분기별로 이익과 손실 등 최신 실적을 보고한다.

위험 신호 증권 감독 기관은 시장 선선성을 위해서 투자 주의 환기 종목·관리 종목·투자 주의 종목·투자 경고 종목·투자 위험 종목 등의 정보를 공시한다. 위험이 없는 고수익 상품은 조사 대상이 될 수 있어 각별히 경계해야 한다.

문서 매매 또는 중개 영수증, 연례 요약 보고서, 그 밖의 문서 자료는 모두 모아 두어야 한다.

부동산 투자를 통한 임대 소득

잠재적으로 가장 높은 수익을 가져올 수 있는 투자 중 하나인 부동산은 채권 같은 금융 상품과는
다른 위험 부담이 있으며, 거래에 비용이 발생하며 보수 관리가 필요하다는 단점도 있다.

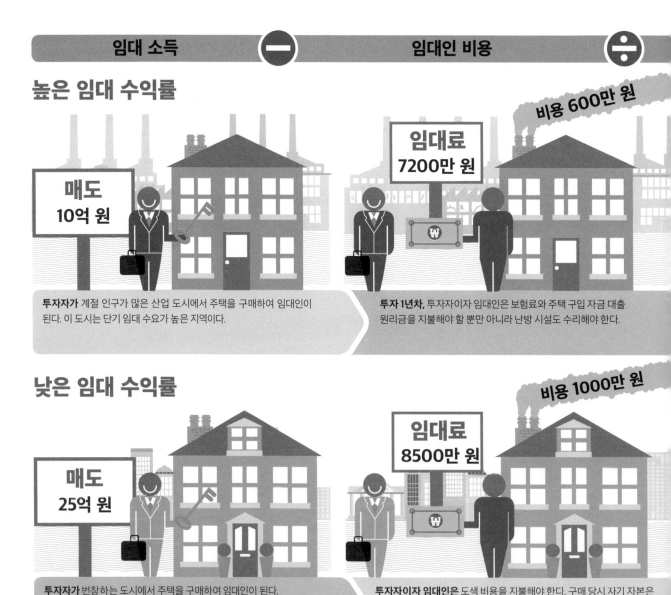

| 임대 소득 | — | 임대인 비용 | ÷ |

높은 임대 수익률

매도
10억 원

임대료
7200만 원

비용 600만 원

투자자가 계절 인구가 많은 산업 도시에서 주택을 구매하여 임대인이
된다. 이 도시는 단기 임대 수요가 높은 지역이다.

투자 1년차, 투자자이자 임대인은 보험료와 주택 구입 자금 대출
원리금을 지불해야 할 뿐만 아니라 난방 시설도 수리해야 한다.

낮은 임대 수익률

매도
25억 원

임대료
8500만 원

비용 1000만 원

투자자가 번창하는 도시에서 주택을 구매하여 임대인이 된다.
집값이 비싸지만 사람들은 단기간만 임대하다가 자신의 집을 산다.

투자자이자 임대인은 도색 비용을 지불해야 한다. 구매 당시 자기 자본은
최소한이고 큰 금액을 대출받았기 때문에 원리금 상환 부담이 높다.

임대 소득의 원리

저금리 주택 구입 자금 대출과 상대적으로 높은 임대료 덕분에 전 세계적으로 부동산은 인기 있는 투자 대상이 되었다. 하지만 대출금에 대한 정기적인 이자 지불, 보험, 중개 수수료, 관리와 유지 보수 비용 등 임대인(집주인이나 건물주)에게는 많은 지출이 따르며 주택 관리에 시간도 많이 들 수 있다. 또한 내놓은 집이 나가지 않고 오랫동안 비어 있거나 임차인이 월세 등의 임대료를 내지 않거나 시설에 훼손이 생기는 등 재정적 손실이 발생할 위험도 있다. 일반적으로 부동산 투자의 성공 여부는 정기적 임대 수입 발생 여부로 판단한다.

| 부동산 매매 원가 | | 100 | | 임대 수익률 |

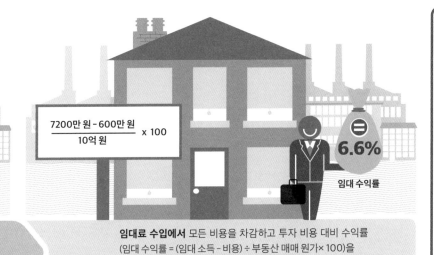

$$\frac{7200만 원 - 600만 원}{10억 원} \times 100$$

6.6%
임대 수익률

임대료 수입에서 모든 비용을 차감하고 투자 비용 대비 수익률
(임대 수익률 = (임대 소득 − 비용) ÷ 부동산 매매 원가×100)을
따져보니 전국 평균보다 높은 수익률이 나왔다.

높은 임대 수익률의 의미

❯ **이민자 또는 임시 거주 인구가 많다.** 그들은 그 지역의 일자리 기회를 이용하기 위해 단기 임대를 구하지만 주택을 구매할 의사가 없거나 능력이 되지 않는다.

❯ **임대 수입이 꾸준히 발생했고** 부동산 가격이 하락했다. 예를 들어 급여 수준이 높아서 새로운 인구를 유인하는 도시의 임대 수요가 높아진 경우이다.

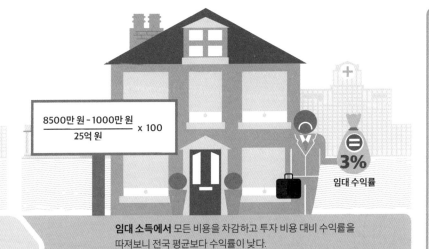

$$\frac{8500만 원 - 1000만 원}{25억 원} \times 100$$

3%
임대 수익률

임대 소득에서 모든 비용을 차감하고 투자 비용 대비 수익률을
따져보니 전국 평균보다 수익률이 낮다.

낮은 임대 수익률의 의미

❯ **임대 수입이 꾸준히 발생했고** 부동산 가격이 상승했다. 예를 들어 저금리가 부동산 버블을 유발해 임대료와 소득 대비 주택 가격이 상승한 경우이다.

❯ **임대 수요가 감소해** 임대료가 부동산 가격보다 느리게 상승했다. 예를 들어 금리가 낮고 실업률이 낮아 임차인들의 주택 구매 의사가 커진 경우이다.

생명 보험

생명 보험은 일반적으로 보험 계약자가 사망할 때까지 소득을 창출하지 않으며, 그 혜택은 가족에게 돌아간다. 보험금은 장기간 나누어 정기 지급하거나 목돈을 일시금으로 지급하는 두 가지 방식이 있다.

생명 보험의 원리

사람들은 생명 보험을 가리키는 두 용어 '생명 보험(life insurance)'과 '생존 보험(life assurance)'을 구분 없이 사용하기도 하지만, 실은 다른 개념이다. 생존 보험은 불가피한 사건(사망)에 대한 보험이며, 생명 보험은 약정된 기한(예를 들면 계약 체결일로부터 50년 동안) 이내에 발생할 수 있는 사망의 가능성에 대한 보험이다. 따라서 50년 약정 생명 보험 가입자가 기한이 되기 전에 사망할 경우에는 수익자(가족 등)에게 보험금이 지급된다. 하지만 계약 체결일로부터 51년 이후에 사망할 경우에는 지급금이 없다.

이와 달리 생존 보험은 가입자의 사망 시기에 관계없이 보험금을 일시금으로 지급하며, 약정 기한 이후까지 생존할 경우에도 지급한다.

생명 보험 전매 제도

▶ **생명 보험 정산 거래** 생명 보험 전매 회사가 보험 계약자로부터 현금 가치보다는 높지만 사망 보험금보다는 낮은 가격에 보험 증권을 사들인다. 전매 회사는 남은 보험금을 완납하며 원 보험 계약자가 사망하면 보험사로부터 사망 보험금을 받는다. 주로 고령자들이 생명 보험을 해약하고 다른 보험에 가입하고 싶거나 보험료를 납부할 형편이 되지 않을 때 이 전매 거래를 이용한다.

▶ **말기 환금 거래** 생명 보험 정산과 기본 방식은 같지만, 의료비 부담 등으로 곤궁해진 암이나 AIDS 등의 말기병 환자가 이용할 수 있는 전매 거래이다.

생명 보험

체감 정기 보험
시간이 길어질수록 사망 지불금이 감소하는 상품으로, 평균 정기 보험보다 보험료가 낮다.

가족 소득 보험
계약자가 사망할 경우, 청구일로부터 약정 기간이 끝날 때까지 가족들에게 매달 약정 금액을 지급하는 특약 상품. 보험료는 낮지만 이 상품으로는 주택 구입 자금 대출의 규정을 충족시키지 못한다.

생명 보험
기간제 생명 보험이라고 부른다. 생명 보험은 약정 기간 내에 계약자가 사망할 경우에 보험 수익자에게 보험금을 지급한다. 보험료는 저렴하지만, 계약자가 약정 기간 이후 생존할 경우에는 아무 혜택이 없다. 대부분의 주택 구입 자금 대출 약관은 차주가 생명 보험 증권을 소지해야 한다고 규정한다.

변액 보험
보험 본래의 보장 기능에 저축이나 펀드 등의 투자 요소를 결합한 영구성 생명 보험 상품. 별도로 해약 환급금 축적 계좌를 투자에 운용하며, 이 계좌는 과세 유예 대상이다.

평균 정기 보험
약정 기간 중 사망할 경우 일시불로 사망 보험금을 지급한다. 약정 금액에 변동이 없으므로 계약자는 사망 시 얼마가 지급될지 정확히 알 수 있다. 보장 기간이 길수록 보험료가 비싸다.

생존 보험

양로 보험
사망과 만기 생존에 동일한 보험금이 지급되는 생명 보험(구 생사 혼합 보험)으로, 사실상 보험이 결합된 투자 상품. 원금 상환 없이 이자만 내므로 저축을 통해 대출금을 상환하는 주택 구입 자금 대출 이용자에게 인기 있었다.

유배당 생명 보험
유배당 종신 생명 보험은 투자 요소가 포함되어 있어 사망 시 보험금에 투자 이익 배당금이 추가되어 지급된다.

50대 이상 생명 보험
아직까지 생명 보험이나 생존 보험 범주의 어떤 보험에도 가입하지 않은 50세 이상을 대상으로 설계된 이 상품은 사망 시 장례 비용을 보장한다.

공통 분모

종신 생명 보험
이 상품은 정해진 기간 없이 평생 동안 계약자에게 보험을 제공하며, 보험료를 처음부터 빠지지 않고 납부하는 한 연령과 무관하게 사망 시 일시금을 지급한다.

생존 보험
생존 보험은 계약자의 사망 시기와 무관하게 계약 만기에 보험금 지급을 보장하는 상품이다. 이 상품은 미래의 상속세를 지불하기 위한 수단으로도 사용할 수 있다. 보험금 지급을 보장하는 생존 보험은 월간 또는 연간 납부 금액이 생명 보험보다 높게 책정될 수밖에 없다. 이 보험은 장기 투자 수단으로도 적합하다.

최대 보장형 생명 보험
이 상품은 중간 심리까지 낮은 보험료로 높은 수준의 보장을 제공한다. 심리 후에도 같은 수준의 보장을 제공하기 위해서는 대부분의 경우 보험료가 대폭 인상된다.

유니버설 생명 보험
보험금의 현금 가치를 높이기 위해 저축과 투자가 결합된 상품. 현금 가치가 올라가면 보험 수령액도 증가하며 보험료도 변동될 수 있다. 계약자는 적금에서 발생한 이자로 보험료를 지불할 수 있다.

균형 보장형 생명 보험
보험료를 높이 책정한 대신 보험 약정 기간 내내 보험료에 변동이 없는 상품이다. 시간이 경과하면 추가적인 보장을 제공하기 위해 보험료 일부가 투자에 투입된다.

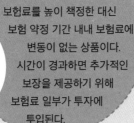

재산을 구축하는 투자

투자의 목적은 소득(예를 들면 퇴직 자금)을 창출하거나 재산을 구축하는 것이다. 하지만 두 기능이 겹치는 경우도 적지 않다. 투자 자산에서 소득이 창출될 경우, 그 돈을 재산으로 구축하기 위해서 재투자할 수 있다. 재산을 구축하기 위한 투자에는 소득은 창출하지 않지만 충분한 시간이 지나 가치가 상승하면 판매해서 이익을 얻을 수 있는 유형의 자산도 있다.

투자를 통해서 재산 구축하기

투자 전문가들은 이구동성으로 재산을 늘리기 위한 최선의 방법은 저축을 통해서 더 많은 돈을 모으는 것과 시간이 지남에 따라 소득이나 가치 또는 둘 다를 아울러 창출할 자산을 구입하는 것이라고 말한다. 재산을 구축하기 위해서는 투자 수익으로 생계비가 마련되거나 생계비를 초과하는 수익이 나와야 한다. 그러므로 투자자는 시장을 예의주시하면서 특히 금리와 인플레이션을 중심으로 경제 뉴스를 실시간으로 파악해야 한다.

소득을 창출하는 투자

이 투자는 연간 또는 분기당 수입 또는 월수입의 형태로 소득이 발생한다. 이 소득을 지출하지 않고 재투자한다면 자산 가치는 계속해서 커 나갈 것이며 이를 통해 장기적으로는 더 많은 재산을 구축할 수 있을 것이다.

은행 계좌의 현금
장기 예·적금은 일반적으로 더 높은 이자를 지급하지만, 중도 해지로 현금을 인출할 경우에는 해약금이 발생할 수 있다.

구축 | 모니터링과 유지 | 확장

투자 가치
투자 단계

소득을 창출하는 투자와 시간이 지남에 따라 가치가 상승하는 투자가 재산이라는 건축물을 쌓아올리는 블록이 된다.

자신의 투자 포트폴리오를 면밀히 모니터링하면서 성과를 내지 못하는 항목은 매도하는 것이 재산을 유지하고 늘리는 데 도움이 된다.

투자에서 발생한 이자와 임대료, 배당금 소득을 재투자하여 수익을 극대화한다.

노령자 연금
퇴직 후 소득 창출을 목적으로 설계된 제도로, 종종 절세 혜택이 제공되므로 더 큰 소득 잠재력을 갖춘 투자가 될 수 있다.

관리 운용 펀드
은행 저축보다 위험은 더 높지만 펀드 매니저들의 투자가 성공적으로 운용된다면 훨씬 더 큰 소득이 창출될 수 있다 (184~185쪽 참조).

7~9%

제2차 세계 대전 이래
주식 포트폴리오에서 발생한
평균 연간 이익률

투자를 통해 재산 구축하기

❯ **일찍 시작하기** 젊은 나이에 투자를 시작하면 일반적으로 위험에 유연하게 대응할 수 있으며, 손실이 발생할 경우 이를 회복할 수 있는 시간을 버는 셈이다.

❯ **신중한 접근** 개인 투자자는 투자 포트폴리오를 구성하기에 앞서 반드시 자신의 재무 상태와 투자 목표를 점검한다.

❯ **계획은 단순하게** 계획을 단순하게 설계할수록 모니터링과 관리가 용이하며, 목표를 달성할 가능성이 높아진다.

❯ **균형 잡힌 포트폴리오** 투자 자산의 일정 부분을 주기적으로 매수 및 매도함으로써 포트폴리오의 균형을 재조정할 수 있는데, 투자자가 처음에 설계했던 계획에 현 시점의 위험 수준을 반영한다면 목표 성취에 도움이 된다. 이 과정에 수수료가 발생할 수 있다.

골동품
이 항목 투자자에게는 진품 식별 능력이 있어야 하며, 물건을 찾기 위해 반품하는 데 기꺼이 시간을 쓸 수 있어야 한다.

미술품
미술품 투자에는 경력 초반의 장래가 촉망되는 화가의 작품이 좋은 시작점이 될 것이다.

주식
정기적으로 배당금이 지급되며 장기적으로 가치가 상승할 수 있는 주식은 최고의 재산 확대 수단이 될 수 있다(182~183쪽 참조).

가치가 상승하는 투자
이 유형의 투자는 소득을 창출하지는 않지만 시간이 지남에 따라 가치가 크게 상승할 수 있다.

부동산
부동산은 시간이 지남에 따라 가치가 상승할 수 있으며, 임대 부동산의 경우에는 정기 수입까지 발생할 수 있다
(176~177쪽 참조).

보석
보석의 가치는 일반적으로 물가 상승률과 동반하여 상승한다. 소매가와 도매가의 차이가 커서 도매상에게 원석을 구매하는 것이 가장 좋지만, 단기간에 비싼 값에 팔기 어려우므로 장기적 투자로 봐야 한다.

금
금은 일반적으로 시간이 흘러도 가치가 유지되는 자산이지만, 장기적 투자로 보는 것이 좋다. 단기간에 높은 값에 팔 수 있다는 것이 보석과 다른 점이다.

부동산에 투자하기

부동산으로 돈을 벌 수 있는 방법은 다양하지만, 각 방법에는 많은
연구와 관리가 필요하며 잠재적 위험이 존재한다.

부동산 투자의 원리

부동산은 주식이나 채권 등 대부분의 투자 대상과 달리 자산을 매입하는 데 필요한 전체 금액을 다 지불할 필요가 없고 보증금에 해당하는 액수만 지불하면 된다. 대부분의 대출 기관이 보증금으로 요구하는 액수는 총 자산 가치의 25~30퍼센트 가량이며, 잔액은 대출(주택 구입 자금 대출)을 통해서 지불할 수 있다.

재산 축적을 위한 부동산 투자는 가치가 낮을 때 사서 이익을 내고 파는 것이며, 이익금은 다른 부동산을 사기 위한 자금으로 사용한다. 이를 행하는 방법은 몇 가지가 있다. 우선 집을 구입하여 개조해서 이익을 남기고 팔거나, 집값이 싼 지역의 집을 구입한 뒤에 그 지역의 집값이 오르기를 기다리는 것이다. 불경기 때 집을 구입하면 경기가 호전될 때 큰 보상을 얻을 수 있다. 임대 목적으로 주택을 구입하면 주택 구입 자금 대출금을 상환할 소득이 창출되며, 그 초과분은 또 다른 부동산 투자를 위한 보증금으로 사용할 수 있다.

30%
2004~2009년
미국의 집값 하락률

어떻게 투자할 것인가

부동산으로 돈을 버는 것은 결승선에 도달하기까지 곳곳에서 단기적 좌절과 성공을 만나면서 오르막과 내리막을 견뎌야 하는 기복 심한 게임이다. 장기적으로 성공할 수 있느냐 여부는 투자자의 전략에 달려 있다. 여기에는 고려해야 할 몇 가지 요소가 있는데, 신중한 재무 계획, (부동산 시장의 오름세와 내림세를 적절히 이용하기 위한) 적기 선택, 철저한 지역 조사, 상업용 대 주거용 투자 옵션에 대한 감정, 금리 등의 경제 지표에 대한 명확한 이해 등이다.

✓ 알아 두기

▶ **시장 가치(market value)**
구매자가 특정 시점에 부동산(이나 기타 자산)에 대해 기꺼이 지불할 수 있다고 인정하는, 즉 거래가 성립할 수 있는 가격을 말한다.

▶ **시가 이하(below market value, BMV)**
해당 지역의 다른 유사한 유형의 부동산 평균 가격(시장 가치)보다 훨씬 낮게 책정하는 것

▶ **임대 목적 주택 구입용 주택 구입 자금 대출 (buy-to-let mortgage, BTL)**
일정 기간 임대할 목적으로 부동산을 구입하는 투자자를 위한 주택 구입 자금 대출

▶ **판매 목적 주택 구입용 주택 구입 자금 대출 (buy-to-sell mortgage, BTS)**
구입 직후 판매할 목적으로 부동산을 구입하는 투자자를 위한 주택 구입 자금 대출

▶ **자본 환원율(capitalization rate)**
투자 부동산의 잠재 수익률(부동산 가격 대비 순영업 소득의 비율)로, 높을수록 좋다.

▶ **운영 경비(operating expenses)**
보험료, 수리비 등 부동산을 운영하는 데 월 또는 연 단위로 계속해서 발생되는 경상 비용

▶ **신용 보고서(credit report)**
신용 등급 등 신용 이력을 상세히 기록한 보고서로, 개인의 신용도를 판단할 때 참조한다.

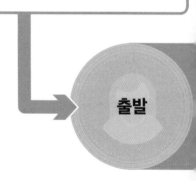

출발

기다릴까? 아니면 팔까?

부동산 가격이 멈춰 있거나 상승 폭이 미미한 경우에는 시장이 개선될 때까지 팔지 말고 기다리는 것이 낫다.

장기 투자가 되었든 단기 투자가 되었든 상관없이 적시에 판매할 때 추가로 구매할 자본이 형성된다.

판다

마무리

집값 하락

재투자

부동산 유지 보수

유지·보수는 자본 투자를 보존하기 위한 필수 사항이다. 집주인은 정기적으로 주택 또는 건물을 꼼꼼하게 살펴야 하며 보수 작업 이행 증거 자료로서, 그리고 세금 신고 목적으로 영수증을 보관해야 한다.

집값 상승

구입

구매자는 다양한 부동산(아파트와 단독주택 모두)의 가격, 위험성, 수익률을 비교해야 하며 침실 수를 고려해야 한다.

좋은 팀 짜기

부동산 투자를 처음 시작할 때부터 좋은 융자 중개업자, 법무사를 갖추어야 한다. 그밖에 회계사와 건축업자 팀을 찾는 것도 중요하다. 부동산 중개업자도 큰 도움이 될 수 있다.

한 가지 유형으로 전문화하기

대학가 학생용 숙소 등 한 유형의 부동산에 집중하는 것이 좋다.

팔림

유능한 융자 중개업자가 적절한 대출 상품을 찾도록 도와준다

조사

새로운 쇼핑몰 등 성장 가능성이 있는 저평가 지역이 좋은 투자 대상이 될 수 있다.

예산 검토

비용(운영 경비와 주택 구입 자금 대출 원리금 상환 비용)과 소득(임대 소득이나 자본 이득, 또는 둘을 합산한 금액)의 수지를 맞추어야 한다.

재무 불이행 (대출 기관이 회수)

금리

금리 상승(또는 하락)이 주택 구입 자금 대출 원리금 상환 비용에 영향을 미칠 수 있다.

금리

주택 구입 자금 대출 상품 선택하기

부동산 투자를 시작하려면 먼저 주택 구입 자금 대출 옵션을 살펴보고 자신의 자격 여부를 확인해 대출 가능 액수를 알아 두어야 한다.

대출금을 상환할 여력이 되지 않는다

상속받은 돈을 투자 자금으로 사용한다

저축

보증금(저축) 금액이 높을수록 주택 구입 자금 대출에서 우대 금리를 제공받을 가능성이 높아진다.

신용 등급 관리하기

부동산 구매자는 신용 보고서 사본을 갖고 있어야 하며(대개는 온라인에서 무료로 발급), 필요한 경우에는 등급을 올릴 방법을 찾아야 한다.

이익을 위한 부동산 사고팔기

부동산 투자를 통한 재산 늘리기의 핵심은 언제 사고 언제 팔아야 할지를 아는 것이다. 부동산 시세도 금융 시장과 마찬가지로 경기에 따라 주기적으로 상승하거나 하락한다. 금리와 물가 상승률, GDP 성장률, 고용, 사회 기반 시설 건설, 이민 같은 요인이 전부 부동산 가격에 영향을 미칠 수 있다. 부동산 투자의 성공 비결은 부동산 시장의 흐름을 평가하고 최적의 매입 및 매각 시점, 적절한 투자 유형을 찾아내는 것이다.

부동산 주기

한 세기 이상의 부동산 추이를 연구해 온 경제 전문가들은 부동산 가격 상승과 하락이 경제적 및 사회적 사건과 경향에 의해 촉발되며, 그 변동 추이에는 뚜렷한 패턴이 존재한다는 결론을 내렸다. 부동산 건축 붐이 일어났다가 침체되고 가격 폭락이 뒤따른다. 그러다가 주택 시장이 회복되기 시작해 다시 붐이 형성된다.

상업용 대 주거용

상업용 부동산

투자 대상으로 상업용 부동산은 주거용 부동산이나 장기 임대보다 훨씬 높은 임대 수익을 제공하지만, 자본 성장 가능성은 낮다. 상업용 부동산은 주택 구입 자금 대출을 받기가 어려울 수 있지만 상업용 부동산 펀드를 통한 투자가 가능하다.

주거용 부동산

투자 대상으로 주거용 부동산은 임대를 하든 다시 판매하든 상업용 부동산보다 수익성 면에서 더 예측하기가 쉽다. 하지만 언제나 중요한 것은 위치이다. 주거용 부동산은 상업용 부동산보다 가치 평가가 더 용이한데, 이 점이 팔고자 할 때 유리하게 작용할 수 있다.

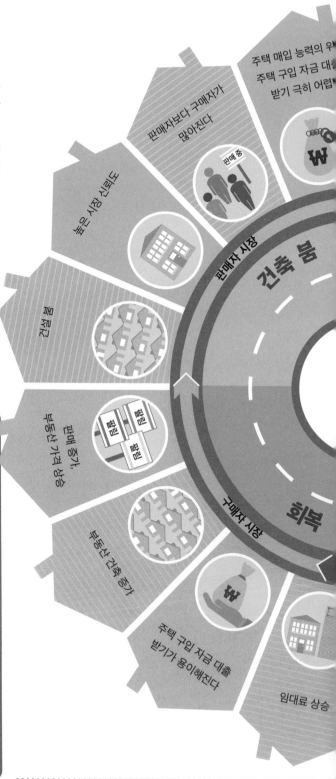

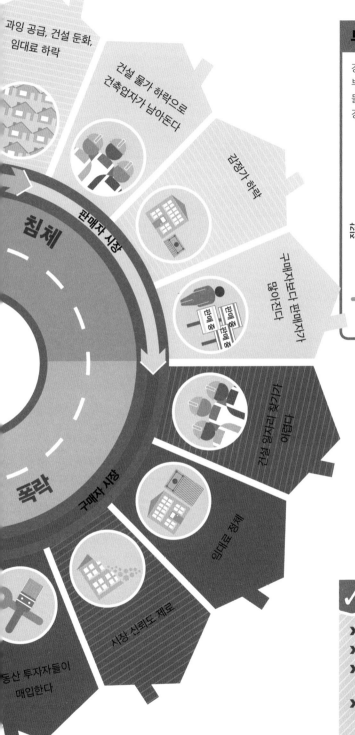

과잉 공급, 건설 둔화,
임대료 하락

건설 물가 하락으로
건축업자가 남아돈다

감정가 하락

구매자보다 판매자가
많아진다

침체

판매자 시장

건설 일자리 찾기가
어렵다

구매자 시장

임대료 정체

폭락

시장 신뢰도 제로

동산 투자자들이
매입한다

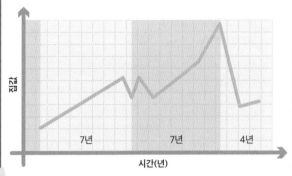

부동산 시장 18년 주기론

경제 전문가 필립 앤더슨(Philip J. Anderson)은 지난 200년간의 미국 부동산 시장 연구를 기반으로 부동산 시장의 상승과 하향이 18년 주기로 돌아간다고 주장했다. 앤더슨은 이 연구에서 토지 매매와 부동산 건설 경기가 평균 18년마다 정점에 오른다는 것을 보여 주었다.

집값 / 시간(년) / 7년 7년 4년

8.75%
1968~2015년 **47년간**
영국의 연평균
집값 상승률

✓ 알아 두기

▶ **가치 상승(appreciation)** 시간이 지나며 부동산 가치가 올라가는 것
▶ **가치 하락(depreciation)** 시간이 지나며 부동산 가치가 떨어지는 것
▶ **자본 이득(capital gain)** 부동산 등의 가치가 구매 가격보다 상승해 얻는 이익. (1년 이하) 단기간에 발생할 수도, 오래 걸릴 수도 있다.
▶ **구입-리모델링-자금 재조달 전략(BRR)** 매입한 부동산을 단장해 더 높은 가격에 판매, 이익금을 다른 부동산 투자 자본화하는 전략

주택 순자산

부동산 가치의 한 척도인 주택 순자산(home equity)은 주택 구입 자금 대출을 받아 집을 샀을 경우, 주택의 현재 가치에서 그 대출금의 잔액을 뺀 금액이다. 즉 집이 팔렸을 때 그 집의 소유자가 현금으로 갖게 되는 금액이다.

주택 순자산의 원리

부동산의 순자산은 부동산의 실제 가치에서 이 부동산과 관련한 모든 미지불 채무를 뺀 값으로 계산한다. 주택 구입 자금 대출을 상환하거나 부동산 가치가 상승하면, 부동산 순자산 총액이 증가한다. 금융 기관은 담보 인정 비율(loan-to-value ratio, LTV)로 주택 순자산을 산출하는데, 이는 대출금 잔액을 그 주택의 현재 시세로 나눈 값이다. 담보 인정 비율이 낮을수록(80퍼센트 미만) 주택 담보 대출 위험이 낮은 것으로 평가된다.

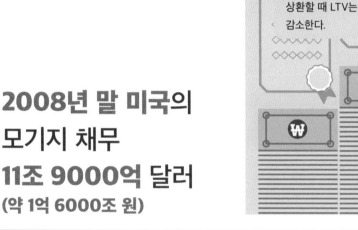

대출
주택 구입 자금 대출을 상환할 때 LTV는 감소한다.

✓ 알아 두기

▶ **담보(collateral)**
차용인이 대출금을 지불하지 않을 경우 대출 기관이 취할 부동산 또는 자산

▶ **홈에쿼티론(주택 담보 대출, home equity loan)** 주택 소유주의 주택 순자산을 담보로 삼는 대출 상품

▶ **주택 순자산(equity)**
부동산의 현재 가치에서 대출금 잔액을 뺀 값

2008년 말 미국의 모기지 채무 11조 9000억 달러 (약 1억 6000조 원)

플러스 순자산

부동산의 실제 시장 가치가 주택 구입 자금 대출 형태의 채무 금액보다 높다면, 그 부동산은 순자산 플러스 상태가 된다.

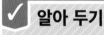

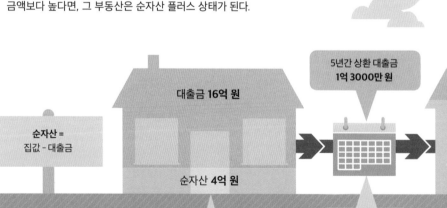

순자산 = 집값 - 대출금

대출금 16억 원

순자산 4억 원

주택 가치 = 20억 원

5년간 상환 대출금 1억 3000만 원

주택 가치 증가 10억 원

대출금 14억 7000만 원

플러스 순자산 15억 3000만 원

현재의 주택 가치 = 30억 원 - 현재의 대출 금액 = 14억 7000만 원

대출, 가치, 순자산

순자산은 부동산의 시장 가치와 그 부동산을 담보로 한 대출 금액에 따라 변화한다. 어떤 주택을 4억 원의 대출을 받아 5억 원에 구입했다면, 그 주택의 순자산은 1억 원이 된다. 대출금을 갚아가면서 그로부터 5년 뒤에 대출 잔액이 3억 원이 되었지만 그 집값이 3억 원 이하로 떨어졌다면, 그 주택은 대출액이 시장 가치보다 큰 마이너스 순자산(속칭 '깡통 주택') 상태가 된다.

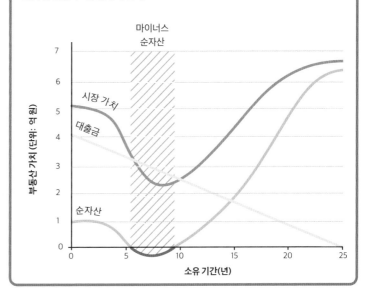

주택 순자산
주택 구입 자금 대출금을 완제했거나, 아직 다 상환하지 않았어도 부동산 가치가 상승하면 주택 순자산은 증가한다.

마이너스 순자산

부동산 시장의 불경기로 전반적인 부동산 가치가 하락해서 집값이 주택 구입 자금 대출 금액보다도 낮아질 경우, 그 부동산의 순자산은 마이너스 상태가 된다.

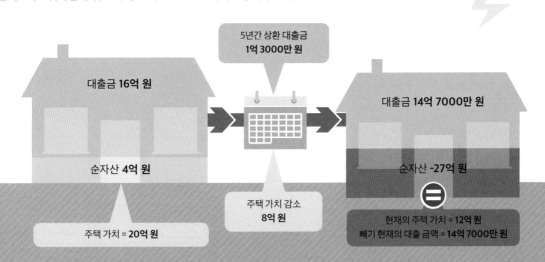

주식

개인이 주식에 투자하는 것은 한 기업의 '지분'을 사는 것이며, 그 기업에 대한 소유권의 일부를 갖는다는 뜻이다. 주식은 사고팔기가 가능하며, 가격은 오를 수도 있고 내릴 수도 있다.

주식 투자의 원리

기업은 주식(즉 지분)을 발행하여 자금을 모은다. 투자자들이 어떤 기업의 주식을 매수할 때는 그 기업이 좋은 실적을 내리라 믿으며 그 성공의 결과를 공유하기를 원하기 때문이다.

기업이 주식을 발행하기 위해서 반드시 주식 시장에 상장할 필요는 없다. 신생 벤처 기업 중에는 소수의 외부 투자자로부터 투자를 받는 경우도 있는데, 그 대가로 기업의 지분을 제공한다.

기업이 더 광범위한 규모로 자금을 조달하고자 할 때는 런던 증권 거래소 등의 증권 거래소에 상장을 신청할 수 있다. 상장을 신청한 기업은 승인 절차를 거쳐야 상장될 수 있다. 상장된 기업의 주식은 '호가(quoted, 증권 거래소에서 시장에 어떤 가격에 매도 또는 매수하겠다는 의사를 표시하는 것 — 옮긴이)'된다고 표시되는데, 증권 거래소의 호가 창에 이들 주식의 매도 호가와 매수 호가가 표시된다. 주식 거래는 주식 중개인을 통해서 수행되며, 그들이 투자자들의 주문을 위탁받아 대리로 매매한다.

주주들은 자신이 지분을 소유한 기업의 경영에 대한 의사 결정권, 예를 들면 이사의 임명안이나 연봉안에 투표권을 갖는다.

주식 매수하기

주식 시장은 재산을 구축하고자 하는 개인들에게 좋은 투자 대상이 된다. 개인 투자자들은 다양한 방법으로 주식을 매수하고 보유할 수 있다.

온라인 주식 거래 플랫폼

개인 투자자들은 수수료 할인 등의 저렴한 비용으로 거래만 수행하는 주식 중개인(브로커)을 통해 주식을 손쉽게 매수 또는 매도할 수 있다. 브로커는 대개 투자에 대한 구체적인 지침이나 조언을 제공하지 않는다.

주식 저축 제도

일부 기업은 직원들에게 자사 주식을 구입할 기회를 제공한다. 이 주식은 시세보다 할인된 가격에 제공되며, 보통은 매월 직원 급여에서 일정 액수가 공제되어 적립된다. 적립 기간은 5년을 초과하지 못하며 만기에 현금으로 인출할 수도 있고 옵션을 행사해서 주식을 취득할 수도 있다.

황소 시장과 곰 시장

황소 시장(bull market) 상승 장세

몇 달에서 몇 년까지 주가가 상승세를 이어가면서 높은 거래량을 보이는 시장으로, 전반적인 경기 호황을 환경으로 한다. 투자자들은 주가가 계속해서 오르리라는 낙관 속에서 주식을 매수한다.

곰 시장(bear market) 하락 장세

일정 기간 주가가 하락세를 이어가며 거래량이 정체되는 시장으로, 이 시기에 투자자들은 낙관적 전망을 갖기 어렵다. 이러한 하락 장세는 경기 침체와 기업 이익 감소, 높은 실업률로 이어진다.

주식 중개인을 통한 투자

투자자 개인이 모든 정보를 취합하고 투자를 결정해야 하는 온라인 주식 거래와 달리 전통적인 주식 중개인(또는 중개 회사)은 투자 분석 자료와 매매 종목에 대한 조언은 물론 거래 수행까지 종합 서비스를 제공한다. 온라인 거래보다 높은 비용이 드는데, 일반적으로 거래 금액의 일정 비율을 수수료로 청구한다.

기업 공개

기업 공개는 일반인을 포함하여 다양한 투자자에게 기업의 주식을 공개적으로 판매하는 것으로, 때로는 거래소 상장 전에 기업을 통해 직접 공모주를 청약할 수 있다. 반드시 주식 중개인이나 증권사를 통해야 하는 것은 아니지만, 소정의 청약 양식을 작성하여 제출하고 해당 금액을 지불해야 한다.

투자자

펀드에 투자하기

개인 투자자는 투자 전문 기관의 관리 운용 펀드에 가입함으로써 간접적으로 주식을 매매할 수 있다. 이러한 펀드는 특정 산업 부문이라든가 특정 지역을 중심으로 하며, 투자 포트폴리오를 다각화하거나 위험을 관리하기 위한 방법으로 주로 이용된다.

주가가 중요한 이유

❯ **자본 성장을 중점 목표로** 삼으면 주가가 올라갈 때만 이익을 얻는다. 주가가 떨어지면 돈을 잃을 수도 있다.

❯ **주가 하락은** 기업의 브랜드 가치와 그 경영진의 명성에 영향을 미칠 수 있으며, 대출 능력에도 타격이 될 수 있다.

❯ **상장 기업은** 주가가 하락하면 재력가 주주나 경쟁 기업의 인수 타깃이 될 수 있다.

❯ **주가가 하락하면** 주식 시장과 연동된 퇴직연금 적립금의 가치도 하락할 것이다. 이는 퇴직이 임박한 사람들에게 아주 나쁜 소식이다.

❯ **한 나라의 주식 시장이** 하락하게 되면 외국인 투자자들이 그 나라의 통화를 처분함으로써 통화 가치 하락을 야기할 수 있다.

1987년
미국 사상 최장기
하락 장세가 시작된 해
13년간 지속

관리 운용 펀드

경험이 부족하거나 시간에 쪼들리는 개인 투자자들이 종종 관리 운용 펀드를 선택한다. 이 펀드는
투자 전문가가 많은 개인의 돈을 모아서 다양한 시장에 투자하는 방식으로 관리하는 간접 투자 상품이다.

관리 운용 펀드의 원리

관리 운용 펀드는 개인 투자자들이 다양한 투자 시장을 손쉽게 이용할 수 있는 경로이다. 관리 운용 펀드는 투자 전문가들이 펀드를 관리한다는 강점이 있을 뿐만 아니라 가장 정통한 투자 다각화 방법이다. 대부분의 관리 운용 펀드는 소액의 초기 자본금으로 시작하며 추가 투자는 일시불로 입금하거나 매월 정기 입금으로 진행할 수 있다. 가장 전통적인 관리 운용 펀드는 개인 투자자들의 소액 자금을 모집해 이것을 한 단위로 하여 호별로 따로따로 운용하는 투자 신탁(unit trust, 단위형 투자 신탁)이다. 이 펀드에 참여하는 모든 개인 투자자가 각각 다수의 호를 소유한다.

단위형 투자 신탁

관리 운용 펀드에 투자하면, 투자자 개인의 투자 금액과 현재 각 호(unit)의 가격을 토대로 투자자 각각에게 다수의 호가 할당된다. 단위 기금 가격은 펀드의 투자 가치를 반영하여 책정되며, 그 펀드 가치의 상승과 하락에 따라 변동한다. 관리 운용 펀드 투자자는 자신이 소유한 단위를 매도하여 이익을 현금화할 수 있다.

투자자
펀드에 가입한다. 가입자가 받는 단위 기금의 수는 그날의 단위 가격에 따라 달라진다.

펀드 매니저
개인 투자자들의 돈을 모아서 다양한 주식과 다각화된 자산, 전 세계의 다양한 지역에 투자한다.

대다수의 펀드는 필요에 따라 다양한 단위를 발행하며, 만기가 있어 일정 기간만 운용되고 이익 여부에 상관없이 폐쇄한다. 개인 투자자들은 펀드 매니저에게 정기적으로 펀드 관리 수수료를 지불한다.

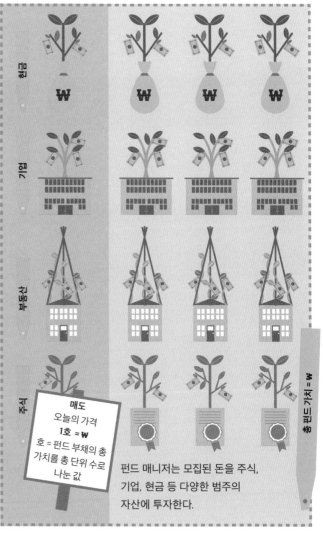

현금

기업

부동산

주식

매도
오늘의 가격
1호 = ₩
호 = 펀드 부채의 총 가치를 총 단위 수로 나눈 값

총 펀드 가치 = ₩

펀드 매니저는 모집된 돈을 주식, 기업, 현금 등 다양한 범주의 자산에 투자한다.

관리 운용 펀드 전략

인덱스 펀드
FTSE 100이나 S&P 500 등 특정 주가 지수의 수익률과 동일하거나 근사한 수익률을 달성해 시장의 평균 수익 실현을 목표로 한다.

액티브 펀드
시장의 평균 수익보다 높은 수익을 추구한다. 액티브 펀드 관리자는 시장을 분석, 조사, 예측해 어떤 증권을 매수할지, 보유할지, 매도할지를 결정한다.

절대 수익 펀드
주식 시장의 상승세 또는 하락세 여부와 상관없이 일정 수익 창출을 목표로 한다.

❗ 주의 사항

⟩ **투자 가치는** 주식 시장의 장세에 따라 변동하며, 이것이 펀드 가격의 변동을 가져온다.

⟩ **펀드 가격이 변동한다는** 것은 투자자들이 투자한 원금을 돌려받지 못할 수도 있다는 것을 의미한다.

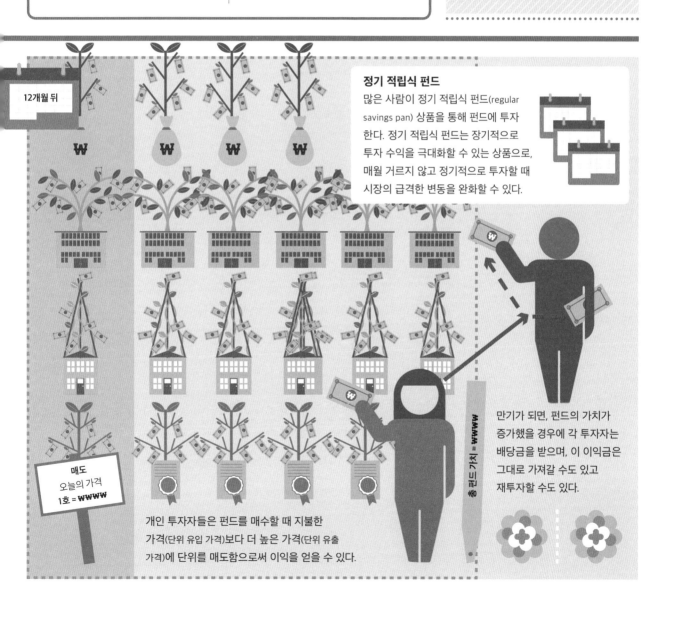

12개월 뒤

정기 적립식 펀드
많은 사람이 정기 적립식 펀드(regular savings pan) 상품을 통해 펀드에 투자한다. 정기 적립식 펀드는 장기적으로 투자 수익을 극대화할 수 있는 상품으로, 매월 거르지 않고 정기적으로 투자할 때 시장의 급격한 변동을 완화할 수 있다.

매도
오늘의 가격
1호 = wwww

총펀드 가치 = wwwww

만기가 되면, 펀드의 가치가 증가했을 경우에 각 투자자는 배당금을 받으며, 이 이익금은 그대로 가져갈 수도 있고 재투자할 수도 있다.

개인 투자자들은 펀드를 매수할 때 지불한 가격(단위 유입 가격)보다 더 높은 가격(단위 유출 가격)에 단위를 매도함으로써 이익을 얻을 수 있다.

투자 관리하기

투자란 개인이 이익을 얻기 위해서 어떤 대상을 구입하거나 돈(자본)을 투입하는 것이다. 투자에는 여러 가지 유형(자산군)이 있으며, 각 유형은 각기 다른 유형의 이익을 제공한다. 이자(현금이나 채권에 투자한 경우)를 받을 수도 있고 배당금(주식에 투자한 경우)을 지급 받거나 임대료(부동산에 투자한 경우)를 받거나 혹은 어떤 자산을 판매하여 자본 이득(매입가와 매도가의 차액을 통한 이익)을 얻을 수도 있다. 개인이 직접 자신의 투자를 관리할 수도 있고 비용을 지불하고 다른 사람에게 맡길 수도 있다.

개인 투자의 기초 개념들

처음으로 돈을 투자한다는 것은 재산 축적으로 나아가기 위한 아주 중요한 첫걸음이므로 꼼꼼하고 체계적인 준비가 우선이다. 투자란 위험을 감수한다는 뜻이다. 따라서 투자한 자본의 일부를 잃을 가능성이 있으며 심지어 전부를 잃을 수도 있다. 개인은 어디에 투자할지 결정하기 전에 자신의 재정 상태를 평가해야 한다. 먼저 미지불 채무와 대출금을 상환하고, 긴급 상황에 대비해 일정 금액의 현금을 보유해야 한다.

자산 배분
자산군은 유사한 속성을 지닌 유가 증권의 집합이다. 현금, 채권(또는 고정 금리 증권), 주식(또는 지분), 부동산이 네 가지 주요 자산군이다(188~189쪽 참조). 자산군의 구성을 결정하는 것을 자산 배분이라고 한다.

현금
예금 계좌에 넣어 둔 돈은 안전하면서도 현금화가 용이하다. 하지만 수익이 낮은 편이며 인플레이션이 발생할 경우 손실로 뒤바뀔 수도 있다.

채권
국공채 같은 고정 금리 유가 증권은 정기적인 소득이 발생하며, 일반적으로 주식 같은 투자보다 위험이 낮다.

주식
주식을 매수한다는 것은 어떤 회사에 투자하는 것이며, 따라서 그 회사의 지분을 소유한다는 뜻이다. 주식은 정기 배당금 소득 이나 자본 가치 상승으로 인한 수익이 발생할 수 있다.

부동산
주거용 부동산과 상업용 부동산은 정기적인 임대료 소득과 매도 시 높은 수익을 얻을 수 있지만, 상대적으로 유동성이 낮은 자산이다.

자산 다각화
자산 다각화는 여러 자산군에 분산해서 투자하는 것이다. 한 자산군에 집중해서 투자했다가 일이 잘못될 경우에는 모든 것을 잃을 수 있는데, 이런 위험을 감소시키기 위한 전략이다.

투자 방법

▶ **투자** 개인 투자자가 전문가의 조언 없이 혼자 힘으로 투자 포트폴리오를 짜고 관리하는 투자 방법이다.

▶ **투자 전문가를 통한 투자** 고객의 투자 목표와 위험 수용 성향을 토대로 어느 시점에, 어떤 자산을 구매할 것인지 조언해 주는 전문가(투자 자문가, 재무 설계사, 자산 설계사 등으로 불린다.)의 도움을 구할 수 있다.

▶ **펀드 슈퍼마켓이나 디스카운트 증권사를 통한 거래** 펀드 슈퍼마켓(온라인 펀드 직구 사이트)이나 디스카운트 증권사(증권사보다 훨씬 저렴한 수수료로 거래를 수행하는 업체—옮긴이)는 투자 자문 없이 개인 투자자들의 주식이나 펀드 매매 거래 수행 서비스만 제공한다.

▶ **자산 운용사를 통한 투자** 자산 운용사는 개인 투자자들의 돈을 모집하여 다양한 기업에 투자하는 단위형 펀드를 운용해 위험을 분산시킨다.

"투자에서 가장 중요한 점은 자신의 투자 철학을 고수하는 것이다."

미국 사업가 대니얼 부스

달러 평균법

달러 평균법(dollar cost averaging 또는 unit cost averaging)은 원하는 금액을 한 번에 목돈으로 투자하지 않고 장기에 걸쳐 일정 금액을 정기적으로 투자하는 적립식 투자 방법이다. 가격이 낮을 때 더 많은 단위를 구매하고 가격이 높을 때 더 적게 구매할 수 있기 때문에 이 전략은 주당 평균 비용을 절감해 준다(190~191쪽 참조).

▶ 달러 평균법은 자금이 많지 않은 소액 투자자들에게 적합한 투자법으로, 전액 주입식(drip-feeding) 투자라고도 한다.

▶ 이 방법으로 투자하면 시장 동향을 수시로 모니터링하면서 매매 타이밍을 고민할 필요가 없다.

▶ 대부분의 투자 회사는 성기 적립식 핀드를 운용함으로써 투사자들에게 투자 비용 절약의 혜택과 소액 투자 기회를 제공한다.

네 번째 달

세 번째 달

두 번째 달

첫 번째 달

투자

위험 수용 성향/위험과 수익률의 이율배반 관계

투자자가 고려해야 할 위험은 투자한 자금의 일부 혹은 전부를 잃을 가능성이다. 투자자는 투자를 선택하기에 앞서 반드시 자신이 수용할 수 있는 위험 수준을 결정해야 한다(192~193쪽 참조).

▶ 모든 투자에는 어느 정도의 위험이 따르지만, 자산군에 따라 위험의 정도는 다르다.

▶ 투자자의 위험 수용 성향에 맞는 포트폴리오를 구성하기 위해서 투자 전문가의 도움을 받을 수 있다.

최적 투자 포트폴리오

위험 대비 수익률을 따져 최대 수익을 낼 수 있는 조합을 최적의 투자 포트폴리오라고 한다. 최적의 투자 포드폴리오는 투자자의 위험 수용 성향이 어느 수준이냐에 따라 디르게 구성될 것이다(194~195쪽 참조).

위험　　수익

▶ 하나의 포트폴리오에서 특정 보유 자산군의 비율을 포트폴리오 비중(weight)이라고 한다.

▶ 투자자는 자기 포트폴리오를 연례적으로 재평가하고 재조정해야 한다.

자산 배분과 다각화

투자자들은 종종 각기 다른 자산, 다른 산업 부문, 또는 다른 지역에 분산 투자함으로써
투자의 위험을 낮추고자 한다.

전략적 자산 배분

방어적 투자자는 전략적 자산 배분을
선택할 수 있다. 같은 위험 수준에서 가장
높은 수익률을 추구하는 전략으로, 각
자산군의 기대 수익률을 고려해 투자할
자산군을 조합하는 것이다. 오른쪽의
그림이 보여 주듯이, 주식의 기대 수익률이
10퍼센트이므로 포트폴리오의 20퍼센트를
주식에 배분할 경우, 투자자는 주식의
수익률이 2퍼센트가 될 것으로 기대할 것이다.

시가 총액

한 기업의 총 가치인 시가 총액은 그 기업이
발행한 총 주식 수에 한 주의 가격을 곱한 값
이다. 예를 들어 한 기업이 100주를 발행했고
한 주의 가격이 5,000원이라면, 그 기업의 시
가 총액은 50만 원(100 × 5,000원)이 된다.
  투자업계에서는 시가 총액의 규모에 따라
대형주('블루칩'), 중형주, 소형주로 기업을 구
분한다. 대형주는 대개 안정적이지만 투자자
가 기대할 수 있는 성장 기회는 제한적이다.
중형주와 소형주는 위험이 더 높지만 빠르게
성장할 수 있다.

대체 투자 자산군

헤지 펀드 복합적 자산군에
투자하는 투자 파트너십

포도주 저장 창고의 포도주나
포도주 펀드를 통해 투자한다.

미술품 기성 및 신인 예술가의
작품 콜렉션

우표 희귀 우표나 수집 가치가
있는 우표를 매매한다.

크라우드 펀딩 다른 개인들의
프로젝트에 투자한다.

자산 다각화의 원리

자산군은 각기 다른 투자 범주이다. 투자자들은 각기 다른 자산군에 투자하거나 한 자산군에 속하는 각기 다른 기업, 산업, 시장, 지역, 국가에 투자함으로써 자산을 다각화한다. 또 다른 전략인 자산 배분은 투자자의 위험 수용 성향과 투자 목표, 투자 기간에 맞추어 한 투자 포트폴리오에 구성된 각 자산군(주식, 채권, 부동산, 현금, 대체 자산 등)의 위험 대비 수익률의 균형을 따져서 비율을 정하는 것이다. 한 포트폴리오 내에서 특정 보유 자산군의 비율을 '포트폴리오 비중'이라고 한다. 다각화는 포트폴리오 내 각 자산군의 위험을 낮추기 위한 전략이다.

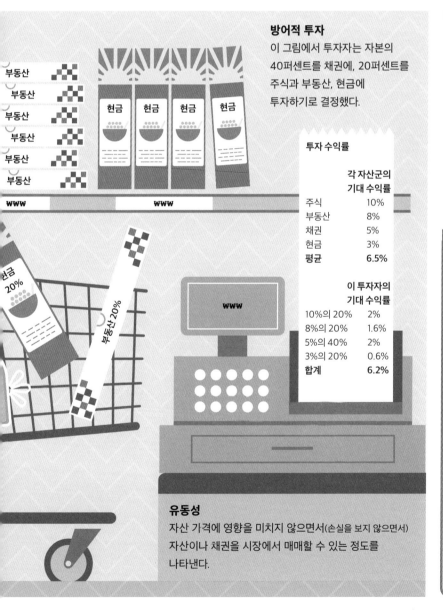

방어적 투자
이 그림에서 투자자는 자본의 40퍼센트를 채권에, 20퍼센트를 주식과 부동산, 현금에 투자하기로 결정했다.

투자 수익률

	각 자산군의 기대 수익률
주식	10%
부동산	8%
채권	5%
현금	3%
평균	**6.5%**

이 투자자의	기대 수익률
10%의 20%	2%
8%의 20%	1.6%
5%의 40%	2%
3%의 20%	0.6%
합계	**6.2%**

유동성
자산 가격에 영향을 미치지 않으면서(손실을 보지 않으면서) 자산이나 채권을 시장에서 매매할 수 있는 정도를 나타낸다.

> **"자산 배분은 미래 어떤 일이 일어날지 모른다는 가정 하에 전략적 조합으로 구성해야 한다."** 미국의 사업가 레이 달리오

자산 배분 모형

⟩ 방어(defensive) 모형
주식은 작은 비중으로, 채권이나 현금처럼 변동성이 낮은 자산군은 큰 비중으로 배분하는 모형

⟩ 소득(income) 모형
대부분의 투자를 채권과 대체 자산으로 구성하는 모형. 소득 창출을 중시하는 합리적인 수준의 위험 수용 성향을 지닌 투자자를 위해 설계되었다.

⟩ 소득과 성장(income and growth) 모형
펀드의 절반 정도를 주식으로, 나머지를 채권과 대체 자산으로 구성한다. 자본 성장과 소득을 통한 수익에 초점을 맞춘다.

⟩ 성장(growth) 모형
투자 대부분의 비중을 주식으로 배분하지만 일부는 채권과 대체자산에 투자한다. 장기적인 자본 성장을 목표로 한다.

달러 평균법

달러(또는 파운드) 평균법(dollar cost averaging, DCA)은 초기에 목돈을 투자하는 것이 아니라 장기간에 걸쳐 꾸준히 적립해 가는 투자 방법이다.

달러 평균법의 원리

시장의 저점에서 최상의 단가를 찾아낸다는 것은 아주 어려운 일이며, 전문가도 오류를 범하고는 한다. 투자자가 변동성 높은 시장의 위험에 대처하기 위한 한 가지 방법은 한목에 투자하지 않고 돈을 분산시켜 조금씩 꾸준히 투자하는 것이다. 이것을 달러(혹은 파운드) 평균법이라고 한다. 예를 들어 한 달에 100달러를 어떤 펀드에 투자한다면, 주가가 높을 때는 살 수 있는 펀드 수가 더 적을 것이며 주가가 낮을 때는 많은 펀드를 살 수 있을 것이다. 달러 평균은 고점과 저점의 평균이 된다. 이런 방식으로 투자를 한다면 장세를 예측하느라 고심할 필요가 없을 뿐만 아니라 매달 정기적으로 투자할 수 있게 된다. 달러 평균법은 특히 하락 장세에 유리한데, 같은 돈으로 더 많은 주식을 매입한다면 주가가 상승했을 때 이익이 증가하기 때문이다.

적립식 투자 대 거치식 투자

정기적으로 조금씩 나누어 투자하라는 주장을 뒷받침하는 핵심 근거가 달러 평균법의 효과이다. 달러 평균법은 소액을 정기적으로 투자함으로써 시장 변동성에 유리하게 대응할 수 있게 해 주고, 주식을 평균적으로 더 낮은 가격에 매수할 수 있게 해 주는 전략이다.

투자자 A
거치식 투자

투자자 A는 마켓 타이밍 기법(time the market, 내려갈 때 매수하고 올라갈 때 매도하는 투자 기법)을 활용해 자금 1,400달러를 한목에 투자하기로 하고 투자 시점을 고른다. 투자 시점에 한 주당 20달러짜리 주식을 70주 매수한다.

VS

투자자 B
적립식 투자

투자자 B에게도 자금 1,400달러가 있지만, 매달 200달러씩 투자하기로 결정한다. 투자자 B는 이 자금으로 매달 다양한 주식을 매수한다.

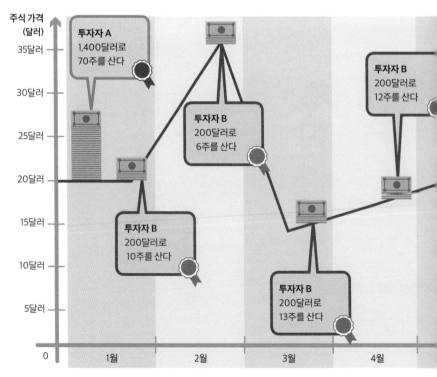

시장 변동성이란 무엇인가?

시장 변동성은 일정 기간 동안 거래 가격이 변동하는 정도를 말하며, 수익의 표준 편차로 측정한다. 이것을 통해서 평균 수익률을 알 수 있다. 시장 변동성이 낮다는 것은 주가가 급격하게 요동치지 않고 일정한 속도로 변화한다는 뜻이다.

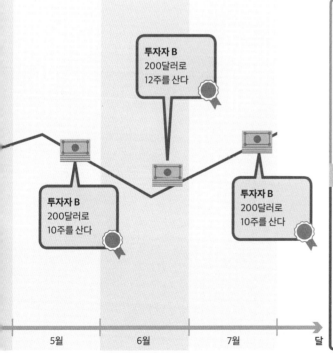

✓ 알아 두기

▶ **거치식 투자(lump-sum investing)**
높은 수익을 낼 수 있지만, 한꺼번에 거액의 목돈을 투자하려면 보다 단기적인 전략이 요구되는데 이것이 비생산적인 결과를 초래할 수도 있다.

▶ **시장 조건(market conditions)**
달러 평균법으로 접근한다면 투자자가 수익을 극대화하기 위해서 시장의 움직임을 일일이 감시하고 조사할 필요가 없다.

▶ **소득 투자(investment from income)**
정기 소득의 일정 부분을 정기적으로 직접 투자함으로써 투자자는 다른 목적이나 비상 상황을 위한 현금을 보유할 수 있다.

> ## "개인 투자자는 **투기꾼**이 아니라 **투자자**로서의 꾸준한 태도가 필요하다."

영국 출신 미국의 경제학자 겸 투자자 벤자민 그레이엄

투자자 B
200달러로 12주를 산다

투자자 B
200달러로 10주를 산다

투자자 B
200달러로 10주를 산다

투자자 A
1,400달러로 70주 매수

20달러

❗ 주의 사항

▶ **마켓 타이밍** 기법으로 최상의 수익을 내기는 대단히 어렵다.

▶ **주가가 오르락내리락** 할 경우, 목돈을 일괄 투자하는 거치식 투자는 평균적으로 더 비싼 값에 주식을 매수하는 셈이다.

VS

투자자 B
1,400달러로 73주 매수

평균 주가 19.18달러

동일한 투자 금액으로 3주에 해당하는 추가 수익 발생

❗ 주의 사항

▶ **적립식(달러 평균법)** 투자는 상승 장세에서 수익률이 제한될 수 있다.

▶ **시간이 갈수록** 주가가 상승할 경우, 적립식 투자는 평균적으로 더 비싼 값에 주식을 매수하는 셈이다.

5월   6월   7월   달

위험 수용 성향

투자자는 투자에 앞서 자신의 위험 수용 성향, 즉 시간이 흐르면서 자신의 포트폴리오 가치가
큰 폭으로 변동하는 상황을 견딜 수 있는 능력을 이해하는 것이 매우 중요하다.

위험 수용 성향의 원리

투자자는 자신의 위험 수용 성향을 평가
하기 위해서 각 자산군에 대한 최악의 시
나리오로 실적이 나쁜 해에 얼마까지 잃
을 수 있는지 검토해 보고 그러한 손실을
자신이 얼마나 느긋하게 받아들이는지 확
인해 봐야 한다. 투자자의 위험 수용 성향
에 영향을 미치는 요인으로는 시간, 개인
의 상황, 미래의 소득 능력 등이 포함된다.
일반적으로 기간이 길어질수록 투자자가
감수해야 할 위험은 더 높아진다. 투자자
는 돈을 잃더라도 생활 방식에 영향을 미
치지 않을 규모가 어느 정도인지 따져봐
야 한다. 큰 액수의 유동 자산을 소유한 고
소득자라도 대규모 투자보다는 낮은 비중
의 투자가 더 현명한 전략이 될 수 있다.

투자자 유형

펀드 매니저나 투자 자문은 개인 투자자들에게
어떤 투자가 적합할지 판단하기 위한 자료로 위험
분포 설문을 받는다. 이 설문은 투자자의 위험
수용 성향, 투자 기간, 투자 목표, 투자에 대한
지식 등을 파악하는 문항으로 이루어진다.

보수적 투자자
많은 위험을 감수하고 싶어하지 않고
그 결과로 수익이 낮아지더라도 기꺼이
받아들이려는 투자자라면 채권처럼 수익이
보장되는 자산이나 현금에 상당 비중을
배분한 투자 포트폴리오를 선호할 수 있다.

위험 수용 성향에 영향을 미치는 핵심 요인 다섯 가지

투자자들은 자신이 편안하게 받아들일 수
있는 위험 대비 수익률에 걸맞은 투자를 선
택할 때 아래의 다섯 가지 요인을 고려해야
한다.

투자 기간 투자가 이루어지는
기간이 길어질수록 더 많은 위
험을 감수해야 할 수 있음을 염
두에 두어야 한다.

위험 자본(risk capital) 고위험
과 고수익 투자에 쓰는 돈으로,
투자 결과 손실이 나더라도 투
자자의 생활 방식에 영향을 미
치지 않을 수준이 되어야 하며
투자에 신중해야 한다.

투자 목표 자녀 학자금이나 은
퇴자금 등 투자의 구체적 목표
를 고려해야 한다.

경험 투자자의 과거 투자 경험,
자산과 위험에 대한 이해가 투
자를 결정할 때 중요한 요소로
작용한다.

위험 태도
자신이 투자한 자본을 잃었을
때 투자자가 취하는 태도

고위험 추구형 투자자

더 높은 위험을 감수하고 더 높은 잠재 수익률을 추구하는 투자자라면 포트폴리오에 대체 자산군과 이머징 마켓(emerging market, 성장 속도가 빠르고 투자 대비 수익이 크지만 상대적으로 위험도 높은 편인 신흥 시장)을 포함시킬 것을 고려할 수도 있다.

수지 균형 추구형 투자자

주식과 부동산에 더 큰 비중을 두고자 하는 투자자라면 고정 금리 정기 예적금 형태의 현금 투자 비중은 일부로 제한하고자 할 것이다.

신중한 투자자

수익을 기대하고 어느 정도의 위험을 감수할 의향이 있는 투자자라면 성장 가능성이 높은 자산과 방어적 자산이 혼합된, 즉 주식과 채권에 더 많이 투자하는 포트폴리오를 선호할 수 있다.

✓ 알아 두기

▶ 자본 위험(자본 리스크, capital risk)
투자된 초기 자본을 잃을 가능성. 자본 위험이 더 높은 곳에 투자할 경우, 자본이 크게 성장할 수 있지만 크게 감소할 가능성도 마찬가지로 존재한다.

▶ 인플레이션 위험(inflation risk)
통화의 구매력을 잠식할 수 있는 물가 상승의 위험. 투자 수익률이 물가 상승률과 맞먹거나 그보다 높지 않다면, 그 투자로 인한 실질 수익률은 해마다 하락하는 셈이다.

▶ 이자율 위험(interest risk)
채권과 같은 고정 금리 채무 상품이 이자율 상승으로 인해 가치가 하락할 가능성을 이자율 위험이라고 한다. 신규 채권이 더 높은 금리로 발행된다면, 기존 채권의 시가는 하락할 것이다.

▶ 마이너스 금리(negative interest)
현재 유럽에서는 저위험과 안전성을 제고하기 위한 조치로 수백억 달러 규모의 자금이 마이너스 금리로 투자되고 있다.

"확실히 실패하는 유일한 전략은 어떤 위험도 감수하지 않는 것이다."

페이스북 설립자 마크 주커버그

최적 투자 포트폴리오

투자 포트폴리오는 다양한 자산군으로 구성할 수 있다. 최적의 투자 포트폴리오는
투자자가 희망하는 수익률과 투자자의 위험 수용 성향에 맞추어 잠재 위험과 수익 가능성이
이상적인 균형을 이루도록 구성된 것이다.

최적 투자 포트폴리오의 원리

최적 투자 포트폴리오는 더 높은 기대 수익률로 상쇄되는 경우에만 투자자가 상승한 위험을 감수할 것이며, 거꾸로 높은 수익을 원하는 투자자는 높은 위험을 감수하지 않으면 안 된다는 것을 수학적으로 증명하는 모형이다. 최적 투자 포트폴리오는 자산군의 다각화 정도를 수량화하는 통계 기법을 토대로 균형 잡힌 자산군을 구성함으로써 위험을 줄인다. 자산의 위험과 수익률은 자산 자체의 위험과 수익률이 아닌 포트폴리오 안에서 그 자산이 총 위험과 수익률에 기여하는 비중으로 평가하는 것이 핵심이다. 주어진 위험 대비 최고의 수익률 또는 주어진 수익률 대비 최저 위험을 산출하는 것이 최적 투자 포트폴리오의 핵심 목표이자 투자자들의 가장 보편적인 투자 목표이다.

효율적 투자선

효율적 투자선(efficient frontier)은 위험과 수익률이 최적의 균형을 이룬 선으로, 위험 수준이 일정할 때 최고의 기대 수익률이 되는, 혹은 주어진 기대 수익률에 대한 위험이 최소한이 되는 투자 집합을 가리킨다. 효율적 투자선 밑에 놓이는 포트폴리오는 준최적(sub-optimal) 조합인데, 동일 위험 수준에서 충분한 수익을 창출하지 못하는 조합인 경우나 주어진 수익률에서 위험 수준이 너무 높은 경우가 이에 해당한다. 자산 상관 관계는 가령 A자산이 오르면 B자산도 오르고 반대로 A자산이 내리면 B자산도 내리는 식으로 투자 자산군 간의 변동 상관 관계를 나타내는 방법이다. 유사한 상황에서 포트폴리오 내 각 자산군의 그래프가 다른 방향으로 움직일 때 위험이 효율적으로 분산된 포트폴리오라고 평가할 수 있다.

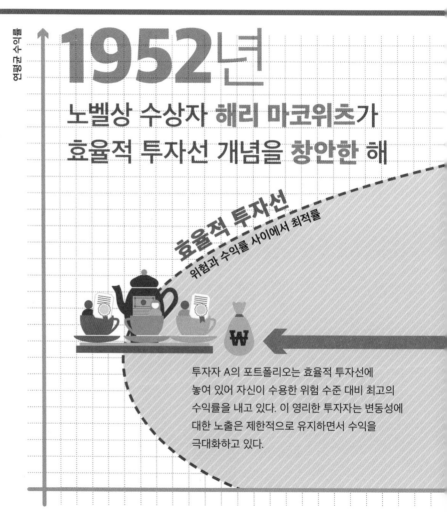

연평균 수익률

1952년
노벨상 수상자 해리 마코위츠가
효율적 투자선 개념을 창안한 해

효율적 투자선
위험과 수익률 사이에서 최적률

투자자 A의 포트폴리오는 효율적 투자선에 놓여 있어 자신이 수용한 위험 수준 대비 최고의 수익률을 내고 있다. 이 영리한 투자자는 변동성에 대한 노출은 제한적으로 유지하면서 수익을 극대화하고 있다.

투자 포트폴리오 리밸런싱

포트폴리오 내의 자산군들은 해당 자산의 시장 상황에 따라 각기 다른 실적을 낼 것이다. 그렇기 때문에 투자자가 선호하는 위험도에 맞추어 설정되었던 포트폴리오 내 각 자산군의 비중도 변화된 상황을 반영하여 조정해야 하는데, 이것을 리밸런싱(rebalancing)이라고 한다.

조정하지 않고 그대로 둔다면 포트폴리오가 너무 보수적으로 될 수도 있고 위험이 너무 높아질 수도 있다.

포트폴리오 리밸런싱을 하는 것은 포트폴리오의 위험 분포를 투자자의 위험 수용 성향과 가깝게 유지하면서 동시에 자산 배분을 최초의 계획에서 벗어나지 않도록 하기 위해서이다. 이것은 가장 많이 활용되는 능동적인 자산 배분 전략으로, 항상적 혼합 전략(constant-mix strategy)이라고도 부른다.

투자자 C의 포트폴리오도 효율적 투자선에 놓여 있다. C는 고위험 포트폴리오이지만 더 높은 수익을 내고 있어 고위험이 상쇄되는 효과가 발생하는 것이다.

효율적 투자선은 위로 올라갈수록 평평해지는데, 투자자가 기대할 수 있는 수익에는 한계가 있기 때문이다. 따라서 더 높은 위험을 감수해 봤자 이로울 것이 없다.

투자자 B의 포트폴리오는 준최적이다. 현재의 위험 수준에 만족한다면 B는 자신의 포트폴리오를 C의 위치에 가깝게 조정해야 더 높은 수익을 낼 수 있다. 한편 동일 수익률에서 위험 수준을 낮추고자 한다면 B는 자산 배분을 A의 위치에 가깝게 조정해야 한다.

연간 수익률의 표준 편차로 측정한 위험

✓ 알아 두기

▶ **포트폴리오 비중(weighting)**
포트폴리오를 구성하는 특정 자산군의 비율. 각 자산의 현재 가치를 포트폴리오의 총 가치로 나누어 계산한다.

▶ **분산(variance)**
포트폴리오 내 각 자산군의 수익률이 시간의 흐름 속에서 어떻게 변동하는지를 보여 주는 분포도

▶ **표준 편차(standard deviation)**
투자한 자산의 연간 수익률의 변동성을 보여 주는 통계로, 과거에 나타난 변동성을 이용하여 미래에 예상되는 변동성을 측정하는 데 사용할 수 있다.

▶ **기대 수익(expected return)**
가격 상승이나 배당금 등 여타 지급금을 포함해 투자자가 투자로부터 실현될 것으로 기대하는 수익. 기대 수익률은 미래에 발생 가능한 모든 수익률의 확률 분포 곡선으로 산출한다.

▶ **자산 상관 관계(asset correlation)**
두 자산의 가치가 서로 관련해 변동하는 정도와 방향을 나타내는 통계로, 양의 상관 관계는 두 자산의 가치가 같은 방향으로(한쪽의 수치가 증가할 때 다른 쪽도 증가) 움직인다는 뜻이고, 음의 상관 관계는 두 자산의 가치가 다른 방향으로(한쪽이 증가할 때 다른 쪽은 감소) 움직인다는 뜻이다.

연금 제도와 퇴직 생활

연금 제도는 은퇴 후 생활을 위한 저축을 돕는 일종의 저축 제도이다. 연금은 노동자의 재직 기간에 정기적으로 소득의 일부를 투자하여 퇴직할 때 소득을 제공하는 것이다. 노동자는 퇴직 연령이 가까워서가 아니라 젊을 때 연금을 적립하기 시작할 것을 생각해야 한다. 많은 국가가 연금에 다른 저축 상품처럼 세제 혜택을 부여한다.

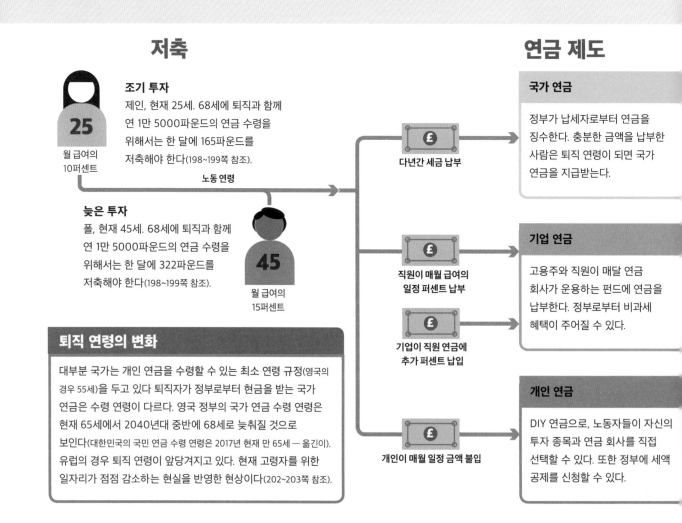

저축

25
월 급여의
10퍼센트

조기 투자
제인, 현재 25세. 68세에 퇴직과 함께 연 1만 5000파운드의 연금 수령을 위해서는 한 달에 165파운드를 저축해야 한다(198~199쪽 참조).

노동 연령

늦은 투자
폴, 현재 45세. 68세에 퇴직과 함께 연 1만 5000파운드의 연금 수령을 위해서는 한 달에 322파운드를 저축해야 한다(198~199쪽 참조).

45
월 급여의
15퍼센트

퇴직 연령의 변화

대부분 국가는 개인 연금을 수령할 수 있는 최소 연령 규정(영국의 경우 55세)을 두고 있다 퇴직자가 정부로부터 현금을 받는 국가 연금은 수령 연령이 다르다. 영국 정부의 국가 연금 수령 연령은 현재 65세에서 2040년대 중반에 68세로 늦춰질 것으로 보인다(대한민국의 국민 연금 수령 연령은 2017년 현재 만 65세 — 옮긴이). 유럽의 경우 퇴직 연령이 앞당겨지고 있다. 현재 고령자를 위한 일자리가 점점 감소하는 현실을 반영한 현상이다(202~203쪽 참조).

연금 제도

£
다년간 세금 납부

국가 연금
정부가 납세자로부터 연금을 징수한다. 충분한 금액을 납부한 사람은 퇴직 연령이 되면 국가 연금을 지급받는다.

£
직원이 매월 급여의 일정 퍼센트 납부

£
기업이 직원 연금에 추가 퍼센트 납입

기업 연금
고용주와 직원이 매달 연금 회사가 운용하는 펀드에 연금을 납부한다. 정부로부터 비과세 혜택이 주어질 수 있다.

£
개인이 매월 일정 금액 불입

개인 연금
DIY 연금으로, 노동자들이 자신의 투자 종목과 연금 회사를 직접 선택할 수 있다. 또한 정부에 세액 공제를 신청할 수 있다.

연금 지급 방식

국가마다 퇴직 연금 수급 규정이 다른데, 영국에는 다음 세 가지 선택이 있다.

➤ **선택 1** 연금 전액을 현금 일시금으로 수령하여 지출이나 투자에 쓸 수 있다. 연금 적립액의 25퍼센트만 비과세가 적용되며 나머지 75퍼센트는 여타 소득과 동일한 규정으로 과세된다. 돈이 금세 소진될 위험이 있다.

➤ **선택 2** 종신 급여형 퇴직 연금 보험(annuity) 상품을 구입할 수 있다. 이것은 정액의 현금을 정기적으로 종신 지급하는 보험 상품이다. 종신 급여형 퇴직 연금은 돈이 소진되지는 않지만 소득이 높지 않은 편이다.

➤ **선택 3** 실적 배당형인 투자형 퇴직 연금(income drawdown)을 이용할 수 있다. 일시금으로 수령하거나 또는 종신 연금으로 전환이 가능하다. 너무 많은 액수를 인출하거나 펀드 운용 실적이 나쁠 경우 돈이 소진될 위험이 있다.

> **"젊어서는 돈 없이 살 수 있지만 늙어서는 안 될 일이다."**
>
> 미국 극작가 테네시 윌리엄스

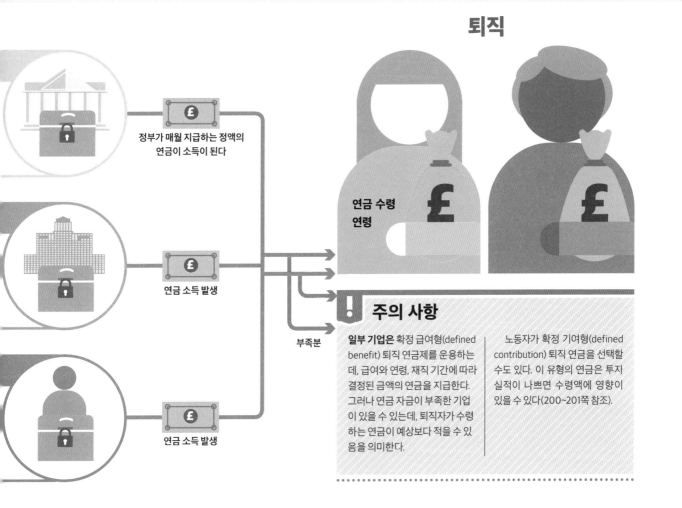

퇴직

정부가 매월 지급하는 정액의
연금이 소득이 된다

연금 수령
연령

연금 소득 발생

연금 소득 발생

부족분

⚠ 주의 사항

일부 기업은 확정 급여형(defined benefit) 퇴직 연금제를 운용하는데, 급여와 연령, 재직 기간에 따라 결정된 금액의 연금을 지급한다. 그러나 연금 자금이 부족한 기업이 있을 수 있는데, 퇴직자가 수령하는 연금이 예상보다 적을 수 있음을 의미한다.

노동자가 확정 기여형(defined contribution) 퇴직 연금을 선택할 수도 있다. 이 유형의 연금은 투자 실적이 나쁘면 수령액에 영향이 있을 수 있다(200~201쪽 참조).

퇴직 연금을 위한 저축과 투자

퇴직 시 연금 소득액은 저축을 얼마나 했느냐와 투자가 어떤 성과를 내었느냐에 달려 있다.

퇴직 연금의 원리

일부 국가에서는 납세자들이 납입한 기여금을 토대로 퇴직자들에게 국가 연금을 지급한다. 하지만 국가 연금이 제공하는 금액은 아주 기본적인 생계비 수준의 금액에 불과하기 때문에 많은 국가에서는 사람들에게 보다 안락한 퇴직 생활을 위하여 추가 소득원으로 재직 기간에 저축할 것을 권장한다. 개인 연금 상품에 저축하는 것이 퇴직 자금으로 가장 보편적인 방법이다. 개인 연금은 투자된 돈에 대한 수익 창출을 목적으로 주식과 채권 및 기타 유형의 자산에 투자하는 장기적 저축 펀드이다. 일하는 시기에 많은 액수를 저축할수록, 투자 성과가 좋을수록 퇴직 후에 더 많은 소득이 생길 것이다.

이른 시작으로 수익 극대화

저축은 일찍 시작할수록 좋다. 첫째, 퇴직 자금으로 원하는 금액에 도달하기 위해서 매달 저축해야 하는 액수가 더 적어진다. 둘째, 일부 기업에서 고용주가 기여하는 직원 퇴직 연금 적립금 제도를 제공하며, 일부 정부는 이 퇴직 연금 적립금에 비과세 혜택을 부여한다. 셋째, 저축이 아닌 투자의 경우에는 시장의 변동을 극복하는 데 훨씬 더 긴 시간이 걸리므로, 저축자들은 오랜 기간 발생하는 이자로 더 큰 수익을 올릴 수 있다.

25세에 저축하기

25세에는 퇴직 연금을 위한 저축을 한다는 것이 쉽지 않을 수 있지만 약간이라도 저축을 한다는 목표를 세워야 하며, 소득이 증가하면 저축 금액도 올려야 한다.

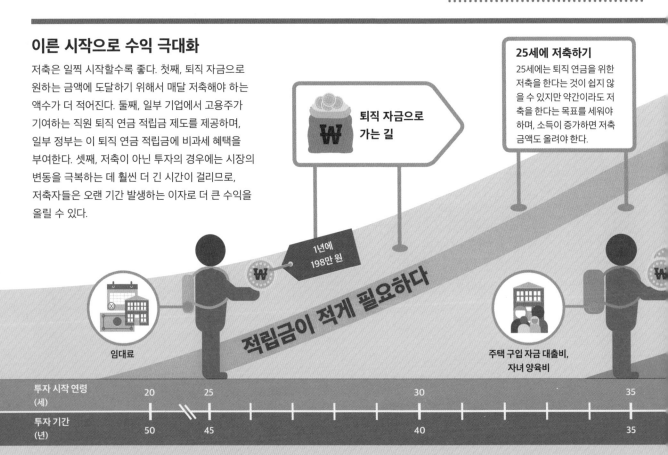

퇴직 자금으로 가는 길

1년에 198만 원

적립금이 적게 필요하다

임대료

주택 구입 자금 대출비, 자녀 양육비

투자 시작 연령 (세)	20	25	30	35
투자 기간 (년)	50	45	40	35

퇴직 연금 기여금

영국 한 소비자 단체의 발표에 따르면 68세에 연간 1만 5000파운드(약 2200만 원)의 연금 소득을 얻기 위해서는 25세에 저축을 시작할 경우 매달 165파운드(약 25만 원)를 저축해야 한다. 35세에 저축을 시작하면 한 달에 215파운드(약 32만 원)를 저축해야 한다는 뜻이다.

전문 재정 자문인

퇴직 자금 목표 금액에 도달하기 위해서 개인이 저축해야 하는지 정확한 수치를 보여 줄 것이며, 이를 위해 가능한 여러 가지 퇴직 연금 및 투자 유형에 대한 조언을 해 줄 것이다.

퇴직 자금

50세 이후에 저축하기

50세 이상의 저축자들은 주택 구입 자금 대출금 상환의 부담에서 벗어났을 수 있지만, 그럼에도 퇴직 연금을 위한 저축과 아직까지 남아 있을 자녀의 학자금이나 고령 부모 부양 등의 재정적 부담 사이에서 균형을 잡아 생활해야 한다.

저축을 아주 늦게 시작할 경우 급여의 상당 부분을 퇴직 연금으로 할애해야 한다. 20대라면 급여의 10퍼센트 수준인 데 반해 40대는 22.5퍼센트를 할애해야 한다.

적립금이

더 많이

필요하다

아주 많이 저립금

1년에 258만 원

1년에 386만 원

주택 구입 자금 대출비,
자녀 양육비

40

30

45

25

70

0

확정 급여형 퇴직 연금 대 확정 기여형 퇴직 연금

기업 연금은 매달 정액의 연금 지급을 약속하는 것으로, 확정 급여형 퇴직 연금이라 불린다. 이 연금은 고용주에게 위험이 따르는데, 연금 투자의 실적에 관계없이 일정 금액을 지불해야 하기 때문이다. 이 '연금 지급 약속'은 연기금의 부실한 운용으로 인해 일부 연금이 충분한 자금을 형성하지 못하는 결과를 야기하기도 했다. 확정 기여형 퇴직 연금의 경우에는 투자 위험을 부담하는 것은 고용인 쪽이다. 두 퇴직 연금제가 모두 성공하기 위해서는 연금의 투자가 좋은 실적을 내야 하지만, 확정 기여형 퇴직 연금에 손실이 나면 개인이 퇴직할 때 연금 수령액이 기대에 미치지 못할 수 있다.

5. 높은 물가 상승률
퇴직 연금 수령액에는 생계비 상승이 반영되어야 퇴직 시 충분한 소득이 발생할 수 있다.

퇴직 연금 목표액에 도달하지 못하는 경우

개인들에게는 자신의 연금이 목표하는 소득 수준에 도달할 수 있도록 인생 주기의 여러 단계에 전문 재정 자문의 조언을 구하는 것이 중요하다. 재정 자문은 얼마를 저축해야 하는지, 연기금 납부 방식은 어떤 것이 최선인지, 퇴직 연금 수령액이 목표에 도달하지 못할 위험을 줄이기 위해서는 어떤 조치를 취해야 할 것인지 등 재정 관련 지침을 제공할 수 있다. 경우에 따라서는 퇴직 연금 납부액을 올릴 것을 조언할 수도 있고 혹은 퇴직 연금 투자를 다각화하라는 조언을 줄 수도 있다.

3. 세금
퇴직 연금은 일반적으로 소득으로 과세된다. 따라서 연금을 설계할 때 관련 세제를 고려해야 한다.

1. 사업 실패
고용주가 파산할 경우 기금이 다른 자산과 부채로부터 차단(ring-fenced, 자산 간 위험 이전을 막는 규제 조항 — 옮긴이)되어 있지 않으면 퇴직자가 기업 연금을 받지 못하는 상황도 생길 수 있다.

2030년

인구 6명 중 1명이 60세 이상이 되는 해

인구 고령화

대부분 국가에서 인구 고령화 현상이 나타나고 있다. 세계 평균 통계에 따르면 1960년에 출생한 아이는 52세까지 살 것으로 예상되었지만, 그 아이가 오늘 태어난다면 69세까지 살 것으로 예상된다. 21세기 중반에 이르면 평균 수명은 그보다 더 높아져 70세를 한참 웃돌 것으로 보인다.

인구 고령화는 국가 연금에 극적인 영향을 미치고 있다. 현재 납세자들이 납부하는 연금이 미래의 연금을 대비하기 위한 국가의 투자에 사용되지 못하고 곧장 현재의 연금 수령자들에게 지급되고 있기 때문이다. 고령 인구가 계속해서 증가함에 따라 조세 수입에서 연금 지급액의 부족분도 계속 커질 것이다.

퇴직 연금 펀드

4. 주가 폭락
장기적으로 투자한 주식 가격이 하락하거나 주가 대폭락이 발생할 경우 연기금의 가치도 함께 하락할 수 있다.

2. 연기금 관리
연기금 관리 기관의 결정이 잘못될 경우 연금은 물론 다른 투자까지 수익이 낮아질 수 있다.

퇴직 연금으로 가는 길

퇴직 연금의 소득 전환

저축자는 퇴직하면 연금 수령액을 보험 상품에 투자하여 고정된 정기 소득을 창출하거나 한 곳 이상의 기업 연금을 일시금으로 인출할 수 있으며, 혹은 두 방식을 결합할 수도 있다.

연금을 소득으로 전환하는 원리

연금 적립액을 소득으로 전환하는 데는 두 가지 방법이 있다. 하나는 보험 상품을 구입하여 종신으로 매달 또는 연 1회 고정 액수를 지급 받는 것이다. 급여 형태로 연금을 수령하는 이 보험 상품을 종신 급여형 퇴직 연금(annuity)이라고 부르며, '은퇴 후 소득 흐름(retirement income stream)'이라고도 부른다. 또 하나는, 여러 곳의 연금을 일시금으로 인출하여 생계비 이외의 돈을 투자하여 실적 배당금을 지급받는 투자형 퇴직 연금(income drawdown)이다. 연금 저축자는 종신 급여형 연금과 투자형 연금을 결합하여 소득을 창출할 수 있다.

연기금 옵션

퇴직자의 연금 수령 방식은 (확정 급여형이냐 확정 기여형이냐 등) 퇴직 연금의 유형, 연금 적립 금액의 규모, 거주 국가의 조세법과 규정에 따라 다르다.

퇴직 연령

일시금 수령

연금 중에는 가입자가 퇴직과 함께 연기금 전액 또는 일부를 현금으로 인출할 수 있는 상품이 있다. 퇴직자는 그 연금을 자신이 생각하는 대로 지출할 수도 있고 투자할 수도 있고 저축할 수도 있다. 하지만 이 접근법에는 그 자금이 조만간 바닥날 수 있다는 위험이 있으며, 특히 수명이 길어질 경우에는 문제가 더 커질 수 있다.

세무서

비과세 비율

연금 적립금에 대한 과세 규정은 나라에 따라 다르다. 예를 들어 영국에서는 연금 총액의 25퍼센트가 비과세이며, 비과세는 일시금 수령일 경우 1회 적용되고 분할 수령할 경우 그 횟수만큼 적용된다. 나머지 75퍼센트에는 다른 소득과 마찬가지로 한계 세율(소득이 증가하면 그만큼 더 내야 하는 세금 증가분의 비율로, 소득액 단위별로 단계적인 세율이 정해진다.)이 적용된다.

세무서

퇴직 연금 통합 정리하기

대부분의 사람들은 정년퇴직 때까지 직장을 여러 차례 옮길 것이며, 옮길 때마다 해당 직장의 기업 연금을 납부할 것이다. 그렇다 보니 각 연금이 어떻게 운용되고 있는지, 얼마가 적립되었는지, 현재 어떤 실적을 내고 있는지 일일이 추적하기가 어렵다.

여러 연금을 하나로 통합해서 정리한다면 적립액을 확인하기가 훨씬 용이할 것이다. 수수료나 관리비 등의 경비도 절감될 테니 더 많은 돈을 적립할 수 있다는 이점도 있다. 하지만 오래된 연금제가 더 좋은 혜택을 제공하는 경우가 있어 모든 것을 하나로 통합했다가 손실이 발생할 수도 있다.

❗ 주의 사항

모든 연금제는 매우 엄격한 규정을 두고 있으므로 연금 저축자는 어떠한 위약금 조항 없이 이 규정 위반을 시사하는 편지나 전화 또는 이메일을 받을 경우 반드시 의심해야 한다. 금융 사기범들이 연금저축자들의 연기금 인출을 유도할 때 말하는 내용에는 대개 다음 사항이 포함된다.

- ▶ 큰돈을 벌 수 있는 투자 기회, 기타 사업 기회
- ▶ 획기적인 연금 투자 방법
- ▶ 퇴직 연령이 되기 전에 연금을 수령하는 방법

1891년
세계 최초로 독일에서
퇴직 연금 제도가 도입된 해

종신 급여형 퇴직 연금

종신 급여형 퇴직 연금은 평생에 걸쳐 매월 또는 연간 고정된 금액의 소득을 제공하는 보험 상품이다. 예를 들어 스위스의 경우에는 연기금의 80퍼센트가 종신 급여형 연금으로 전환되지만, 오스트레일리아에서는 그 비중이 훨씬 작다. 영국에서는 규정이 변경되어 연금 가입자가 퇴직 때 종신 급여형 퇴직 연금 보험을 구입하는 것이 더 이상은 의무가 아니다.

세무서

투자형 퇴직 연금 실적 배당형 연금 무보장 연금

개인 퇴직 연금 중에는 필요할 경우에 연금 적립금을 일시금으로 인출하여 (높은 수익을 창출할 것을 기대하며) 투자할 수 있는 투자형 퇴직 연금이 있다. 현금을 너무 많이 인출하거나 투자 실적이 좋지 않을 경우에는 가입자가 적립금을 잃을 수 있다는 위험이 따른다.

세무서

채무

채무는 특정인이 다른 특정인으로부터 빌린 돈의 액수를 가리킨다. 돈을 빌리는 것, 즉 차용은 기업이나 개인이 달리 지불할 방도가 없는 큰 금액이 들어가는 구매를 하기 위해서 쓰는 방식이다. 차용인은 이자를 지불하는데, 돈을 빌리는 권한에 부과되는 수수료로 일반적으로는 빌린 금액의 일정 퍼센트에 해당한다. 은행 및 기타 금융 기관은 은행 당좌 대월과 신용 카드에서 주택 구입 자금 대출과 여타 융자까지 다양한 유형의 소비자 대출 상품을 제공한다.

돈을 빌리는 방법

개인에게 자금을 빌려주고자 하는 의사와 능력을 갖춘 기관은 다양하며, 기관에 따라 각기 다른 금융 상품을 제공할 것이다. 차용인은 어떤 상품이 자신의 상황에 가장 적합할지 조사해야 한다.

융자

개인 융자(personal loan)를 통해서 개인은 일정 금액을 일시금으로 빌릴 수 있으며, 약정 기간 동안 일정한 간격으로 상환해야 한다. 융자는 담보 상품과 무담보 상품이 있다(210~211쪽 참조).

▶ **융자의 유형** 자동차 담보 융자, 학자금 융자, 채무 통합(debt consolidation) 융자, 월급 생활자 소액 융자(payday loan) 등 다양한 유형이 있다.

▶ **융자를 제공하는 곳** 은행, 주택 조합 및 기타 금융 기관이 모두 융자를 제공한다.

신용 카드

차용인이 자신의 돈을 사용하지 않고 구매하게 해 주는 일종의 회전 신용(일정한 자금 인출 요건만 갖추면 일정 기간 동안 은행이 선정한 한도 내에서 언제든지 신용을 공여한다는 약정 하에 이루어지는 융자—옮긴이)으로, 사용 대금은 매월 상환하며 늦어지면 연체 수수료를 부담한다(218~219쪽 참조).

▶ **분할 지급 신용 카드** 회전 신용의 반대 개념으로, 사용 대금을 일정 기간 동안 순차로 지급하는 기능이다.

▶ **이중 목적 신용 카드** 일부 국가에서는 은행에서 직불 카드와 신용 카드 기능을 겸한 카드를 발행한다.

은행 거래 내역서

- 거래 내역
- 항목
- 주택 구입 자금 대출
- 신용 카드
- 자동차 담보 융자
- 급여
- 현금
- 초과 인출 수수료

- 현재 총액
- 마감 잔액

신용 등급

신용 등급은 대출 기관이 개인이나 조직체의 신용 기록을 토대로 재무 약정을 이행할 수 있는 능력을 추정한 것이다. 신용 등급은 대출 기관이 누구에게 돈을 빌려줄지, 얼마를 빌려줄지, 그리고 경우에 따라서는 얼마의 이자율을 부과할지를 결정하는 근거로 사용될 수 있다.

기존의 채무 수준이 높은 경우, 대출 이자와 신용 카드 대금 결제 연체 사실이 있는 경우, 여러 건의 신용 대출을 신청한 이력이 있을 경우, 전부가 개인의 신용 등급에 부정적인 영향을 미칠 수 있다. 개인들은 여러 웹사이트를 통해서 자신의 신용 보고서를 확인할 수 있으며, 필요할 경우에는 신용 등급을 향상시키기 위한 조치를 취할 수 있다.

1400조 원
우리나라 가계 부채 총액

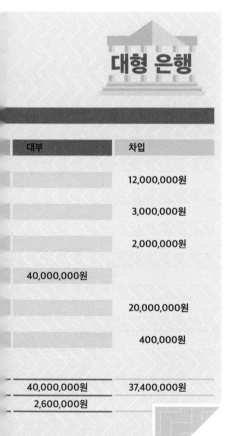

대형 은행

대부	차입
	12,000,000원
	3,000,000원
	2,000,000원
40,000,000원	
	20,000,000원
	400,000원
40,000,000원	37,400,000원
2,600,000원	

주택 구입 자금 대출(mortgage loan)

부동산을 구입할 때 이용하는 장기 대출 상품으로, 구입하는 부동산이 담보가 된다. 대출 기관은 원리금이 약정대로 상환되지 않으면 해당 부동산을 회수할 수 있다(212~215쪽 참조).

▶ **주택 구입 자금 대출 상환** 주택 구입 자금 대출은 원리금, 즉 대출 원금과 그에 부과된 이자를 상환해야 한다.

▶ **LTV(loan-to-value, 담보 인정 비율)** 주택을 담보로 대출해 줄 때 적용하는 담보 가치, 즉 부동산 가격 대비 최대 대출 가능 한도를 뜻한다.

신용 조합

신용 조합은 조합원들에게 저축과 신용 및 기타 금융 서비스를 제공하는 비영리 조직이다. 신용 조합으로부터 돈을 빌리기기 위해서는 조합원이 되어야 한다(216~217쪽 참조).

▶ **규모와 자산** 신용 조합의 규모와 자산은 조합에 따라 천차만별이다.

▶ **소유주** 신용 조합은 주주가 없이 조합원만으로 구성된다.

채무 이용

사람들은 평소라면 여력이 되지 않을 물건을 구입하거나 투자를 하기 위해 채무를 이용한다. 자금을 빌려 투자를 하면 그렇지 않았을 때보다 더 높은 수익을 실현할 수 있지만, 채무에는 원금과 이자 전액을 변제해야 한다는 부담이 따른다.

채무의 원리

국가나 기업이나 개인은 각기의 목적과 기능을 위해서 채무를 이용한다. 채무는 구매 비용을 분산하고 투자를 이행하고 재무를 관리하는 데 유용한 방법이 될 수 있다. 하지만 갚을 수 없으면 위험한 선택이다. 부동산을 구입하기 위해서 주택 구입 자금 대출을 받는 것은 '좋은 채무'에 속한다. 온전한 가격을 직접 지불하고 집을 살 수 있는 사람은 거의 없기 때문이다.

높은 이자에 돈을 빌려서 불필요한 구매를 한다든가 하는 '나쁜 채무'의 사례도 허다하다. 그런 사람들은 융자금에 대한 이자도 감당하기 힘들 수 있다. 그러다가 원금 상환은 엄두도 내지 못하고 오로지 이자만 내기 위해서 또 다시 융자를 받게 되는 경우도 있다.

레버리지

레버리지 또는 기어링(gearing)은 이익을 늘리기 위해서 남의 돈을 빌려서 투자하는 것을 말한다. 주식 시장에서나 기업은 물론 개인들도 이 기법을 사용할 수 있다.

5000만 원 투자

현금으로 구매

구매자 A
E형 재규어 구입

구매자 A
판매자에게
5000만 원 전액 지불

빌린 돈으로 구매

레버리지는 자산의 가치가 대출 비용 이상으로 상승하리라는 믿음에서 자금을 빌려 더 많은 자산을 구매하는 것이다. 이 그림 속의 사례가 보여 주듯 구매자 B는 자신이 가진 현금(자기 자본) 5000만 원을 10건의 계약금 500만 원으로 분할하고 추가적으로 4500만 원을 빌려 E형 재규어 10대를 구입한다. 이는 곧 구매자 B가 자기 자본 대비 부채 비율이 높은 상태(high gearing)라는 뜻이 된다. 빌린 돈 4500만 원은 자동차의 판매 가격과 상관 없이 (대출에 대한 이자까지 포함해서) 상환해야 하기 때문에 구매자 B의 상태는 위험하다.

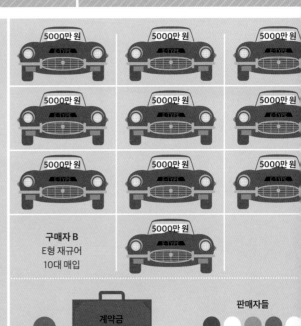

구매자 B
E형 재규어
10대 매입

5000만 원 투자

계약금 10 X 50만 원

은행 4500만 원 대출

판매자들

B

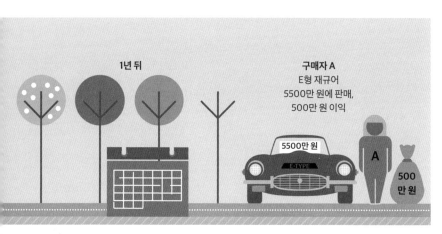

구매자 A
E형 재규어
5500만 원에 판매,
500만 원 이익

1년 뒤

265%
덴마크 가계 소득 대비 가계 부채 비율
(세계 최고)

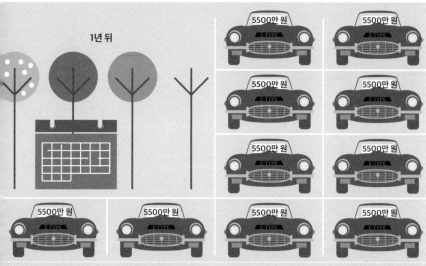

1년 뒤

자동차의 가치 상승
구매자 B는 자동차 한 대당 500만 원 차익을 남기고 판매할 때 수익률이 배가 되어 더 큰 이익을 낸다. 구매자 B의 매출 총이익은 5000만 원으로, 손순익은 이자 지불금을 차감한 값이다. 하지만 자동차의 가치가 떨어질 경우 더 많은 돈을 잃을 가능성도 있다.

구매자 B
5000만 원
매출 총이익

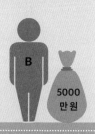

이자와 파산

이자

이자는 돈을 빌리는 대가로 지불하는 비용으로, 빌린 자본의 백분율로 표시한다. 채무 상품은 다양하며 이자율도 각기 다르다. 일정 기간 동안 고정되는 고정 금리가 있는가 하면 시중 금리에 따라 바뀌는 변동 금리도 있다. 투자 자금을 빌릴 때는 반드시 이자 비용을 고려해야 한다.

파산

채무자(또는 채무 회사)가 빚을 갚을 수 없게 되었을 때 거의 모든 채무를 면제해 주는 법적 절차를 파산이라고 한다. 개인(또는 기업)은 현실적으로 채무를 상환할 가능성이 없을 때 파산을 신청하여 법원으로부터 파산 선고 결정을 받는다. 파산은 새 출발의 기회가 될 수 있으나 그 사람의 신용 등급에 악영향을 미쳐 장차 대출 능력을 상실하는 심각한 재정적 결과를 안게 된다.

이자와 복리

돈을 저축하면 이자를 '번다'. 투자자가 이자를 인출하지 않고
재투자할 경우에는 복리가 발생한다.

눈덩이 효과

눈덩이가 언덕을 굴러 내려가면 눈이
달라붙으면서 점점 더 커진다. 눈덩이가
커지면서 눈이 달라붙을 면적이 커지기 때문에
눈덩이가 불어나는 속도는 아래로 내려갈수록
빨라진다. 따라서 충분한 시간이 주어진다면
아주 작았던 눈덩이가 거대한 눈덩이가 될 수
있다. 복리도 이와 같은 원리로 작동하므로
'눈덩이 효과'로 표현되어 왔는데, 매년 이자가
지급되는 단리 상품보다 복리 상품이 작은
투자로도 더 큰 수익을 낼 수 있다는 뜻이다.

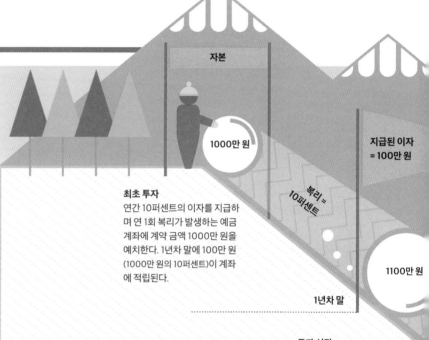

자본

1000만 원

최초 투자
연간 10퍼센트의 이자를 지급하
며 연 1회 복리가 발생하는 예금
계좌에 계약 금액 1000만 원을
예치한다. 1년차 말에 100만 원
(1000만 원의 10퍼센트)이 계좌
에 적립된다.

**지급된 이자
= 100만 원**

**복리 =
10퍼센트**

1100만 원

1년차 말

투자 성장
이제 예금 계좌에는 1100만 원
이 있으며, 2년차에는 110만 원
(1100만 원의 10퍼센트)을 번다.
2년차 말에 계좌 잔액은
1210만 원이다.

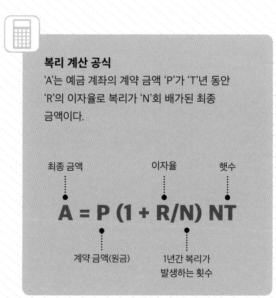

복리 계산 공식
'A'는 예금 계좌의 계약 금액 'P'가 'T'년 동안
'R'의 이자율로 복리가 'N'회 배가된 최종
금액이다.

최종 금액 이자율 햇수

$$A = P \left(1 + R/N\right)^{NT}$$

계약 금액(원금)   1년간 복리가
발생하는 횟수

복리의 원리

이자는 돈을 빌릴 때 지불하는 비용이며, 자본의 백분율로 계산된다. 돈을 은행에 저축하면 사실상 은행에 돈을 빌려주는 셈이다. 이에 은행은 투자자에게 이자를 지불하는데, 곧 자본이 이자를 '번다'는 의미가 된다.

단리는 투자자가 적립한 금액에 대해서만 이자를 더해 주는 방식이다. 복리는 재투자한 단리에 지불되는 이자로, 저축과 대출에 모두 적용된다. 첫 해에 발생한 이자가 원금에 더해지고, 따라서 원금에다 이미 발생한 이자에 2년째에 발생한 이자가 더해진다. 3년째에는 원금에다 첫 2년간의 이자가 더해지고, 그런 식으로 이자가 더해진 금액에 다시 이자가 붙는다.

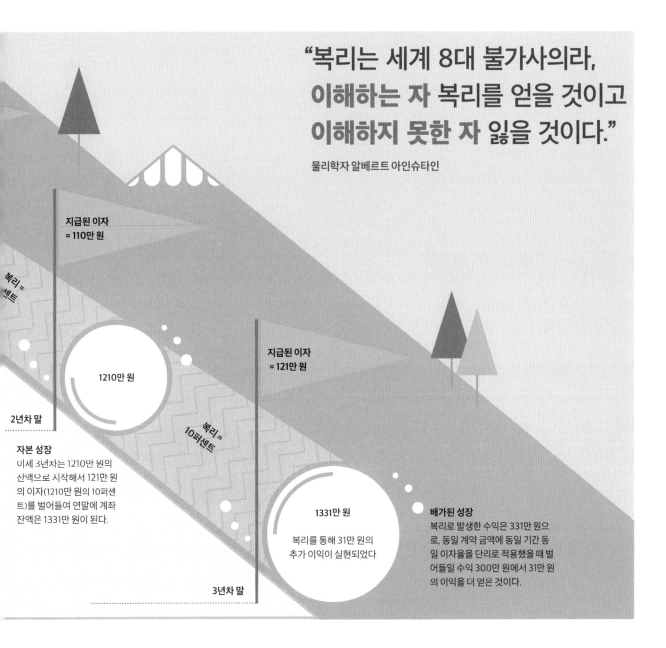

"복리는 세계 8대 불가사의라, 이해하는 자 복리를 얻을 것이고 이해하지 못한 자 잃을 것이다."

물리학자 알베르트 아인슈타인

지급된 이자
= 110만 원

복리 = 퍼센트

1210만 원

2년차 말

자본 성장
이세 3년자는 1210만 원의 산액으로 시작해서 121만 원의 이자(1210만 원의 10센트)를 벌어들여 연말에 계좌 잔액은 1331만 원이 된다.

복리 = 10퍼센트

지급된 이자
= 121만 원

1331만 원

복리를 통해 31만 원의 추가 이익이 실현되었다

배가된 성장
복리로 발생한 수익은 331만 원으로, 동일 계약 금액에 동일 기간 동일 이자율을 단리로 적용했을 때 벌어들일 수익 300만 원에서 31만 원의 이익을 더 얻은 것이다.

3년차 말

융자

융자가 제공하는 일정 액수의 돈은 정해진 기간 동안 이자와 함께 상환해야 한다. 개인 융자는 차용인의 재량에 따라 사용할 수 있지만 일부 유형의 대출은 규정된 목적이 있다.

융자의 원리

융자는 개인들에게 단기간 일시금을 빌려주는 것이며, 차용인은 대출금을 약정된 기간 동안 정해진 시간 간격으로 분할해서 상환해야 한다. 예를 들어 1000만 원을 빌려 5년에 걸쳐 상환할 수 있다. 차용인은 자본(계약금)을 상환해야 할 뿐만 아니라 융자에 대한 이자도 지불해야 한다. 차용인에게는 정기 일자에 지불해야 할 계약금과 이자 금액이 함께 제시된다.

융자는 당좌 대월이나 신용 카드 같은 대출 수단보다 저렴한 대안이 될 수 있다. 어떤 자산(주택 등)을 '담보'로 한 융자는 정해진 시점에 상환하지 않을 경우 대출 기관에 그 자산을 회수할 권한이 부여된다. 일반적으로 담보 대출은 무담보 대출보다 저렴하다. 주택 구입 자금 대출은 부동산을 구입할 때 가격 전액을 지불하지 않고 해당 부동산을 담보로 사용하는 담보 대출 상품이다.

은행, 주택 조합, 월급생활자 소액 융자업체, 신용 조합, 슈퍼마켓, P2P 대출 회사 등 다양한 기관에서 융자 상품을 판매한다. 융자 중개인을 통해서 다양한 공급 업체로부터 돈을 빌리는 경우도 있다.

5583%
2014년 새로운 법규 적용 전 월급생활자 소액 융자 원금의 연 이자율

🔍 사례 연구

융자 상환

▶ 계약금 원금과 이자를 매달 정해진 날짜에 상환하는 융자 상품의 경우, 초기의 상환 금액에서는 이자가 큰 부분을 차지한다. 갚아야 할 대출 금액에 대한 이자율을 따지기 때문에 상환 금액이 클수록 이자 부담도 커진다. 매달 상환하는 금액에는 원금의 일부가 포함되기 때문에 달이 갈수록 대출 잔금(과 따라서 이자 금액)은 줄고 원금의 비중이 높아진다. 마지막 달의 상환 금액은 상당 비중의 원금과 약간의 이자로 구성된다(대출 잔금이 작아졌기 때문에 그에 대한 이자도 작아진 것이다.).

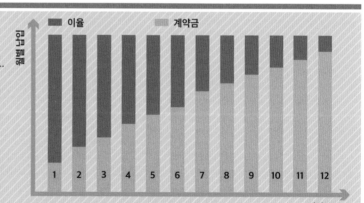

대출 계약서

A 은행

대출 계약서는 대출 계약이 성립되었음을 증명하는 공식 문서로, 대출의 약관과 법적 규정이 명시되어 있다.

이 대출 계약(이하 '계약')은 **2004년 4월 17일**부터 효력이 발생한다.

이 계약은 대주('A 은행')과 차주('A') 사이에 체결되었다.

약관 및 법적 규정

지불 약속

차주는 오늘부터 **60개월** 이내에 대주에게 아래에 명시된 **2000만 원**과 이자 및 기타 수수료를 지불할 것을 약속한다.

2. 대출 내역

차주는 빌린 자본 전액과 각종 비용 및 수수료, 이자 금액, 총 상환 금액을 지불할 것에 동의한다.

대출 금액:	20,000,000원
기타(서비스 수수료 등):	200,000원
차감 지급액:	19,800,000원
총 지불액:	23,533,940원
연 이자율:	6.8%

3. 상환

차주는 2017년 4월 **4일**을 시작으로 2022년 4월 4일까지 **60회**에 걸쳐 분할 납부금 392,230원을 매달 **04일**에 상환할 것이다.

4. 중도 상환

차주는 언제든지 계약금 전액을 상환할 권리가 있지만, 조기 상환에는 중도 상환 수수료 **1,360,000원**이 부과될 수 있다.

5. 연체 수수료

분할 납부금이 약정 일자로부터 **15일** 이내에 납부되지 않았을 경우에는 연체 수수료로 납부 금액의 4%인 **15,690원**이 부과될 것이다.

6. 채무 불이행

어떠한 사유로든 차주가 정해진 일자에 상환 금액을 납부하지 못했을 경우, 차주는 채무 불이행 상태가 된다. 대출 기관은 차주에게 추가 통지 없이 대출금 가운데 미지불 잔액 전체의 즉각 지불을 요구할 수 있다.

대출 기간 대출금이 정기적인 분할 납부 방식으로 상환되는 기간. 이 기간은 일반적으로 개월 단위로 표시된다.

계약 원금 차주에게 대출이 실행된 자본 원금. 이 금액은 파운드, 유로, 달러 등 대출금의 통화로 표시된다.

총 상환 금액 대출 전체 기간에 걸쳐 차주가 대주에게 지불한 자본과 이자와 수수료 총액.

연이율 연간 이자 비율은 서비스 수수료 등 각종 비용을 고려하여 1년 단위로 정한 이자율이다.

정기 납부 대출금을 정기적으로 분할 납부하는 방식으로, 주별, 월별, 분기별 등 납부 주기는 약정 조건에 따라 다르다.

중도 상환 수수료 차주가 계약 만기가 되기 전에 대출금을 상환할 경우에, 중도 상환 수수료가 추가적으로 부과된다.

연체 수수료 차주가 약정된 일자에 납부금을 불입하지 않을 경우에 연체 수수료가 추가로 부과된다. 원래의 납부 스케줄이 재개될 때까지 연체 수수료는 계속해서 부과된다.

채무 불이행 차주가 대출 계약상의 요건을 충족시키지 못할 때, 채무 불이행 상태가 된다. 채무 불이행에 따른 조치 사항에 대해서는 대출 계약서에 명시되어 있다.

주택 구입 자금 대출

주택 구입 자금 대출은 차용인에게 부동산 또는 토지를 구입할 수 있게 해 주는 장기 대출이다. 주택 구입 자금 대출은 빌린 금액(계약 원금)과 대출금에 대한 이자로 구성된다.

주택 구입 자금 대출의 원리

중세 잉글랜드 변호사들이 사용했던 용어 모기지(mortgage)는 프랑스 고어 '죽음의(mort) 서약(gage)'에서 유래했는데 빚을 다 갚거나 채무 상환의 책임을 다하지 못할 때 거래가 죽기 때문에 붙은 이름이다. 주택 구입 자금 대출은 차용인의 부동산을 담보로 하는데, 차용인이 채무 불이행 상태가 되거나 대출 계약 요건을 준수하지 못하면 대출 기관이 그 부동산의 소유권을 취할 수 있는 법적 장치(소유권 회수 또는 압류)가 마련되어 있다. 대부분의 주택 구입 자금 대출 기관은 대출을 실행하기 전에 차용인에게 부동산 가치의 일정 비율을 보증금(혹은 계약금)으로 명시할 것을 요구하며, 이 보증금의 액수가 클수록 대출 금액은 적어진다.

원리금 균등 분할식 주택 구입 자금 대출

▶ 원리금 균등 분할식(annuity repayment)은 영국에서 가장 보편적인 유형의 주택 구입 자금 대출 상품이다.

▶ 은행은 먼저 차용인의 배경을 조사해 대출금을 상환할 능력이 있는지 확인한다.

▶ 차용인이 보증금을 내면 은행이 주택 구입 가격의 잔액을 차용인에게 대출해 준다. 예를 들어 부동산 구입 가격이 3000만 원이라면, 차용인이 구입가의 5퍼센트인 150만 원을 보증금으로 내고, 나머지 2850만 원을 은행으로부터 빌리는 것이다. 은행이 빌려주는 이 금액을 대출 원금 또는 자본이라고 부른다.

▶ 은행은 주택 구입 자금 대출 상품의 유형과 기준 금리를 근거로 대출 원금에 대한 이자율을 설정한다. 대출 이자율이 일정 기간 동안 고정 금리인 상품도 있고, 처음부터 변동 금리인 상품도 있다.

▶ 차용인은 원리금을 월 납입 방식으로 매달 상환한다. 대출 원금과 이자금 전액을 다 상환했을 때 차용인이 이 부동산을 완전히 소유하게 된다.

주택 구입 자금 대출의 유형

주택 구입 자금 대출의 유형은 나라마다 다르며, 이 문제를 다루는 법규 또한 다르다. 대출 가능한 액수는 부동산 가치, 개인의 상황, 경제적 여건에 따라 달라지겠지만, 모든 대출금은 이자와 함께 상환해야 한다.

저축 계좌 연동식 주택 구입 자금 대출

▶ 저축 계좌 연동식(offset)은 차용인이 대출을 받은 은행에 저축 계좌가 있을 경우에 저축한 돈으로 대출 금액을 상쇄해 나가는 상품이다.

▶ 그 결과 대출금에 대한 이자가 적어지고, 따라서 차용인은 대출금을 더 빨리 갚을 수 있게 된다.

▶ 예를 들어 차용인이 주택을 담보로 2000만 원을 빌렸고, 저축한 돈이 300만 원이라면, 저축 계좌 연동식 주택 구입 자금 대출은 대출금 가운데 1700만 원에 대한 이자만 상환하는 것이다.

▶ 모든 은행이 저축 계좌 연동식 주택 구입 자금 대출 상품을 제공하지는 않으며, 다른 주택 구입 자금 대출 상품보다 이자율이 높을 수 있다.

▶ 차용인이 저축한 금액이 많지 않을 경우에는 이자율이 높아지기 때문에 저축 계좌연동식 대출로 이익을 얻을 수 없다.

▶ 차용인의 저축 금액이 클 경우에는 이 저축을 LTV(담보 인정 비율)를 낮추는 데 이용하는 편이 더 나을 수도 있다.

70% 자기 소유 주택에 사는 유럽 연합 시민의 비율

만기 일시 상환식 주택 구입 자금 대출

❯ 만기 일시 상환식(interest-only)은 빌린 금액에 대한 이자만 상환하며 대출 원금은 상환하지 않는 방식의 주택 구입 자금 대출 상품이다.

❯ 은행이 차용인에게 예를 들어 2400만 원을 대출하면, 차용인은 이 대출 원금에 대한 이자를 월 납입 방식으로 상환한다.

❯ 만기 일시 상환식은 원리금 균등 분할식 대출보다 매월 상환하는 액수는 적겠지만, 이 대출을 받기 위해서는 더 많은 보증금을 내거나 더 높은 소득 수준을 증명해야 한다.

❯ 대출 기간이 끝나면 차용인은 반드시 대출 원금 전액을 상환해야 하는데, 상환 금액은 24만 파운드이다. 대출 기간 동안 인플레이션으로 인해 부동산 가치가 크게 상승했다면, 차용인이 빚진 액수는 상대적으로 적어질 것이다. 그러나 그동안 충분한 돈을 모으지 못했다면 대출금을 상환하기 위해서 부동산을 팔아야 할 수도 있다.

주택 연금 주택 구입 자금 대출

❯ 주택 연금(reverse annuity mortgage)은 대출자가 차입자의 주택을 담보로 매월 일정 금액을 연금 형태로 평생 지급하는 것이다.

❯ 주택 연금(역모기지론 또는 역연금 저당으로도 부른다.)은 주택 소주유가 자신이 소유한 부동산의 가치를 이용할 수 있게 하는 주택 구입 자금 대출 상품이다.

❯ 주택 연금을 선택하는 사람들은 대개 고령자이다. 이 유형의 주택 구입 자금 대출에 대한 자격 요건은 영국은 55세 이상이며 미국에서는 최소한 62세가 되어야 한다(한국은 60세 이상 독신이나 부부 모두 60세 이상 가능하다. ― 옮긴이).

❯ 은행은 부동산의 담보 가치(순자산)에 해당하는 돈을 대출하지만 일반적으로는 높은 수수료가 부과된다.

❯ 은행은 주택 소유 주에게 이 대출금을 월지급금 형태로 매달 고정 금액을 지급하거나 일시금 형태로 복돈을 지급한다.

❯ 주택 소유주가 사망하면, 주택을 매각하여 그 가격으로 하여 대출 금액을 일시 상환한다.

❯ 주택을 매각하여 대출금을 회수하고 남은 잉여금은 주택 소유주가 유언으로 지정한 수익자나 법적 상속인에게 돌아간다.

✓ 알아 두기

❯ **LTV(loan-to-value ratio)**
주택을 담보로 대출해 줄 때 담보물 가격에 대비하여 인정해 주는 금액의 비율.

❯ **담보(security)**
대출에 대한 보증 수단으로, 주택 구입 자금 대출에서는 주택이 담보가 된다.

❯ **주택 재담보 대출(remortgage)**
동일 부동산을 담보로 하는 추가로 대출 받거나 다른 상품으로 대출 받는 것.

❯ **대출 기간(term)**
대출금을 상환하는 기간.

❯ **순자산(equity)**
자금 대출 금액에 대한 부동산의 가치.

❯ **마이너스 순자산(negative equity)**
자금 대출 금액보다 작은 부동산 가치.

❯ **보증인(guarantor)**
차용인이 채무를 상환하지 못할 때 상환 의무 이행을 책임지겠다고 동의한 사람.

이슬람권 모기지

이슬람 율법은 주택 구입 자금 대출에 이자를 부과하는 것을 금지한다. 이슬람 주택 구입 자금 대출에는 세 가지 유형이 있으며, 모두가 이슬람 율법에 적격(sharia-compliant)해야 한다.

❯ **은행이 구매자를 대신해** 부동산을 구입한 뒤 임대한다. 임대 기간이 끝나면 소유권이 구매자 또는 거주자에게 이전된다.

❯ **주택 구매자가 은행과 공동으로** 부동산을 구입하고 소유하지 않은 부분에 대해 임대료를 지불한다. 그런 다음 미소유 부분에 대한 지분을 매입하며, 지분이 증가하는 만큼 임대료는 감소한다.

❯ **은행이 부동산을 구입해** 구매자에게 판매한다. 구매자는 원래 구입 비용보다 높은 가격으로 책정된 납입금을 매달 상환한다.

모기지 이자율

은행은 다양한 주택 구입 자금 대출 상품을 제공하며 상품마다 구매 여력 대비 위험 비율을 다르게 산정하여 각기 다른 이자율을 제공한다. 고정 금리 주택 구입 자금 대출은 차용인에게 일정 기간 고정 이자금을 부과한다. 영국에서 고정 금리는 2년, 3년, 5년 기한이 일반적이다. 차용인은 고정 금리 기한이 끝나면 새로운 고정 금리로 재담보 대출을 받거나 아니면 원래의 주택 구입 자금 대출 상품에 변동 금리를 적용받는다. 고정 금리는 기준 금리나 여타 경제 여건 변화로 변경되지 않는다. 이는 이자율 위험(interest rate risk)을 차용인이 아니라 대출 기관이 감수한다는 것을 의미한다.

변동 금리

변동 금리형 주택 구입 자금 대출은 상환 기간 동안 이자율이 바뀔 수 있는 상품이다. 이자율이 중앙 은행의 기준 금리 같은 시장지수와 연동하는 경우도 있는데, 기준 금리의 변동에 따라서 월 납입금이 증가하거나 감소한다. 이는 이자율 위험을 차용인이 수용한다는 것을 의미하며, 따라서 금리가 상승했을 때는 여전히 그 담보 대출을 상환할 여력이 되는지 확인해야 한다. 변동 금리 주택 구입 자금 대출의 비중은 국가마다 다르다.

모기지 금리 유형

일반적으로 차용인에 대한 담보 보증 액수가 클수록 관련 수수료 비용은 높아진다.
일부 주택 구입 자금 대출 상품은 유연성에 제약이 따르는 고정 금리를 제공한다.

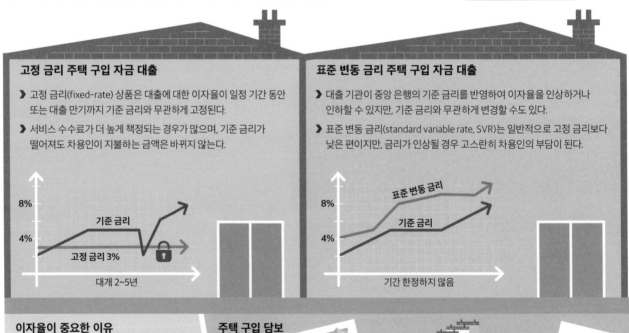

고정 금리 주택 구입 자금 대출

❯ 고정 금리(fixed-rate) 상품은 대출에 대한 이자율이 일정 기간 동안 또는 대출 만기까지 기준 금리와 무관하게 고정된다.

❯ 서비스 수수료가 더 높게 책정되는 경우가 많으며, 기준 금리가 떨어져도 차용인이 지불하는 금액은 바뀌지 않는다.

8%
4%
기준 금리
고정 금리 3%
대개 2~5년

표준 변동 금리 주택 구입 자금 대출

❯ 대출 기관이 중앙 은행의 기준 금리를 반영하여 이자율을 인상하거나 인하할 수 있지만, 기준 금리와 무관하게 변경할 수도 있다.

❯ 표준 변동 금리(standard variable rate, SVR)는 일반적으로 고정 금리보다 낮은 편이지만, 금리가 인상될 경우 고스란히 차용인의 부담이 된다.

표준 변동 금리
8%
기준 금리
4%
기간 한정하지 않음

이자율이 중요한 이유

이자율이 미세하게 변해도 대출 상환 기간 동안 지불되는 이자의 총액을 따지면 크게 차이가 날 수 있다.

주택 구입 담보 대출 거래 1

은행
대출금
2억 원
기간 25년

3% 이자율

1월
948,000원

25년 동안 매월 은행에 납부

은행
총 상환 금액
= 2억 8440만 원

이자 지불 금액
= 8440만 원

2007년 미국 서브프라임 모기지론 업체들 파산으로 금융 위기 시작

서브프라임 모기지와 신용 위축

서브프라임 모기지 사태는 2007년에 시작되어 주택 구입 자금 대출 상품과 그 규제에 근본적인 변화를 가져왔다. 미국에서는 상환할 소득이 없는 사람들에게 모기지 상품을 팔아 왔다. 부동산 버블이 꺼지면서 대규모 대출금 회수 불능 사태가 이어져 금융 기관들의 손실이 발생했다. 모기지 기반 채권의 가치가 하락했고 몇몇 은행은 파산했다.

▶ **신용 위축(credit crunch)**

은행을 비롯한 대출 기관들이 주택 구입 자금 대출과 기타 대출에 사용할 수 있는 신용 금액을 축소했다.

▶ **경기 후퇴(recession)**

서브프라임 사태로 인해 여러 국가에서 경기 후퇴 혹은 경기 침체가 발행했다. 부동산 회수 및 압류가 이루어졌으며 은행뿐만 아니라 많은 기업이 붕괴했다.

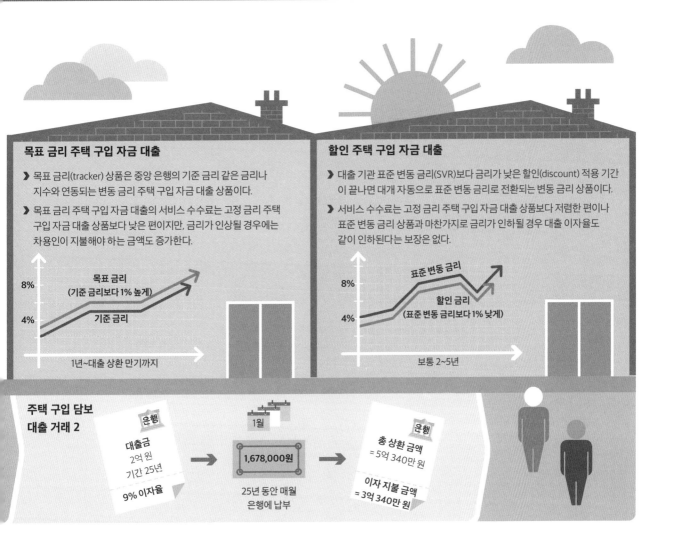

목표 금리 주택 구입 자금 대출

▶ 목표 금리(tracker) 상품은 중앙 은행의 기준 금리 같은 금리나 지수와 연동되는 변동 금리 주택 구입 자금 대출 상품이다.

▶ 목표 금리 주택 구입 자금 대출의 서비스 수수료는 고정 금리 주택 구입 자금 대출 상품보다 낮은 편이지만, 금리가 인상될 경우에는 차용인이 지불해야 하는 금액도 증가한다.

8%

목표 금리
(기준 금리보다 1% 높게)

4%

기준 금리

1년~대출 상환 만기까지

할인 주택 구입 자금 대출

▶ 대출 기관 표준 변동 금리(SVR)보다 금리가 낮은 할인(discount) 적용 기간이 끝나면 대개 자동으로 표준 변동 금리로 전환되는 변동 금리 상품이다.

▶ 서비스 수수료는 고정 금리 주택 구입 자금 대출 상품보다 저렴한 편이나 표준 변동 금리 상품과 마찬가지로 금리가 인하될 경우 대출 이자율도 같이 인하된다는 보장은 없다.

8%

표준 변동 금리

4%

할인 금리
(표준 변동 금리보다 1% 낮게)

보통 2~5년

주택 구입 담보 대출 거래 2

은행

대출금
2억 원
기간 25년

9% 이자율

1월

1,678,000원

25년 동안 매월
은행에 납부

은행

총 상환 금액
= 5억 340만 원

이자 지불 금액
= 3억 340만 원

신용 조합

조합원이 주인인 비영리 금융 기관 신용 조합(신용 협동 조합)은 모든 조합원에게 예금과 대출을 비롯한 각종 금융 서비스를 제공한다.

신용 조합의 원리

19세기 중반 독일에서 시작된 신용 조합은 공동 유대에 소속된 조합원들이 상호의 이익을 도모하는 비영리 금융 기관이다. 공동 유대는 조합의 설립과 구성원의 자격을 결정하는 기본 단위로, 같은 마을 주민이나 같은 업종 종사자들, 같은 노동조합이나 같은 공동체에 소속한 사람들이 하나의 조합을 구성한다.

전통적으로는 소규모 조직이었지만, 오늘날에는 전 세계를 통틀어 신용 조합 가입 인구가 약 2억 1700만 명이며 규모가 큰 신용 조합의 경우에는 조합원 수가 수만 명 단위에 자산 규모는 수십억 달러에 이른다.

저소득 지역일수록 활발하게 운영되며, 일반 서민 대상 대출이나 중소기업이 제공하는 대출 자격에도 부합하지 못하거나, 낮은 신용 등급으로 인해 그런 대출에 높은 이자율이 부과되는 사람들에게 특히 큰 도움이 되는 기관이다. 이용 수수료가 낮다는 점도 큰 매력이다. 일정 액수 이상 저축한 사람들에게만 대출을 제공하는 곳도 있는데, 외부 자본에 의존하지 않고 조합원들의 예금을 모아서 대출금을 조달하기 때문이다. 신용 조합의 거래가 중단될 경우, 조합원들의 저축에 대해서는 예금자 보호 기구를 통해 정부가 일정 한도까지 지원한다.

비영리

신용 조합은 회원(조합원)이 주인이라는 점에서 상호 주택 조합과 비슷하다. 조합원 1명에게 1표의 투표권이 있어 조합의 운영 책임을 맡는 이사진을 선출한다. 하지만 신용 조합은 외부 주주의 수익 창출보다는 조합원들에게 혜택을 주기 위한 공동체 은행 서비스를 중시한다. 조합 운용을 통해 발생하는 초과 수입은 개인 맞춤형 서비스와 재정 자문, 더 나은 상품 개발, 최대한 경쟁력 있는 이자율을 제공하기 위해 신용 조합에 다시 투자된다.

비영리
신용 조합의 목표는 이익을 내는 것이 아니라 조합원들의 편의를 도모하는 것이다. 모든 초과 수입은 사업 운영에 재투자된다.

조합원이 주인인 조직
조합원들은 사업을 운영할 이사진을 선출한다. 조합원 한 명당 1표의 투표권이 주어진다.

공동체가 중심인 조직
조합원들은 직장, 종교, 또는 거주 지역 등의 공동 유대에 소속된다.

개인 맞춤형 서비스
신용 조합의 직원들은 조합원 개개인의 재정 상황을 개선하기 위한 도움을 제공하기 위해 최선을 다한다.

빈곤층 금융 지원
신용 조합 조합원들은 주류 금융 기관이 요구하는 자격 기준에 부합하지 못하는 신용 미달 또는 신용 불량자인 경우가 적지 않다.

신용 조합

5만 7000
전 세계 105개국
신용 조합 수

영리
은행의 목표는 수익을 창출하여
소유주와 주주의 이익을 극대화하는
것이다. 은행의 목표와 이익이 고객의
목표와 이익에 우선한다.

$

개인의 회사 또는 주주가 주인인 회사
은행은 고액 연봉을 받는 은행장이
경영하며, 투표권은 소유한 지분만큼
주어진다.

사업이 중심인 조직
은행은 돈을 벌 수 있는 상품을
개발하고 판매하며, 이익은
주주에게 돌려준다.

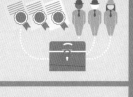

온라인 서비스
부분적으로 또는 완전히 온라인으로
운영하는 은행은 대면 또는 개인 맞춤형
서비스를 거의 제공하지 않는다.

신용 있는 고객 위주
은행이 선호하는 신용 기준에
부합하지 못하는 고객은
거절당한다.

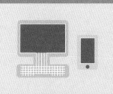

$$$

은행

신용 조합의 금융 상품

▶ **대출 상품** 숨은 비용은 있을 수 없으며, 대출금
은 만기보다 일찍 갚더라도 대개는 중도 상환
수수료가 부과되지 않는다. 일부 대출 상품에
는 생명 보험이 포함된다.

▶ **저축 상품** 조합원들의 예금을 자금이 필요한
조합원이 대출할 수 있다. 예적금 수익은 높지
않은 경우가 많으며, 이자나 연간 배당금 형태
로 지급된다. 납입 한도를 두는 상품도 있다.

▶ **당좌 예금** 신용 확인을 요구하지 않고 계좌 보
유 수수료를 부과하지 않으며 당좌 대월을 허
용하지 않는다. 일부 신용 조합은 생계 예산 관
리에 도움이 되는 예산 계좌(가정의 경상 지출
을 위해 급여에서 일정 금액이 주 또는 월 단위로
자동 이체되는 계좌. '잼 단지 계좌(jam jar
account)'—옮긴이)를 제공한다.

⚠ 주의 사항

▶ **대출 금리와 조건에서** 주류 금융 기관의 상품
보다는 경쟁력이 떨어지지만, 월급생활자 소액
융자 업체의 상품보다는 유리하다.

▶ **최대 대출 금액이** 상대적으로 낮은 편이나. 내
출 승인을 받기 위해서는 보통 해당 신용 조합
에 일정 금액 이상의 저축이 필요하다.

▶ **비영리 기관인 신용 조합은** 자본이 제한적이어
서 ATM을 편리한 위치에 설치하기 어려운 경
우가 많으며 인터넷 뱅킹이나 모바일 뱅킹 같은
기술에 대한 투자 여력도 부족한 상황이다.

신용 카드

은행이나 주택 조합 등 대출 기관이 발행하는 지갑 크기의 플라스틱 신용 카드는 카드 소유자에게
재화나 용역을 외상으로 구매할 수 있게 해 주는 융통성 있는 대출 수단으로 기능한다.

신용 카드는 카드 발행사와 계약을 체결한 회원에게 설정된 신용 한도액까지 현찰 없이 외상으로 재화나 용역을 구매할 수 있게 해 준다. 사용자는 그 한도액까지 별도의 이용 수수료 없이 원하는 만큼 지출할 수 있다. 단 매달 결제일까지 대금(미지불 채무) 전액을 지불해야 한다. 이 시점을 초과해서 미결제 잔액이 남아 있을 경우에는 연체 이자가 부과되지만, '최소 상환 금액(minimum repayment)'만 지불하면 신용이 유지된다(아래 참조). 최소 상환 금액은 개인에 따라 다르지만, 일반적으로는 미결제 잔액의 일정

퍼센트나 고정 최소 금액 가운데 더 높은 쪽에 연체 이자와 기본 수수료가 추가된 금액이다.

일반적으로 신용 카드에는 카드 채무를 전액 상환해야 하는 기한이 따로 정해져 있지 않다. 어느 정도로 상환하는 것이 적절한가는 사용자 개인이 결정할 몫이다. 그러나 매달 최소 상환 금액만 지불하는 것은 신용 카드 채무를 가장 비싸게 이용하는 길이다. 미결제 잔액에 대해서 계속해서 이자가 쌓이기 때문이다.

최소 상환 금액

신용 카드는 일반 대출이나 주택 구입 자금 대출과 달리 사용자가 매달 상환하도록 규정된 최소 상환 금액 이상의 금액을 선택하여 상환할 수 있다. 최소 상환 금액은 연체 수수료를 피하기 위해서 매달 지불해야 하는 최소 금액이다. 하지만 매달 최소 상환 금액만 지불할 경우에는 미지불 잔액에 대해 계속해서 이자가 발생하며, 따라서 채무가 계속해서 증가한다. 이는 매달 지불해야 하는 고정 금액이 더 커진다는 뜻이며 월별 미지불 잔액 전체를 상환하기까지 더 오랜 시간이 걸린다는 뜻이 된다.

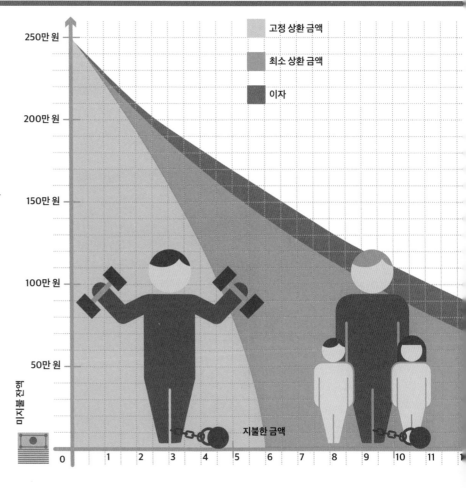

✓ 알아 두기

▶ **잔고 이전(balance transfer)**
미결제 대금 전액을 하나의 신용 카드에서
다른 신용 카드로 이전하는 것

▶ **현금 서비스(cash advance)**
신용 카드로 ATM(현금 자동 인출기)에서
현금을 인출하는 것. 일반적으로 신용 카드
회사는 이 방식으로 신용 카드를 이용할 때
더 많은 이자와 추가 수수료를 부과한다.

▶ **회전 신용(revolving credit)**
고객이 필요할 때 자금을 사용할 수 있게
해 주는 신용 한도. 일반적으로는 영업
목적으로 사용되며, 고객의 현금 흐름
필요에 따라 매달 변동될 수 있다.

▶ **신용 한도(credit limit)**
개인이 한 번에 빌릴 수 있는 최대 금액

회전 신용

신용 카드는 회전 신용의 한 형태로, 사용자의 신용 한도 이내에서 몇 번이고 인출하고 상환하고
다시 인출하는 것을 허용해 주는 제도이다.

400만 원 대출

300만 원 상환

한 사용자가 신용 카드로 400만 원
을 지출하고, 300만 원을 상환한다.
총 청구서에는 미결제 채무가 100만
원 잔액으로 남는다.

400만 원 대출

300만 원 상환

이 사용자는 다음 달 또 400만 원을
지출하고 400만 원을 상환하지만,
400만 원은 여전히 미결제 채무로
남아 있으며 계속 이자가 발생한다.

채무 100만 원에
대한 이자 발생

❗ 주의 사항

신용 카드 사기는 신용 카드를 사기성 자금원으로
사용하는 것이다.

가장 단순한 신용 카드 사기는, 개인의 신용 카
드 세부 정보를 획득한 뒤 전화나 인터넷을 통해 그
카드 소유자의 명의와 카드 정보를 이용해 물건을
구매하는 것이다.

더 극단적인 신용 카드 사기로는, 카드 소유자의
신원을 확인하여 그 명의로 은행 계좌를 개설하고
신용 카드를 발급받거나 신용 카드 소유자 명의로
대출이나 신용 한도를 이용한 여타의 융자를 받는
범행 등을 꼽을 수 있다.

신용 카드 사용자는 항상 카드 명세서를 꼼꼼히
확인하여 자신의 카드로 사기 거래가 있었는지 여
부를 살펴야 한다.

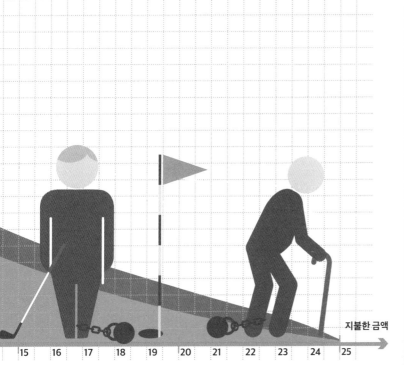

지불한 금액

14 15 16 17 18 19 20 21 22 23 24 25

기간(년)

디지털 시대의 돈

인터넷이 의사 소통에 혁명을 일으키고 세계화를 가능하게 만들었듯이 암호 화폐라고도 불리는 디지털 화폐는 사람들이 재화와 용역을 구매하는 방식을 바꾸게 될 것이다. 디지털 화폐는 어떠한 금융 기관의 통제도 받지 않는 하나의 국제 '통화'로 기능한다. 전통 화폐는 개별 국가의 중앙 은행에 의해 인쇄 혹은 주조되었지만, 디지털 화폐는 컴퓨터를 통해서 생성된다.

탈중앙화

미래의 돈, 암호 화폐는 '채굴자(miner)'라는 전문팀이 디지털 방식으로 생성하는 금융 거래 수단이다. 채굴자들은 전용 하드웨어를 사용하여 전자 통화를 암호화하는 복잡한 함수를 풀어 보안성 높은 거래를 처리한다. 암호 화폐는 개인 간 거래가 가능하며, 온라인 거래소를 통해서 매매된다. 암호 화폐는 P2P 대출이나 크라우드 펀딩 같은 새로운 금융 거래에도 사용할 수 있다.

26%

2020년까지 디지털 화폐를 사용하리라 예상되는 밀레니얼 세대* 비율

* 1980년대 초부터 2000년대 후반까지 출생한 세대 — 옮긴이

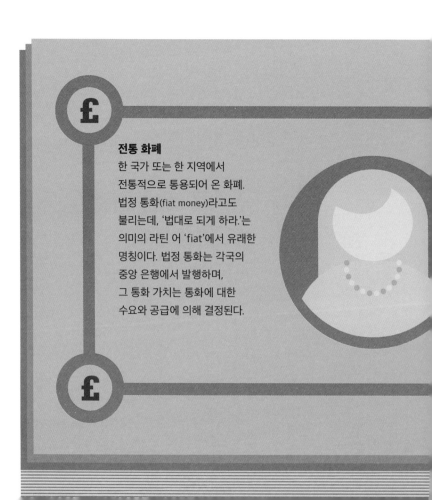

전통 화폐
한 국가 또는 한 지역에서 전통적으로 통용되어 온 화폐. 법정 통화(fiat money)라고도 불리는데, '법대로 되게 하라.'는 의미의 라틴 어 'fiat'에서 유래한 명칭이다. 법정 통화는 각국의 중앙 은행에서 발행하며, 그 통화 가치는 통화에 대한 수요와 공급에 의해 결정된다.

디지털 화폐 연대표

디지털 화폐 기술이 완성된 이래로 수많은 암호 화폐가 발행되었다. 아직까지는 비트코인이 가장 많이 발행되었다. 현재는 중앙 은행들도 디지털 화폐의 잠재력을 연구하기 시작했다.

시간

2008년 10월	2010년 5월	2013년 9월	2013년 11월 29일	2014년 2월	2015년 8월	2016년 3월
비트코인 개발	최초의 비트코인 거래	리플(Ripple) 도입	비트코인 역대 최고 가치 기록	마자코인 도입	이더리움 발행	잉글랜드 은행 RS 코인 개발 계획 발표

디지털 화폐

인터넷이 연결된 컴퓨터나 모바일 기기를 이용하여 거래소에서 개인 간에 직접 거래가 이루어지는 화폐. 디지털 화폐는 전통 화폐를 내고 사거나 팔 수 있다(222~225쪽 참조).

크라우드 펀딩

개인이나 단체가 은행, 자선 단체, 정부 기관을 거치지 않고 인터넷을 통해 기부자로부터 직접 후원을 받아 자금을 모으는 방식. 모금 과정은 온라인 펀딩 중개 회사가 관리하며, 유지 비용으로 후원금의 일정 퍼센트를 수수료로 받는다(226~227쪽 참조).

P2P 대출

대출 회사가 온라인 서비스를 통해서 대출 수요자와 대출 공급자를 직접 연결해 주는 대출 방식. P2P 대출은 대개 기존 금융 기관의 대출보다 규정이 덜 엄격하다. 차용자의 신용 등급을 확인해 대출 이자에 반영한다(228~229쪽 참조).

암호 화폐

암호화된 디지털 통화의 한 형태인 암호 화폐는 컴퓨터 네트워크에 의해 생성되고 규제되며 보호된다. 비트코인이 최초의 암호 화폐로 등장한 이래 현재까지 수백 종의 암호 화폐가 나와 있다.

암호 화폐의 원리

암호 화폐에는 두 가지 주요 특징이 있다. 첫째, 가상 '코인'의 형태로만 존재한다. 암호 화폐는 국가의 중앙 은행에서 발행되는 것이 아니라 전용 컴퓨터 하드웨어를 사용하는 전문팀 '채굴자'들이 디지털 방식으로 생성한다. 위조의 위험을 줄이기 위해 끊임없이 바뀌는 디지털 코드로 암호화한 암호 화폐는 전통적인 금융 기관이나 정부 기관을 거치지 않고 온라인에서 개인들 간에 쉽게 전송할 수 있다.

둘째, 암호 화폐의 총량에는 한도가 있다. 한 명의 '채굴자'가 생성한 각 '코인'은 '블록 체인'이라고 하는 가상의 공공장부에 등록된다. 지출되는 모든 코인이 같은 장부에 등록되므로, 중앙 은행이 발행하는 화폐와는 달리 정해진 발행 한도에 도달하면 더 이상의 코인은 생성되지 못한다. 그 결과, 전통 화폐는 정치적·경제적 상황의 변화로 야기되는 인플레이션이나 디플레이션에 직접적이고 심각한 영향을 받지만 암호 화폐는 이러한 상황 변동에 덜 취약한 것으로 간주된다.

전통 화폐와 암호 화폐

은행 계좌 없이 어디서나 직접적인 금융 거래에 사용할 수 있다는 것이 암호 화폐의 매력이다. 암호 화폐를 이용하는 금융 거래는 은행이나 정부의 통제 없이 사실상 익명으로 이루어지며 수수료가 극히 적다. 암호 화폐는 가격이 정해지는 방식, 발행과 관리 방식, 저장과 이체 방식 등 많은 면에서 국가 통화와 다르다.

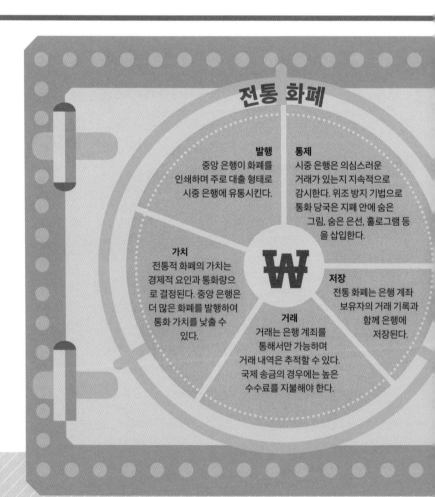

전통 화폐

발행
중앙 은행이 화폐를 인쇄하며 주로 대출 형태로 시중 은행에 유통시킨다.

통제
시중 은행은 의심스러운 거래가 있는지 지속적으로 감시한다. 위조 방지 기법으로 통화 당국은 지폐 안에 숨은 그림, 숨은 은선, 홀로그램 등을 삽입한다.

가치
전통적 화폐의 가치는 경제적 요인과 통화량으로 결정된다. 중앙 은행은 더 많은 화폐를 발행하여 통화 가치를 낮출 수 있다.

거래
거래는 은행 계좌를 통해서만 가능하며 거래 내역은 추적할 수 있다. 국제 송금의 경우에는 높은 수수료를 지불해야 한다.

저장
전통 화폐는 은행 계좌 보유자의 거래 기록과 함께 은행에 저장된다.

⚠ 주의 사항

▶ **암호 화폐의 잔고가 컴퓨터에 저장된다**
통화 보유자의 컴퓨터가 고장나거나 거래 내역을 백업해 두지 않았다면 그 사람이 암호 화폐를 보유하고 있다는 사실을 증명할 방법이 없다.

▶ **암호 화폐를 받는 소매 업체가 많지 않다**
일반적으로는 많은 곳에서 받을수록 사용하기 좋지만, 일부 암호 화폐에는 전용 사용처가 있다.

700

거래에 사용 가능한 암호 화폐 종수

암호 화폐 가격은 어떻게 결정하는가

모든 코인의 총 가치와 하루 거래량

총 가치가 높다는 것은 '코인' 하나당 가치가 높다는 뜻일 수도 있고 단순히 많은 코인이 유통되고 있다는 뜻일 수도 있다. 하루 거래량은 하루에 코인의 소유주가 바뀌는 횟수를 나타낸다. 가장 좋은 방법은 두 통계를 함께 검토하는 것이다. 시가 총액이 높으면서 하루 거래량이 많은 암호 화폐가 높은 가치를 가졌다고 볼 수 있다.

거래의 보안과 인증에 사용되는 수단

암호 화폐는 종류에 따라 각기 다른 인증 및 보안 방법을 사용한다. 암호 화폐의 시스템은 아주 복잡한 수학 문제에 의존하며, 그 효율성은 전송에 소요되는 시간과 해커의 공격에 대한 취약성을 기준으로 결정된다. 대부분의 암호 화폐 채굴은 작업 증명(Proof of Work, POW)이나 지분 증명(Proof of Stake, POS)을 통해 이루어지며 네트워크의 보안성을 높이기 위해서 두 방식을 결합하여 사용하는 암호 화폐도 있다.

암호 화폐

생성
'채굴자(miner)'가 특수 하드웨어를 사용해 가상 '코인'을 생성한다. 이 코인은 온라인 공공 장부에 등록된다.

통제
가상 코인마다 고유 암호가 코드에 내장되어 있다. 복잡한 수학 문제를 지속적으로 변경함으로써 위조를 방지한다.

가치
암호 화폐는 사용하기 쉬워질수록, 이체 속도가 빨라지고 보안이 높아질수록, 사용하는 소매업체 수가 많아질수록, 가치가 상승한다.

저장
암호 화폐는 개개인의 디지털 지갑에 보유된다. 거래 및 보유 기록은 가상 장부에 저장된다.

거래
온라인 접속이 가능한 누구나 암호 화폐를 거래할 수 있다. 암호 화폐는 사실상 익명 거래되며 수수료는 낮거나 없는 수준이다.

비트코인

비트코인과 같은 암호 화폐는 온라인으로 생성된다. 인터넷을 통해 한 사람에게서 다른 사람에게로 직접 송금되거나 혹은 기존의 화폐를 내고 매매할 수 있다.

비트코인의 원리

2009년에 도입된 비트코인은 최초의 암호 화폐이며 현재까지도 가장 널리 사용되고 있다. 국가가 발행하고 관리하는 전통 화폐와 달리 비트코인은 높은 수준의 보안을 제공하는 수학 문제를 풀어야 하는 암호 기법을 기반으로 한다. 모든 거래는 다른 사용자들에게 인증을 받아야 하기 때문에 다른 사용자의 디지털 지갑에 있는 자금을 꺼내 쓰거나 거래를 방해하는 것이 거의 불가능하다. 인증은 사용자가 거래 내역을 고유한 디지털 코드로 변환하는 방식으로 이루어진다. 이 방식으로 거래를 인증하는 사용자에게는 보상으로 비트코인이 주어진다. 비트코인은 디지털 거래소에서 거래될 수 있으며 개인과 개인이 직접 거래할 수 있다.

비트코인 거래

비트코인 사용자는 먼저 가상 '지갑'을 개설한다. 비트코인 지갑은 비트코인 송금과 입금, 보관 기능을 수행하는 보안이 매우 높은 온라인 은행 계좌처럼 작동한다. 비트코인 지갑을 기존 은행 계좌와 연동해 일반 화폐를 송금하고 비트코인을 구매하는 것이 가능하다. 비트코인이 한 지갑에서 다른 지갑으로 전송되면, 그 거래를 가장 먼저 인증하기 위해서 비트코인 네트워크에 속한 '채굴자'라는 개인들이 서로 경쟁한다. 인증 절차가 완료되면 거래된 자금이 수령자의 비트코인 지갑에 나타난다. 구매자는 1퍼센트가량의 적은 수수료를 지불하며, 이 수수료는 채굴자들에게 배당된다.

2. 비트코인 채굴하기

블록에 기록된 모든 거래가 합법적이며 다른 곳에서 이미 소비된 코인을 포함하고 있지 않다는 것을 입증하기 위해 비트코인 채굴자들은 컴퓨터 프로그램을 이용해 그 블록을 보호하는 복잡한 수학 문제를 푼다. 이 문제를 최초로 푼 채굴자는 보상으로 새 비트코인을 받으며(이것이 새 비트코인이 발행되는 방식이다.) 그 블록은 블록 체인에 결합된다.

1. 구매자가 대금으로 비트코인 지불

구매자가 온라인 거래 양식에 판매자의 지갑 ID와 송금 액수를 적고 해당 금액의 비트코인을 지불한다. 이 거래는 구매자와 비트코인 네트워크의 모든 사람에게 표시된다. 비트코인 거래에는 거래자 식별용 개인 암호화 키 값(private key)이 필요하다. 일정 기간 내에 이루어진 모든 거래 내역이 암호화된 목록을 '블록'이라고 부른다.

채굴자

비트코인 이체

구매자

3. 블록 체인

온라인에서 내역을 확인할 수 있는
일종의 공공 장부인 블록 체인에
포함되려면 유효 서명이 필요하다.
각 블록의 서명인 '해시'에는 앞서
인증된 블록의 서명이 포함되어
생성되므로, 서명은 각 거래 시각에
대한 기록이 된다. 비트코인은 이런
블록 체인의 특성상 조작이 어렵다.

비트코인의 가치

비트코인의 발행 수량은 2100만 개로 제한
되어 있다. 공급 과잉으로 인한 통화 평가절
하를 방지하기 위한 규정이다. 또한 유통되
는 비트코인 수량이 증가하면 인증을 위한
수학 문제의 난이도를 더 높여야 한다. 이는
곧 채굴에 더 긴 시간이 소요되며 생성되는
코인 수량이 적어진다는 뜻이 된다. 이렇듯
제한된 공급이 통화 가치를 높게 유지하는
데 기여한다.

판매자

인증 시간 10분

채굴자

4. 비트코인의 사용

비트코인이 판매자의 계좌에 입금되면
소매 업체를 통해서 상품을 구매하거나
거래소에서 매도할 수 있고 혹은 온라인
구매자에게 직접 판매할 수 있다. 또한
모바일 기기에서 디지털 지갑을 열면
LocalBitcons.com이나 Meetup.com
같은 웹사이트를 통해서 면대면 거래도
가능하다(한국 거래소로는 bithumb.com이나
korbit.co.kr, coinone.co.kr 등이
있다 — 옮긴이).

비트코인이 안전한 이유

모든 거래가 반드시 인증을 거쳐야 하기 때문에 해커들이 시
스템을 조작하기가 어렵다. 블록 체인에 거래 방해 시도가 포
착되면 곧바로 다음에 생성될 해시 값을 변경하고 이어지는
모든 블록을 무효화시킬 수 있다. 하지만 암호를 잃어버리거
나 하드웨어가 손상될 경우에는 본인의 지갑이라도 복원하
지 못할 정도로 비트코인의 보안이 강력하다는 점을 유의해
야 한다.

크라우드 펀딩

기존의 모금 방식과는 달리 누구나 잠재적 기부자로부터 직접 자금을 모을 수 있다. 보통은 온라인 소셜 미디어를 통해 이루어진다. 크라우드 펀딩은 기본적으로 다수의 개인들에게 소액의 기부를 요청하는 방식으로 작동한다.

크라우드 펀딩의 원리

대부분의 크라우드 펀딩(crowd funding)은 가능성이 있고 수익성이 있는 벤처 기업에 대한 투자나 자선 사업을 중점적으로 이루어진다. 소셜 네트워크 서비스(SNS)가 나오기 전의 모금은 대개 은행이나 자선 단체와 같은 제3자를 통해서 조직되거나, 매달 일정액을 후원하는 구독형 결제 방식 또는 가족과 친지들에게 재정적 도움을 청하는 방식이었다. 크라우드 펀딩은 이러한 방식이 진화된 형태로, 대개 직접 상대방을 만나지 않고 온라인을 통해서 이루어진다.

다수 대중의 이점

크라우드 펀딩은 '중개인' 단계를 없애 더 많은 기부금이 모금의 원래 목적에 사용되게 한다는 점에서 기존의 모금 활동과 다르다. 또한 크라우드 펀딩은 소속이나 이해관계와 상관없이 누구라도 온라인으로 자금을 청원할 수 있어 구독형 결제 방식을 통해서 잠재 투자자를 유인하는 것보다 훨씬 더 많은 대중에게 다가갈 수 있다.

심사 절차
크라우드 펀딩 플랫폼은 캠페인을 시작하기 전에 지원자를 심사한다. 일부 플랫폼은 은행과 마찬가지로 엄격한 기준을 적용한다.

플랫폼 선택
크라우드 펀딩 플랫폼은 일반적으로 웹페이지의 기본 틀인 템플릿과 기부 제휴사, 자동 알림 등의 기능을 제공한다. 자선 활동 중심 플랫폼이 있는가 하면 투자 프로젝트 전문 플랫폼도 있다.

스토리 만들기
가능한 한 많은 기부자에게 호소하기 위한 스토리를 고안하여 자금 조달이 필요한 프로젝트나 자선 활동의 내용을 소개하며, 일반적으로는 재정 목표를 명기한다.

온라인 활동 착수

디지털 마케팅 기법은 참여 가능성이 높은
대상을 설정하고 확보하는 데 도움이
된다. 투자에 대한 수익을 보장하는
보상 제도가 있을 때 기부를
극대화할 수 있다.

26억 달러
2009년 4월 출범 이래
킥스타터에 후원된 금액
(약 2조 8000억 원)

수수료

크라우드 펀딩 플랫폼에 지불하는 수수료는 다양하지만,
대개는 디자인 비용이나 결제 처리 비용을 제하고 모금
액의 약 5퍼센트를 부과한다. 일부 플랫폼은 모금이 목표
액에 미치지 못하면 기부된 기금을 기부자에게 반환하고
수수료를 일절 부과하지 않는, '전부 아니면 전무' 방식을
채택한다.

온라인 캠페인

대부분의 기부는 캠페인 착수 초기에
이루어지지만, 상기 알림과 새소식, 새
게시물을 올림으로써 캠페인을 '현재
진행형'으로 유지하는 것이
중요하다.

후속 조치

캠페인이 마감되면 목표액 달성 여부에
따라 모금된 자금이 캠페인 주최자에게
전달되거나 기부자들에게 반환된다.
주최자는 다음 캠페인을 위한
기부자 모집 활동을 준비할
수 있다.

P2P 대출

크라우드 대출이라고도 불리는 P2P 대출은 투자를 필요로 하는 개인이나 기업과 저축한 현금으로 수익을 창출하고자 하는 투자자(저축자)를 연결해 주는 방식이다. 상대적으로 새로운 형태인 P2P 대출은 저축에 대한 높은 수익을 제공한다.

대출의 원리

대출 수요자와 대출 공급자의 약정 알선업이라 할 수 있는 P2P 대출은 크라우드 대출(crowd-lending) 중개 회사가 은행이나 여타 금융 기관을 거치지 않고, 대출 희망자들을 심사해 여유 자금을 대출하려는 투자자와 연결해 준다. 대출 투자자에게는 은행 이자보다 높은 수익성(보통 은행 금리의 두 배)이 매력이고 차용인에게는 기존 대출 상품보다 낮은 대출 이자율이 장점이다(신

용 위험도가 높지 않아야 하겠지만). P2P 대출 중개 회사는 대출 신청자의 신용 조사를 실시하며 대출 자금 보호책으로 불량 채무에 대비한 신탁 기금을 보유한다. P2P 대출 중개 회사는 차용인과 대출인 양쪽으로부터 수수료를 받는다. 2008년 금융 위기 이후로 P2P 대출이 급격히 증가했지만, 상대적으로 검증이 충분히 되지 않았으며 금융 당국의 규제를 받지 않는다는 점이 대출자에게는 잠재적 위험 요소다.

P2P 대출 이용하기

어떤 개인이나 기업도 P2P 대출 회사에 등록할 수 있다. 대출 기간은 대개 1~5년이며, 대출 이자율과 수수료는 업체마다 다르다.

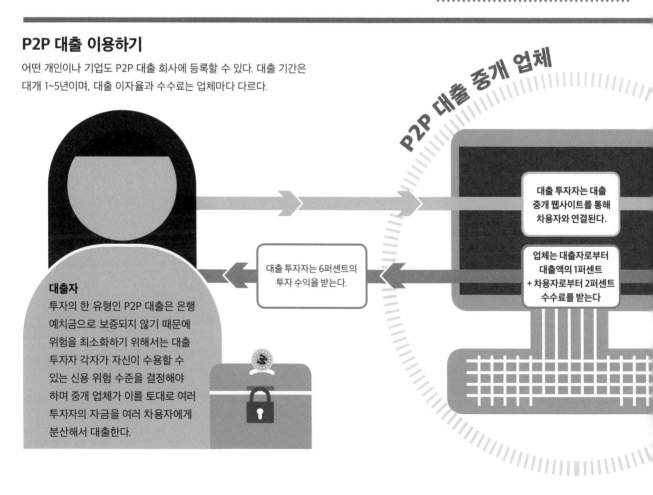

P2P 대출 중개 업체

대출 투자자는 대출 중개 웹사이트를 통해 차용자와 연결된다.

업체는 대출자로부터 대출액의 1퍼센트 + 차용자로부터 2퍼센트 수수료를 받는다

대출 투자자는 6퍼센트의 투자 수익을 받는다.

대출자
투자의 한 유형인 P2P 대출은 은행 예치금으로 보증되지 않기 때문에 위험을 최소화하기 위해서는 대출 투자자 각자가 자신이 수용할 수 있는 신용 위험 수준을 결정해야 하며 중개 업체가 이를 토대로 여러 투자자의 자금을 여러 차용자에게 분산해서 대출한다.

위험 분산하기

대출자는 자금의 일부는 한 차용자에게 빌려 주고 나머지는
다른 차용자에게 빌려 주는 방식으로 위험을 관리할 수 있다.

여러 명의 대출 자금을 한 차용자에게
여러 대출 투자자의 자금을 모아서
한 개인 차용자에게 빌려 준다.

여러 명의 대출 자금을 여러 차용자에게
대출 투자자가 자신이 투자하는 금액을
여러 차용자에게 나눠서 빌려 준다.

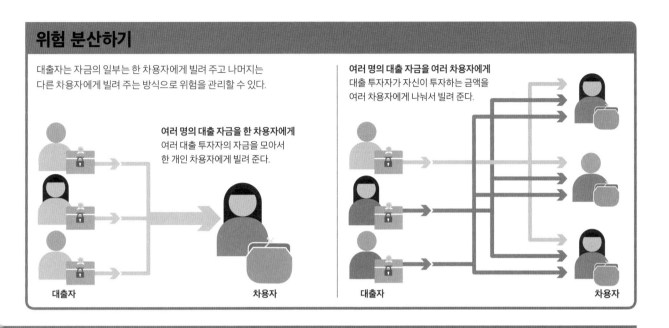

대출자　　　　　　　　　　　　차용자　　　　　　　대출자　　　　　　　　　　　　차용자

1조 달러

2025년까지 전 세계 P2P 대출 추정 금액
(약 1100조 원)

차용자는
대출 원금 + 이자 9퍼센트를
상환한다.

차용자
신용 조사를 통해서 위험 등급으로
분류된 사람은 대개 대출을 신청한
며칠 뒤에 대출금을 받는데,
이 이체 기간은 14일까지 걸릴 수
있다. 차용자에게 대출되는 금액은
1,000달러 이상이다.

❗ 주의 사항

▶ **채무 불이행** P2P 대출자는 차용자가 대출
금에 대한 채무 불이행 상태가 될 경우 투
자자금을 상환받지 못할 위험이 있다.

▶ **중개 업무 전용** P2P 대출 업체들은 현금을
다량 보유하지 않고 중개 업무만 수행한다.

▶ **보호** P2P 대출 자금은 예금 보험법(영국)
에 의해 보호되지 않는다.

▶ **도산에 따른 법적 책임** P2P 대출 업체가
도산할 경우, 대출자들이 직접 대출금을 회
수해야 한다.

▶ **검증되지 않은 방식** P2P 대출은 비교적 새
로운 유형의 대출인 까닭에 경기 후퇴나 불
황 같은 어려운 환경에서 어떤 결과를 가져
올지 아직껏 입증된 바 없다.

우리나라의
돈

한국은행

한국의 중앙 은행

우리나라 역사상 최초의 중앙 은행인 한국은행은 1909년 11월 설립되었다. 그러나 1911년 제정된 조선은행법에 따라 조선은행으로 개칭되어 존속하다 정부 수립 후 강력한 정치적 중립성을 보장 받는 중앙 은행이 필요하다는 여론에 따라 1950년 6월 한국은행으로 새롭게 출범했다. 1950년 한국은행법 제정 당시 한국은행의 주요 목표는 통화 가치의 안정, 신용 제도의 건전화와 그 기능 향상, 국가 자원의 유효한 이용, 국가 대외 결제 준비 자금 관리 등 다양했다. 외환 위기 직후인 1998년에 한은법을 개정하면서 물가 안정을 한국은행 통화 정책의 유일한 목표로 천명했다. 그러다가 글로벌 금융 위기를 겪으면서 금융 시스템의 안정적 관리가 중요한 이슈로 부각된 지난 2011년 "통화신용정책을 수행함에 있어 금융 안정에 유의해야 한다."라는 내용을 새롭게 추가했다.

한국은행의 업무는 일반 업무와 발권 업무, 국고 업무, 외국환 업무로 나뉜다. 그중 일반 업무로는 일반 금융 기관에 대한 예금 및 대출 업무와 공개 시장 조작, 통화 안정 계정의 운용이 있고, 발권 업무로는 한국 유일의 법화 발행 기관으로서 은행권과 주화 발행 업무가 있다. 국고 업무는 국고금 수급 및 대정부 신용에 대한 업무이며, 외국환 업무는 외국환 관리와 금융 거래 업무를 말한다.

금융통화위원회

물가 안정과 금융 안정을 최종 목표로 추구하는 한국은행의 중요한 의사 결정은 금융통화위원회에서 이루어진다. 외환 위기 이전까지 한국은행의 의사 결정 기구는 재정경제부 장관이 의장을 맡고, 한국은행 총재와 각계에서 추천된 7명의 비상임 위원으로 구성된 금융통화운영위원회였다. 1998년 한은법 개정을 통해 금융통화위원회로 명칭을 변경했다. 의장을 한국은행 총재가 맡고 6명의 위원 가운데 2명만 정부가 추천함으로써 통화 정책의 독립성을 제고하는 한편 다른 위원들도 상임으로 변경해 정책 결정의 전문성을 확보했다. 2003년 한은법을 개정하면서 기존 증권업 협회에서 추천하던 위원의 몫을 한국은행 부총재가 맡아 통화 정책의 독립성을 한층 강화했다.

한국은행 총재는 국무 회의의 심의를 거쳐 대통령이 임명하나 국회에서 인사 청문회 절차를 거쳐야 한다. 임기는 4년이며 한 차례 연임할 수 있다. 총재는 금융통화위원회 의장이면서 집행부를 총괄하고 금융통화위원회에서 결정된 사항을 집행하는 책임을 진다. 부총재는 총재의 추천으로 대통령이 임명하며 3년의 임기 동안 총재를 보좌하고 금융통화위원회의 위원으로 활동한다. 나머지 위원은 4년 임기로 금융과 실물 분야 각계의 다양한 의견을 반영하도록 각각 한국은행 총재, 경제 부총리, 금융위원회 위원장, 대한상공회의소 회장, 전국은행연합회 회장의 추천을 받아 대통령이 임명한다.

물가 안정 목표제

중앙 은행은 물가 안정이라는 최종 목표를 달성하기 위해 여러 지표들을 기준으로 활용한다. 주로 물가와 연관성이 높은 통화량이나 환율과 같은 변수를 중간 목표로 설정하고 이 변수를 중점적으로 관리함으로써 물가를 안정시킨다. 그러나 현재 한국은행이 채택하고 있는 물가 안정 목표제는 중간 목표를 명시적으로 정하지 않는 대신 일정 기간 동안 달성해야 할 물가 상승 목표치를 미리 제시하고 통화 정책을 운영하는 방식이다. 즉 통화량이나 환율, 장기 금리, 자산 가격 등의 변수들은 참고 자료일 뿐이며 데이터와 정보를 모두 활용해서 물가 상승률 목표를 직접 관리하는 것이다.

우리나라는 1998년 물가 안정 목표제를 처음 도입했다. 한국은행은 3년마다 정부와 협의해 설정한 소비자 물가 상승률의 목표치를 일반에 공표한다. 2016년 이후 물가 안정 목표는 소비자 물가 상승률 기준으로 2퍼센트며 한국은행은 중기적인 시계에서 소비자 물가 상승률이 목표치에 근접할 수 있도록 정책을 운영하고 얼마나 근접했는지 여부를 매년 네 차례 점검해 국회에 결과를 보고한다. 소비자 물가 상승률이 6개월 연속 물가 안정 목표를 ±0.5퍼센트 포인트를 초과해 벗어날 경우, 한국은행 총재는 기자 간담회를 통해 물가 안정 목표에서 벗어난 이유와 소비자 물가 상승률이 앞으로 어떻게 진행될 것인지, 물가 안정 목표를 달성하기 위해 어떻게 정책을 운영할 것인지 등을 국민들에게 직접 설명해야 한다.

외환 보유액

한국은행은 위기 상황에 대비해 준비하고 있는 외환 보유액을 관리할 책임을 지고 있다. 외환 보유액은 외환 위기와 같은 긴급한 사태가 발생해 민간 부문의 대외 결제가 어려울 경우 비상금으로 사용되며 외환 시장에 외화가 부족해 환율이 급등할 경우 시장 안정을 위해서도 사용될 수 있다. 또한 외환 보유액은 국가의 대외 지급 능력을 나타내기 때문에 충분한 외환 보유액은 대외적으로 우리 경제의 신인도를 높임으로써 해외에서 필요 자금 조달 소요 비용을 낮추고 외국인 투자 촉진에 도움이 되기도 한다.

외환 보유액은 필요 시 즉시 사용할 수 있어야 하므로 현금 또는 현금 교환에 제약이 거의 없는 자산 형태로 관리해야 한다. 따라서 미달러화, 유로화, 엔화 등 이른바 기축 통화(key currency)나 선진국의 국채, 금, IMF의 특별 인출권(special drawing right, SDR)과 같은 안전한 자산에만 투자한다.

1997년 12월 외환 위기 직전 39.4억 달러까지 감소했던 우리나라의 외환 보유액은 꾸준한 경상 수지 개선 노력과 외국인 투자 자금 유입에 힘입어 지속적으로 늘어나 2017년 말 현재 3872.5억 달러로 사상 최대치를 기록하고 있다.

외환 보유액의 필요성을 고려하면 많이 쌓을수록 유익할 것으로 생각할 수 있다. 하지만 외환 보유액은 수익이 거의 발생하지 않는 안전하고 유동성이 높은 자산에 투자해야 하므로 그만큼 높은 수익을 포기하는 셈이다. 그러므로 외환 보유액을 쌓음으로써 얻는 국민 경제적 이익과 보유에 따라 발생하는 수익의 포기, 즉 보유 비용의 상대적 크기를 종합적으로 평가해야 한다. 적정한 외환 보유액 규모는 환율 제도, 자본 자유화 정도, 금융 제도, 경상 수지 구조, 외환 위기 경험과 같은 각국의 다양한 사정을 고려해야 할 것이다.

통화 정책의 집행 과정

한국은행은 통화 정책 방향을 결정하기 위한 회의를 매년 8회 개최한다. 이전까지 매월 개최하던 회의를 2015년부터 1, 2, 4, 5, 7, 8, 10, 11월의 8차례만 개최하고 나머지 4회는 금융 안정 상황을 점검하는 회의로 대체했다.

한국은행은 물가 안정이라는 목표를 달성하기 위해 채권 시장에서 직접 국공채를 거래함으로써 시중 금리에 영향을 주고 시중의 유동성을 적절하게 조절한다. 이를 공개 시장 조작이라고 하는데 오늘날 대부분의 선진국에서 주된 통화 정책 수단으로 이용하고 있다.

은행들은 통상 만일의 예금 유출에 대비해 지급 준비금(이하 '지준')을 보유하고 있다. 매일의 예금 유입과 인출에 따라 일부 은행들은 필요한 수준보다 많은 지준을 보유하는 데 비해 다른 은행들은 필요한 수준의 지준을 유지하지 못하는 경우도 발생한다. 개별 은행들은 지준이 부족한 경우 콜시장과 같은 단기 금융 시장을 통해 자금을 빌린다. 각 은행들의 자금 부족과 과잉이 항상 일치하는 것은 아니며 이들 자금의 수요와 공급에 따라 콜시장의 금리는 오르내리게 된다.

한국은행은 은행들이 이처럼 단기 자금을 거래하는 콜시장에 직접 참여한다. 한국은행은 통화 정책 방향 회의를 통해 기준 금리를 결정하고 자금 시장 전체의 지준 과부족 상황에서 거래되는 금리가 기준 금리 수준을 벗어나면 즉각적으로 자금을 공급하거나 회수함으로써 콜 금리를 기준 금리 수준으로 유지한다. 한국은행이 공개 시장 조작을 하는 수단으로는 며칠 후에 되사는 것을 조건으로 판매하는 환매 조건부 채권(repurchasable bonds)과 통화 안정 증권이 주로 이용된다.

금융 감독 체계

우리나라의 금융 감독 체계는 오랜 기간 은행, 증권, 보험 등 금융 업종 별로 별도의 금융 감독 기구가 존재하는 분산형 금융 감독 체계를 유지해 왔다. 그러나 금융 산업이 은행 중심에서 증권, 보험 등으로 점차 다양화되고 업종 간 업무 영역도 약해지면서 다양한 금융 분야를 통합적으로 관리할 필요성이 높아졌다. 이를 반영해 은행, 증권, 보험 등 업종 별로 분리된 금융 감독 기구를 하나로 통합하고 금융 정책을 총괄하는 금융위원회와 집행을 담당하는 금융감독원으로 개편했다. 한국은행과 예금보험공사, 기획재정부도 제한적으로 금융 감독 기능을 수행하고 있다.

금융위원회

금융위원회는 5명의 임명직 위원과 4명의 당연직 위원 등 총 9명의 위원으로 구성된다. 임명직 위원은 위원장, 부위원장, 2명의 상임 위원, 1명의 비상임 위원으로 구성된다. 임명직 위원은 모두 대통령이 임명하는데 위원장은 국무총리의 제청으로, 부위원장은 위원장의 제청으로 임명하며 2인의 상임위원은 금융전문가 가운데 위원장의 추천을 받아, 1명의 비상임위원은 대한상공회의소 회장의 추천을 받아 임명한다. 임명직 위원의 임기는 3년이며 1차에 한해 연임이 가능하다. 당연직 위원은 기획재정부 차관, 금융감독원 원장, 예금보험공사 사장, 한국은행 부총재이다.

금융위원회는 금융 기관의 설립 및 영업, 인수·합병 및 업종 전환 시 인허가를 통해 적합하지 않은 기업이나 개인이 금융 시장에 진입하는 것을 막고 과당 경쟁이나 독과점으로 인해 발생할 수 있는 폐해를 예방하는 역할을 한다. 따라서 금융 기관을 새로 설립하기 위해서는 민법 및 상법상의 법인 요건 외에 은행법, 자본 시장법, 보험업법 등 개별 금융업법에서 요구하는 기본 요건을 갖추고 금융위원회의 인허가를 받아야 한다. 또한 다른 금융 기관을 인수, 합병하거나 금융업 내에서 다른 업종으로 전환하려는 경우에도 금융위원회의 인가를 받아야 한다.

금융 기관이 자발적으로 폐업하거나 강제로 퇴출되는 경우에도 예금주와 투자자들이 예기치 못한 재산상의 피해를 입거나 급격

한 금융 거래 위축으로 경제의 불안정성이 확대될 수 있다. 금융위원회는 이로 인한 국민 경제적 손실을 최소화하기 위해 금융 기관의 퇴출에 대해서도 인가하는 권한을 행사한다. 아울러 금융 산업의 특성상 금융위원회는 적합한 자격을 갖추지 못한 자가 금융 기관을 운영하거나 금융 기관 간 과도한 경쟁 구도가 형성되지 않도록 각 금융 기관의 소유 지배 구조에 대해서도 엄격하게 규제하고 있다. 대표적으로 은행과 은행 지주 회사에 대해 특정 개인이나 산업 자본이 은행의 경영에 직접 관여할 수 없도록 일정 수준 이상의 지분을 동일인이나 금융업 외의 기업이 보유하는 것을 금지하고 있다. 동일인이나 비금융 산업에 종사하는 기업이 규정된 보유 한도를 초과해 은행 주식을 보유하는 경우 금융위원회의 승인을 받도록 규정하고 있다.

금융감독원

1999년 은행감독원, 증권감독원, 보험감독원 및 신용관리기금의 4개 감독 기관이 통합해 설립되었다. 정부 기구인 금융위원회와 달리 금융감독원은 한국은행과 같은 무자본 특수 법인으로서 정부에 소속되지 않은 중립적 기관이다. 이처럼 금융감독원이 정부 조직에 속하지 않은 것은 정부의 간섭을 최소화해 공정하고 독립적인 감독이 이루어질 수 있도록 하기 위함이다.

금융감독원에는 원장, 4명 이내의 부원장, 9명 이내의 부원장보와 감사 1명, 그리고 회계 전문가인 전문심의위원 1명을 둔다. 원장은 금융위원회의 의결을 거쳐 금융위원장의 제청으로 대통령이 임명한다. 부원장은 원장의 제청으로 금융위원회가 임명하고 부원장보는 원장이 임명하며 감사는 원장과 마찬가지로 금융위원회의 의결을 거쳐 금융위원장의 제청으로 대통령이 임명한다. 원장, 부원장, 부원장보, 감사의 임기는 모두 3년이며 한 차례에 한해 연임할 수 있다.

금융감독원은 금융위원회 또는 증권선물위원회의 지도를 받아 금융 기관에 대한 검사와 감독 업무 등을 수행한다. 구체적으로 검사 대상 기관의 업무와 재산 상황에 관해 검사하고 검사 결과에 따

라 문제가 있을 경우 제재 조치를 취할 수 있다. 검사 대상은 은행을 비롯해 금융 지주사, 은행, 중소 서민 금융, 보험, 금융 투자사에 이르기까지 거의 모든 금융 기관이며 2017년 말 현재 4,289개사에 이른다.

기타 금융 감독 기능

한국은행은 금융통화위원회가 통화 신용 정책 수행을 위해 필요하다고 인정하는 경우 금융감독원에 대해 구체적인 범위를 정해 금융 기관에 대한 검사를 요구할 수 있다. 필요한 경우는 한국은행 직원이 금융감독원의 금융 기관 검사에 공동으로 참여할 수도 있다. 또한 금융감독원에 대해 검사 결과를 공유하고, 검사 결과에 따라 금융 기관에 대한 필요한 시정 조치를 취할 것을 요청할 수 있다.

예금보험공사는 은행, 증권사, 보험사, 종합 금융 회사, 상호 저축 은행으로부터 예금 보험료를 받는 대신 이들 기관이 파산 등으로 예금을 지급할 수 없는 경우 예금의 지급을 보장해 주는 기관이다. 따라서 예금 보험 공사도 예금자 보호와 금융 제도의 안정성 유지를 위해 금융감독원에 금융 기관을 검사해 줄 것을 요청하거나 소속 직원이 금융 기관 검사에 공동으로 참여할 수 있다. 또한 예금자 보호를 위해 필요한 경우, 금융감독원 측에 금융 기관에 대한 자료 제공을 요청할 수 있으며 부실우려가 있다고 인정되는 부보 금융 기관 등에 대해서는 독자적인 조사를 실시할 수 있다.

한편 기획재정부 장관은 경제 정책을 총괄하는 부총리를 겸하고 있다는 점에서 금융위원회와의 금융 정책 협의를 통해 금융 감독 정책의 전반적인 방향을 수립하는 데 상당한 영향력을 행사할 수 있다.

바젤 III

2008년 글로벌 금융 위기 이전 상당수의 은행들은 지나치게 외형적 성장과 높은 수익을 추구했다. 그 과정에서 개별 금융 기관들의 위험이 크게 확대되었음에도 기존의 바젤 II에 의한 자본 비율로는 건전성이 양호한 것으로 나타나 은행의 무리한 대출 확대와 유동성 위험성을 미리 파악하지 못했다는 지적이 잇따랐다.

이에 국제 결제 은행(Bank for International Settlement, BIS)의 바젤 은행 감독 위원회는 금융 위기 이후 전 세계 금융 시스템의 전반적인 위기 대응 능력을 강화할 목적으로 지난 2010년 기존의 바젤 II를 대체할 바젤 III 자본 및 유동성 규제 방안을 마련하고 2013년부터 2022년에 걸쳐 단계적으로 시행하는 데 합의했다. 바젤 III는 은행의 최저 자기 자본 비율 기준을 한층 강화하는 한편 위기 시 은행으로부터의 급격한 예금 이탈을 예방하도록 유동 자산 보유와 자금 조달의 안정성에 대한 규제도 새로 도입했다.

금융 기관

은행

은행은 일반 은행과 특수 은행으로 구분된다. 일반 은행은 예금과 대출을 통한 수익 창출을 목적으로 하는 은행이며, 특수 은행은 수익 창출 외에 특별한 목적을 위해 설립된 은행이다. 일반 은행은 예금과 대출을 취급하고 거래 당사자 간 자금 이체 업무를 수행해 상업 은행으로도 불린다. 일반 은행은 다시 시중 은행과 지방 은행, 외국 은행 국내 지점으로 구분된다. 2017년 말 현재 8개 시중 은행, 6개 지방 은행, 43개 외국 은행 국내 지점 등 총 57개 일반 은행이 영업 중이며 이들 일반 은행의 총자산 규모는 약 2871조 원이다.

시중 은행은 전국적인 영업망을 갖춘 은행을 의미한다. 1997년 16개에 달하던 시중 은행은 금융·외환 위기 이후 부실 금융 기관에 대한 구조 조정 과정에서 일부 은행이 퇴출 또는 합병되고 2001년 이후 세계적인 경쟁력을 갖춘 대형 우량 은행을 육성하기 위한 합병 작업이 지속되면서 2015년에는 6개까지 줄었다. 이후 인터넷 뱅킹인 케이뱅크와 한국카카오 은행이 출범하면서 2017년 말 현재 8개 시중 은행이 영업하고 있다.

지방 은행은 지역 경제의 균형 있는 발전을 도모하고 각 지역 실정에 맞는 금융 서비스를 제공하기 위해 각 지역을 중심으로 설립된 은행이다. 지방 은행은 1967~1971년에 설립된 10개 은행 체제가 1997년 외환 위기 이전까지 유지되었다. 그러나 구조 조정 과정에서 부실 정도가 심한 지방 은행이 퇴출 또는 합병되면서 2011년 이후로 6개 체제(부산, 대구, 광주, 전북, 경남, 제주)로 있다.

외국 은행 국내 지점은 1967년 미국의 체이스맨해턴 은행이 서울 지점을 처음 설치한 이래 우리 경제 규모의 확대와 금융 부문의 성장에 힘입어 꾸준히 늘어 왔다. 최근에는 중국계 은행들의 국내 진출이 늘면서 2016년 말 현재 43개 은행의 50개 점포가 운영되고 있다. 외국 은행 국내 지점은 과거에는 업무 범위가 제한적이었으나 최근 들어 금융 자유화가 확대되면서 국내 은행과 거의 동일한 조건에서 영업하고 있다.

특수 은행은 일반 은행이 수익성을 추구하면서 필요한 자금을 충분히 공급하지 못하는 부문에 대해 자금을 원활히 공급함으로써 우리 경제의 균형적인 발전을 도모하기 위해 설립된 은행이다. 따라서 특수 은행은 자금 운용 면에서 상업 금융의 취약점을 보완하는 보완 금융 기관으로서의 기능과 특정 부문에 대한 전문 금융 기관으로서의 기능을 담당하도록 되어 있다. 재원 조달 측면에서도 민간으로부터의 예금 수입에 주로 의존하는 일반 은행과 달리 재정 자금과 채권 발행에 주로 의존한다. 최근에는 경제 환경 변화로 전통적인 정책 금융 수요가 감소하고 일반 은행들의 특수 은행 업무 영역 진출도 확대됨에 따라 특수 은행들도 일반 은행과 비슷한 방식으로 운영되고 있다. KDB산업은행, IBK기업은행, 한국수출입은행, NH농협은행, 수협은행이 있다.

비 은행 금융 기관

비 은행 금융 기관은 은행과 비슷한 예금과 대출 업무를 취급하지만 은행에 비해 제한적인 목적으로 설립되었다. 자금 조달에 있어 요구불 예금이 차지하는 비중이 거의 없거나 상대적으로 작고, 지급 결제 기능을 전혀 제공하지 못하거나 제한적으로만 제공하는 등 취급 업무의 범위가 은행에 비해 좁으며 영업 대상이 개별 금융 기관의 특성에 맞추어 사전적으로 제한되기도 한다. 상호 저축 은행, 신용 협동 조합, 새마을금고, 상호 금융 같은 신용 협동 기구, 우체국예금, 종합 금융 회사가 있다.

상호 저축 은행은 서민이나 중소 기업에게 특화된 금융 서비스를 제공할 목적으로 설립된 서민 특화형 지역 금융 기관이다. 2015년 말 79개사가 영업 중이며 총자산 규모는 약 43조 9000억 원에 달한다. 신용 협동 기구는 신용협동조합, 새마을금고, 그리고 농협, 수협 및 산림 조합의 상호 금융을 포괄한다. 2015년 말 총자산 규모는 상호 금융이 382.6조 원으로 가장 크며, 새마을금고가 127조 원, 신용 협동 조합이 64.7조 원이다. 우체국예금은 민간 금융이 취약할 농어촌 지역까지 저축 수단을 제공하기 위해 전국에 고루 분포된 우체국을 금융 창구로 활용하는 국영 금융으로서 우정사업본부가 운영한다. 정부가 금액에 관계없이 지급을 보장하기 때문에 안전성이 매우 높아 2016년 말 현재 규모는 약 63조 원이다. 종합 금융 회사는 보험과 가계 대출, 자금 이체만을 제외하고 해외로부터 자금을 차입하거나 투자를 받고 기업 어음, 유가 증권, 리스 등 기업을 상대로 한 종합적인 금융 업무를 수행한다.

금융 투자업

금융 투자 상품이란 모든 증권과 장내·장외 파생 상품과 같이 원금의 손실 가능성은 있으나 향후 수익을 얻거나 손실을 막는 투자성이 있는 금융 상품을 의미한다. **투자 매매업**은 누구의 명의로 하든지 자신의 판단으로 금융 투자 상품을 거래하는 업무를 말한다. **투자 중개업**이란 투자자의 판단에 따라 단순히 거래를 중개하는 업무를 뜻한다. **집합 투자업**은 여러 사람에게서 모은 자금을 투자자의 일상적인 운용, 지시를 받지 않고 투자 대상 자산에 운용하고 그 결과를 투자자에게 나누어 주는 투자 행위를 의미한다. **투자 자문업**은 전문적인 지식을 가지고 금융 투자 상품의 가치 혹은 투자 여부에 관해 자문하는 데 그치는 반면, **투자 일임업**은 투자자로부터 투자 판단의 전부 또는 일부를 일임 받아 자산을 취득 또는 처분하는 것을 의미한다. **신탁업**은 위탁자의 금융 자산의 처분을 의뢰받은 수탁자가 위탁한 사람의 이익을 위해 그 자산을 관리 및 처분하는 것을 말한다.

금융 투자 회사는 앞에서 설명한 여섯 종류의 금융 투자업 가운데 한 가지 이상의 영업을 하는 회사로서 통상 증권 회사, 선물 회사, 자산 운용사 등을 일컫는다. 다만 은행이나 보험사들도 금융위원회의 인가를 받을 경우 펀드 판매와 같은 금융 투자업을 겸업할 수 있다. 금융 투자 회사 가운데 가장 널리 보급된 증권 회사는 자본 시장에서 주식, 채권과 같은 유가 증권의 발행을 주선하고 발행된 유가 증권의 매매를 중개하는 것을 주요 업무로 한다. 은행이 예금자의 예금을 받아서 기업에 대출해 주기 때문에 간접 금융으로 불리는 데 비해 증권 회사는 기업과 투자자를 직접 연결시킨다는 점에서 직접 금융이라고 칭한다. 자산 운용사는 채권과 주식을 매매하고 집합 투자 기구인 펀드를 관리하는 펀드 매니저가 있는 회사이다. 자산 운용사는 펀드를 조직해 운영하기 때문에 투자 수익

종합 금융 회사의 흥망성쇠

종합 금융 회사는 기업에 대한 종합적인 금융 지원을 원활하게 하고자 설립되어 외국 자본의 도입 및 해외 투자와 같은 국제 금융, 단기 금융, 설비 및 운전 자금의 투자·융자 업무, 증권의 인수 및 매출에 이르기까지 일반 예금 업무를 제외한 거의 모든 금융 업무를 처리했다. 1970년대 중반 이후 중화학 공업의 본격적인 육성으로 외화 자금에 대한 수요가 폭발적으로 증가할 때 국제 신인도가 부족한 은행들을 대신해 외자 조달을 원활히 하려는 목적으로 영국의 상업 은행과 미국의 투자 은행을 결합한 투자 금융 회사가 종합 금융 회사(종금사)로 발전했다. 1990년대 초반까지 6개의 투자 금융 회사 체제가 유지되다 1990년대 들어 금융 산업 국제화에 부응해 종금사로 전환되면서 외환 위기 직전인 1997년 말에는 30개까지 늘어났다.

종금사는 담보 및 연대 보증 위주의 금융 관행이 지배적이던 국내 금융 시장에 신용 대출을 도입하고 성장 가능성이 높은 기업에 자금을 공급하는 투자 은행의 개념을 확산한 긍정적인 측면을 무시할 수 없을 것이다. 그러나 무분별하게 외형을 확대하는 과정에서 낮은 금리의 단기 자금을 조달해 장기의 투자 자금으로 운용하는 등 리스크 관리 기법 미흡으로 외환 위기를 초래한 원인으로 지목되었다. 이에 따라 외환 위기 이후 종금사에 대한 대대적인 구조 조정을 통해 22개사의 인가가 취소되고 7개사가 합병되어 2017년 말 우리종합금융 1개사만이 명맥을 유지하고 있다.

률은 해당 자산 운용사의 능력을 판단하는 기준으로 인식된다. 투자 자문사는 금융 회사가 투자 일임업이나 투자 자문업을 주된 업무로 하는 금융 회사이다. 최근 들어 단기간에 고수익을 보장하면서 투자자를 현혹하는 유사 투자 자문사가 확산되고 있어 투자실적 및 신뢰성에 대한 정보를 금융감독원을 통해 확인해 본 후 이용해야 할 것이다.

기업 회계

한국 채택 국제 회계 기준

기업 회계 기준은 기업 회계와 심사의 통일성과 객관성을 부여할 목적에서 제정한 회계 원칙이다. 한국 채택 국제 회계 기준 (K-IFRS)은 국제 회계 기준(International Financial Reporting Standards, IFRS)에 맞춰 2007년 말 제정된 새로운 회계 기준으로서 2011년부터 모든 상장 기업이 의무적으로 적용하고 있다. IFRS의 도입에 따른 가장 큰 변화는 연결 재무제표가 주 재무제표로 바뀐다는 점이다. 가령 많은 계열사를 보유한 대기업 그룹에 속한 기업들은 오직 자기 업체의 단일 재무재표만을 발표해 같은 계열사에 속한 다른 기업들의 경영 상태에 따른 영향은 파악하기 어려웠다. 그러나 IFRS 도입 이후부터는 해당 업체가 속한 기업군 기업들의 재무제표를 연결한 재무제표를 작성하고 이 재무제표가 주 재무제표로 공시되어 투자자에게 공개된다.

부동산, 유형 자산, 금융 부채 등 객관적 평가가 어려운 항목에 대해서는 취득 원가 기준이 아닌 시장에서 실제 거래에 이용되는 객관적인 정확한 평가 기준인 공정 가치 기준으로 평가 방식이 변경된다. 또한 재무제표 구성 항목이 바뀌어 대차 대조표는 재무 상태표로, 손익 계산서는 기존 손익 계산서에서 대차 대조표의 기타 포괄 손익을 포함하는 포괄 손익 계산서로 변경된다. 대손 충당금은 예상되는 손실이 아닌 실제 발생 손실에 근거해 충당금을 적립한다. K-IFRS의 시행은 연결 대상 회사 재무 상태와 영업 실적을 모두 반영할 수 있어 투자자들에게 정확한 재무 정보를 제공한다.

지식 재산권

지적 재산권이라는 용어로 흔히 지칭되던 지식 재산권은 인간의 창조적 활동이나 경험 등을 통해 창출되거나 발견된 지식, 정보, 기술, 표현 및 표시, 그 밖에 무형적인 것으로서 경제적인 가치를 지니고 있는 지적인 창작물에 부여되는 재산상의 권리를 의미한다. 지식 재산권은 크게 저작권과 산업 재산권으로 나눌 수 있다. 저작권은 인간의 지적 능력을 통해 창작한 미술, 음악, 영화, 만화, 문학 작품, 소프트웨어, 게임 등과 같은 문화 예술 분야의 창작물에 부여되는 권리이며 산업 재산권은 기술적 아이디어나 서비스의 출처를 표시하는 상표 또는 서비스표에 부여되는 권리인 상표권, 물품의 형상, 구조, 조합에 관한 고안에 부여되는 권리인 실용 신안권 등으로 세분된다.

지식 재산권 보호 문제가 국가 간의 중요한 분쟁 대상으로 부각되면서 우리나라에서도 관련 법령을 정비하는 등 보호 노력을 강화하고 있다. 우리나라는 1973년 이후 세계 지적 재산권 기구에 정회원이 아닌 관찰국 자격으로 참가해 오다가 1979년 정회원국으로 가입되었다. 1987년 컴퓨터 프로그램 보호법을 시행했으며, 특허법, 저작권법, 실용 신안법, 디자인법, 상표법, 발명 보호법 등 관련 법률에 지식 재산권과 관련한 규정을 강화해 왔다. 산업 재산권은 특허청에서, 저작권은 문화체육관광부에서 관장한다.

법인세

법인이 벌어들인 소득을 대상으로 부과되는 세금이다. 법인은 개인이나 가계와는 달리 법률에 의해 인격체로서의 자격을 부여받은 단체나 기관을 의미한다. 우리나라에 법인세가 처음으로 도입된 것은 1916년에 일본 소득세법에 법인 소득세 개념이 처음 도입, 시행되던 때로, 정부 수립 후 1949년 소득세법이 새로 제정되면서 비로소 현대적 의미에서 법인세의 기초가 마련되었다. 최초의 법인세율은 비례세율로서 소득금액의 35퍼센트(특별 법인은 20퍼센트)로 정했으며 신고하지 않거나 신고액을 축소하다가 발각되는 경우에는 10퍼센트의 가산세를 부과했다. 1960년대 후반부터는 민간 자본의 투자 욕구를 고취하고 수출 산업을 육성할 목적으로 법인세율을 조정하는 한편 수출 기업에 대한 우대 조치를 확대했다. 1970년대 후반 중소 기업에 대한 세제 혜택을 늘리는 동시에 대기업에 대한 과세는 강화하는 방향으로 전환하며 법인세 세제 감면 및 우대 조치를 경기 상황에 맞추어 신축적으로 운용함으로써 법인세의 경기 조절 기능을 강화했다.

우리나라의 법인세율은 매 연도의 법인 소득에 따라 영리 및 비영리 법인, 공공 법인, 조합이나 새마을금고와 같은 당기 순이익 과세 공공 법인에 따라 차등적으로 적용한다. 영리 법인에 대해서는 1991년부터 2007년까지는 과세 표준 1억 원을 기준으로 2단계 법인세율을 적용하다가 2008년부터 과세 표준 기준 금액을 2억 원으로 상향 조정했다. 2012년부터는 과세 표준 2억 원 초과, 200억 원 이하 구간을 새롭게 추가해 세율 구간을 3단계로 세분화했다. 2018년부터 과세 표준 3000억 원을 초과하는 법인 소득에 대한 구간을 신설해 25퍼센트의 세율을 부과하기로 했다.

기업 정리 제도

시장에서 경쟁력을 잃고 부실화된 기업을 정리해 회복 또는 퇴출시키는 제도로 파산, 화의, 법정 관리 등이 있다. 파산은 기업이 더 이상 채무를 갚을 능력이 없다고 법원이 판단하는 경우 법원이 현재 시점에서 기업이 갖고 있는 자산을 채권자에게 부채 규모에 따라 골고루 배분하고 기업은 문을 닫게 하는 제도이다. 화의는 일시적으로 어려운 상황을 넘기면 기업의 정상화가 가능하다고 판단되는 경우 채무의 전부 또는 일부를 유예시켜 주는 제도이다. 법정 관리는 현재의 영업을 현저히 축소하지 않고서는 변제해야 하는 부채를 당장 갚기 어렵거나 파산에 직면했으나 해당 기업을 계속 존속시키는 가치가 청산하는 가치보다 더 크다고 판단될 때 법원이 주도적으로 기업을 회생시켜 나가는 프로그램이다. 기업 부실화의 책임이 기존 경영진에게 크지 않은 경우는 경영진 유지를 허용하며 법정 관리 절차에 들어가면 기업이 갖고 있는 모든 채권과 채무는 일시적으로 동결된다. 더 나아가 법원의 감독 하에서 정리 계획에 따라 기업의 경영 및 채무 구조를 개선해 기업을 회생시키는 과정을 진행한다. 기본적으로 법원의 지휘 하에 이루어지는 이들 절차와는 별개로 채무기업과 채권 은행 간의 자율적인 협의를 통해 직접 문제를 해결하는 방식도 존재한다.

워크 아웃 제도는 기업 구조 조정 촉진법에 의거해 오랜 시간이 소요되는 법적 절차를 피하고 신속한 구조 조정을 위해 채무자와 채권자가 직접 문제를 해결하는 방식이다. 해당 기업에 자금을 제공한 금융 기관 간의 협약에 근거한 것으로, 시장 상황 등 일시적 요인에 의해 부실화되었으나 회생 가능성이 상대적으로 높은 기업을 대상으로 채권 금융단과 해당 기업이 협의해 기존 채무를 출자로 전환하거나, 원리금의 상환을 유예하거나, 신규로 자금을 지원해 주는 등 기업 회생 지원 과정을 진행한다.

분식 회계

분식 회계는 기업이 재무 상태나 경영 실적을 실제보다 좋아 보이도록 재무제표나 회계 보고서를 부당한 방식으로 조작하는 행위를 의미한다. 한자로는 '가루 분(粉)', '꾸밀 식(飾)'으로 화장을 해서 실제보다 아름답게 꾸민다는 의미이다. 이는 주주와 채권자들의 판단을 왜곡시킴으로써 그들에게 손해를 끼치기 때문에 자본 시장법 등으로 엄격하게 금지하고 있으나 공인 회계사의 감사 보고서를 통해서도 분식 회계 사실이 제대로 밝혀지지 않는 경우가 많다. 가령 재고 상품이 없음에도 장부에 물건을 갖고 있는 것처럼 기재하거나, 팔지도 않은 물품의 매출전표를 끊어 매출액을 부풀리거나, 매출 채권의 대손 충당금을 일부러 낮게 잡아 손실을 줄이는 방법 등 다양한 방식이 이용되고 있다.

우리나라에서는 1997년 외환 위기 이후 기업들의 영업 실적이 악화되면서 분식 회계가 급증했다. 특히 대우그룹 김우중 회장의 41조 원 분식 회계 사실이 드러나 재무제표를 믿고 자금을 대출한 금융 기관과 투자자, 일반 국민에게 엄청난 손실을 초래했다. 2002년 SK글로벌, 2012년 STX조선해양과 저축 은행 사태, 2013년 동양그룹과 대우건설, 2014~2016년 대우조선해양 등 분식 회계 문제는 계속해서 되풀이되고 있다.

분식 회계 방지 장치로서 회사는 감사를 두어야 하고, 회계 법인 등을 통해 회계 감사를 받아야 한다. 분식 회계를 제대로 적발하지 못한 회계 법인에 대히어는 영업 정지 또는 설립 인가 취소의 처분을 내릴 수 있다. 분식 회계된 재무제표를 보고 투자해 손해를 본 투자자나 채권자는 손해 배상 청구 소송을 할 수 있다. 2007년 1월부터는 분식 회계에 대한 집단 소송제가 적용되고 있다.

한국거래소

한국거래소(Korea Exchange)는 대한민국의 유일한 증권 거래소이다. 본사는 부산에, 유가 증권 시장 본부와 코스닥 시장 본부는 서울에 각각 소재하고 있다. 한국거래소는 2005년 1월 기존의 한국증권거래소와 한국선물거래소, 코스닥위원회, ㈜코스닥증권시장을 통합해 출범했다. 한국거래소를 통해 주식, 채권 및 각종 파생 금융 상품 거래에 참여하기 위해서는 거래소 이사회로부터 회원 가입을 승인 받아야 한다. 2017년 말 전체 회원은 총 82개 기관이며 증권 회사, 선물 회사, 은행으로 구성되어 있다. 증권 시장에 참가하는 회원은 76개, 파생 상품 시장 참가 회원은 47개이다.

한국거래소의 업무

한국거래소는 유가 증권 시장의 시장 개설과 운영, 상장 및 기업 내용의 공시, 시장 감시, 시장 정보 제공 등과 관련한 업무를 담당한다. 먼저 유가 증권 시장의 시장 개설 및 운영과 관련해서는 주식 시장, 채권 시장 및 각종 파생 상품 관련 시장을 개설하는 한편 이들 시장의 종합 시세, 거래 동향 및 실적과 관련한 정보를 제공하고 해외 시장에 관한 정보도 제공하고 있다. 아울러 기업 규모는 작지만 성장 잠재력이 높은 벤처 기업, 유망 중소 기업들의 원활한 자금 조달을 도모하고자 코스닥 시장을 개설, 운용하고 있다. 또한 현물 시장에서의 가격이나 금리 변동에 따른 위험을 효과적으로 제거하기 위해 출현한 파생 상품 시장을 관리하고 시장 내의 파생 상품 거래의 체결과 자금의 결제, 시세의 공표, 파생 상품의 거래 유형이나 품목을 결정하는 업무도 수행하고 있다. 현재 한국거래소에서는 주가 지수 및 개별 주식의 선물이나 옵션, 국채 및 통화의 선물이나 옵션, 금이나 돼지고기 등 각종 상품의 선물 등 다양한 분야에 걸친 파생 상품의 거래를 주관하고 있다.

한국거래소는 기업들이 발행한 증권이 코스피나 코스닥 같은 주식 시장에서 거래될 자격이 있는지 여부를 심사한다. 또한 발행 회사가 경영 부실 등으로 투자자에게 손실을 입힐 우려가 있는 경우, 해당 증권의 공정한 가격 형성과 유통에 상당한 지장이 있는 경우, 일정 기간 동안 거래를 정지시키거나 아예 상장을 폐지하는 조치를 취할 수 있다. 아울러 거래소 내에서 운영되는 모든 시장에서 발생하는 불공정한 거래 행위를 예방하거나 규제하고 회원과 투자자 간 발생하는 다양한 분쟁을 조정하는 역할도 수행하고 있다.

유가 증권 시장

우리나라의 대표적인 증권 시장인 코스피(Korea Composite Stock Price Index, KOSPI)는 종합 주가 지수를 의미한다. 1956년 개장 이래 시가 총액 1150조 원 규모의 시장으로 성장했다. 코스피 지수는 시가 총액식 주가 지수로 1980년 1월 4일 시가 총액을 기준시점(100)으로 현재의 지수를 산출하고 있다.

유가 증권 시장과 코스닥 시장 거래일은 월~금요일, 거래 시간은 9:00~15:00이며 7:30~8:30을 장 개시 전 시간 외 시장, 15:10~18:00을 장 종료 후 시간 외 시장으로 운영하고 있다. 한국거래소는 급격한 시세 변동으로 인한 피해를 막기 위해 당일 주가 하락폭이 직전 매매 거래일의 최종 수치보다 10퍼센트 이상 하락해 1분간 지속될 경우 일시적으로 매매 거래를 중단시킬 수 있다.

KOSPI 200

KOSPI 시장에 등록된 기업 가운데 대표적인 200개 종목의 시가 총액을 지수화한 것이다. 이들의 시가 총액이 1990년 1월 3일 기준으로 얼마나 변동되었는지를 나타내는 것으로서 1994년 6월 도입되었다. 200개 종목은 시장 대표성, 유동성, 업종 대표성을 고려해 선정하는데, 전체 종목을 어업·광업·제조업·전기 가스업·건설업·유통 서비스업·통신업·금융 서비스업·오락 문화 서비스 등 9개 업군으로 분류해 시가 총액과 거래량 비중이 높은 종목들을 우선 선정한다. 1회 선물·옵션 주가 지수 운영 위원회에서 정기 심의를 거쳐 종목을 새로 구성해 7월 1일부터 적용한다. 상장이 폐지되거나 관리 종목으로 지정 또는 인수 합병 등이 발생하면 대상에서 제외되고 미리 정해진 순서에 따라 새 종목이 자동으로 합류된다. 상장 종목 수의 20퍼센트밖에 되지 않으나 전 종목 시가 총액의 70퍼센트를 차지해 종합 주가 지수의 움직임과 일치한다.

KOSPI 100

KOSPI 200 구성 종목 중에서 산업의 구분 없이 시가 총액이 큰 순서대로 상위 100개 종목으로 구성된다. 2000년 1월 4일을 1000 포인트로 해 2000년 3월 2일부터 산출, 발표하고 있다. 시가 총액이 가장 큰 우량 종목만으로 구성되기 때문에 종목의 교체가 거의 없고 지수의 신뢰성과 연속성이 크다는 장점이 있다.

코스닥(KOSDAQ)

대부분의 중소 기업들은 증권 거래소의 엄격한 상장 요건을 충족시키기 어렵기 때문에 주식 시장을 통한 자금 조달이 불가능해 자금 조달에 어려움을 겪었다. 정부는 이를 해소하고자 1987년 4월 기존의 증권 거래소 시장과는 별도로 주식 장외 시장을 개설했다. 이후 발전을 거듭하면서 1996년 7월 정식으로 코스닥 시장을 발족했다. 코스닥 지수는 최초 시점의 시가 총액을 기준 지수인 100 포인트로 정해 사용해 왔으나 2004년 1월 26일부터 100포인트를 1,000포인트로 상향 조정했다. 한편 2017년 말 코스닥 지수는 798.42포인트를 기록했으며 상장 종목 수는 1,267개이다.

KOSDAQ 50

안정적인 재무 구조와 투명한 경영 구조를 갖춘 코스닥 등록 업체 가운데 대표적인 50개 우량 기업으로 구성된 지수로서 2005년 11월 7일부터 코스닥 증권 시장에서 산출해 발표되고 있다. 코스닥 스타 지수는 2003년 1월 2일을 기준 지수 1000으로 하며, 50개의 우량 기업만으로 구성되어 있다. 구성 종목은 유동성과 경영 투명성, 재무 안전성 등을 요건으로 선정하고 있으며 이러한 조건을 충족하는 종목들 가운데 시가 총액이 높은 순서로 종목을 구성한다.

MKF 500

MKF500 지수는 코스피와 코스닥을 합쳐 시가 총액 상위 500개 종목으로 구성되어 있다. 재무 건전성이 나쁜 기업은 지수에서 배제해 안정성을 높였다. 코스피와 코스닥 시장을 인위적으로 구분하지 않고 시장에서 가장 인정받은 우량 기업에 분산 투자할 수 있는 효율적인 수단이 될 수 있다. 2017년 말 기준 코스피 기업이 339종목, 코스닥 기업이 161종목 포함되어 있다.

탄소 배출권 거래 시장

탄소 배출권 거래 제도는 보다 경제적인 메커니즘으로 온실 기체를 감축할 목적으로 개별 기업에게 탄소 등 온실 기체 배출에 관한 권리를 할당하고 배출권을 시장 메커니즘에 따라 기업들 간에 거래할 수 있도록 하는 제도이다. 1997년 일본 교토에서 2008~2012년에 전체 온실 기체 배출 총량을 1990년 대비 평균 5.2퍼센트 감축하는 목표를 설정하고 총 37개 선진국을 의무 이행 대상국으로 정했다. EU 지난 2005년 25개국 1만 1500여 개 기업을 대상으로 탄소 배출 할당량을 지정하고 온실 기체 배출권 거래 시장을 처음 개설했다.

한국은 교토 의정서에서 개도국으로 지정되어 의무 이행국은 아니지만 자율적으로 감축 목표를 설정하고 지난 2015년 1월 한국거래소에 전국 단위의 배출권 거래소를 설치, 운영하고 있다. 2012년 기준 한국의 온실 기체 배출량은 5억 9300만 톤으로 세계 7위의 온실 기체 배출국이며, 배출량이 OECD 국가 중 가장 빠르게 증가하고 있는 나라이기도 하다. 1990~2011년 온실 기체 배출량은 2.95억 톤에서 6.98억 톤으로 약 2.4배 증가했다.

발전·에너지, 산업, 건물, 수송, 폐기물 등 5개 부문 23개 업종에서 2011~2013년 연간 온실 기체 배출량이 12만 5000톤 이상인 기업과 2만 5000톤을 넘는 525개 사업장은 의무적으로 참여했다. 개장 초기에 탄소 배출권의 시장 가격은 톤당 1만 원, 달러화로는 9달러 선을 유지하도록 규정했다. 반면 배출권을 확보하지 못한 기업은 과징금이 톤당 3만 원 부과된다. 그러나 거래량이나 규모 측면에서 미흡할 뿐 아니라 수급 안정성도 높지 않아 시장이 본격적으로 활성화되기까지 오랜 시일이 소요될 것으로 예상된다.

우리나라의 조세 제도

우리나라의 조세 제도는 크게 국세와 지방세로 나누어진다. 국세는 중앙 정부가, 지방세는 지방 정부가 징수하는 조세이다.

국세

국세는 크게 내국세와 관세, 교통·에너지·환경세, 교육세, 농어촌특별세, 종합 부동산세로 나뉜다. 내국세는 조세를 부담하는 대상에게 부과하는 방식에 따라 직접세와 간접세로 구분한다. 조세를 부담하는 사람에게 직접 징수하는 세금이 직접세이고 납세자가 구입하는 물품을 판매하는 기업에 세금을 징수함으로써 물품을 구입하는 사람이 간접적으로 세금을 부담하는 징수 방식이 간접세이다. 직접세에는 소득세와 법인세, 상속세, 증여세, 증권 거래세가 있으며 간접세에는 부가 가치세와 개별 소비세, 주세, 인지세가 있다.

소득세

소득세는 개인 소득세와 법인 소득세로 나눌 수 있는데 소득세법에 의한 소득세는 개인 소득세만을 의미한다. 거주자는 물론 비거주자도 부과 대상인데 거주자는 모든 소득에 대해 과세하는 데 반해 비거주자는 국내에서 벌어들인 소득에 대하여만 과세한다. 소득세의 과세 대상이 되는 소득은 해당 연도에 발생하는 이자 소득, 배당 소득, 부동산 임대 소득, 사업 소득, 근로 소득, 연금 소득, 기타 소득, 퇴직 소득, 양도 소득이다. 원칙적으로 계속적, 경상적으로 발생하는 소득을 과세 대상으로 한다. 일정 기간에 발생하는 모든 소득을 종류에 관계없이 합산해 누진세율로 과세한다. 다만 양도 소득과 퇴직 소득에 대해서는 다른 소득과 합산하지 않고 별도의 세율로 과세하도록 규정되어 있다.

종합 소득세율은 2017년까지 적용되던 5단계 누진세율이 2018년부터 7단계로 세분화되었다. 특히 연 5억 원을 초과하는 소득 구간에 대해 적용되던 최고세율이 기존 40퍼센트에서 42퍼센트로 인상되었다. 3억 원 초과 5억 원 이하의 소득에 대해서도 새로운 구간이 설정되면서 기존 38퍼센트에서 40퍼센트로 인상되었다.

소득 공제

소득 공제는 과세 대상이 되는 소득 중에서 일정한 금액을 공제하는 것이다. 소득세법상 종합 소득, 근로 소득, 퇴직 소득, 연금 소득, 산림 소득 등에 대한 소득 공제가 개별적으로 규정되고 있다. 기본 공제와 추가 공제, 특별 공제, 기타 소득 공제로 구성된다.

종합 소득에 대해서는 거주자와 배우자 및 생계를 같이하는 부양 가족에 대해 한 사람당 연 100만원씩 기본 공제를 한다. 기본 공제 대상자가 65세 이상이거나 장애인, 부녀자, 한부모 가정인 경우 한 사람당 연 50만 원씩 추가적으로 공제한다. 한편 공적 연금에 보험료를 납부했거나 기부금을 납부한 경우, 주택 관련 대출의 원리금을 상환한 경우에는 특별 공제를 한다. 근로 소득에 대하여는 총급여액에 따라 일정 금액을 공제하며, 일용 근로자에 대한 공제액은 일 10만 원으로 한다. 연금 소득에 대하여는 총 연금액에 따라 일정 금액을 공제하되, 공제액이 600만 원을 초과하는 경우에는 600만 원을 공제한다.

간접세

조세를 지불하는 납세자가 세액의 최종 부담을 타인에게 전가하는 방식을 말한다. 직접세는 누진적(累進的) 세율 적용에 따라 소득 재분배를 기대할 수 있는 데 반해, 간접세는 분배 평준화에 역행하는 역진적(逆進的) 속성으로 비판을 받는다. 전통적으로 경제학자들은 누진적 조세 구조를 지지해 직접세의 비율이 높은 것이 바람직하다고 주장해 왔다. 그러나 간접세가 언제나 역진적인 것은 아니며, 또한 세율을 지나치게 누진적으로만 적용할 경우 오히려 근로·투자 의욕을 저하시킬 수도 있다. 뿐만 아니라 정치적으로는 간접세가 조세 저항이 적어 징수하기 쉽다

부가가치세(value added tax, VAT)는 재화나 서비스를 판매하면서 얻는 이윤, 즉 부가 가치에 대해 부과하는 세금이다. 사업자가 납부하는 부가가치세는 매출 세액에서 매입 세액을 차감해 계산한다. 부가가치세는 재화나 서비스의 가격에 이미 포함되어 있기 때문에 실제로는 최종 소비자가 부담하는 것이며 최종 소비자

가 부담한 부가가치세를 사업자가 세무서에 납부하는 것이다. 우리나라는 1977년 7월 1일부터 시행했다. 2008년 글로벌 경제 위기 이후 각국은 악화된 재정을 회복하고자 노력하고 있는데, OECD 회원국의 75퍼센트 이상이 소비세나 부가가치세를 높임으로써 재정 수입을 늘리고자 했다. OECD 국가들의 평균 부가 가치 세율은 2009년 이후 인상되는 추세를 보여 5년간 1.6퍼센트 포인트 인상되었으며, 평균 부가 가치 세율은 2009년 17.6퍼센트에서 2015년 19.2퍼센트로 인상되었다.

　개별 소비세는 사치성 상품이나 서비스, 또는 외부 불경제가 발생하는 소비 행위에 대해 높은 세율을 부과하는 조세이다. 부가가치세의 역진적인 기능을 보완하고 사치품이나 사회적으로 불필요하거나 환경오염을 초래하는 소비 행위를 억제하는 한편, 부유층이 주로 소비하는 품목에 과세함으로써 소득 불균형을 완화하는 효과가 있다. 주로 경차를 제외한 승용차, 대형 오토바이, 유류(휘발유, 경유), 천연가스, 대형 가전제품, 담배, 귀금속, 고급 시계, 모피류, 사행성 오락기구, 로열젤리 등 사치성 물품과 경마장, 골프장, 경륜 및 경정장, 카지노, 유흥주점과 같은 입장료 등에 대해 부과된다.

　개별 소비세의 전신인 특별 소비세는 부가 가치 세가 단일세율로 적용되기 때문에 역진적이라는 점을 보완할 목적으로 1977년 7월 1일부터 시행되었다. 소득 수준이 향상되면서 이전까지 사치품에 속하던 많은 물품의 소비가 보편화되었을 뿐 아니라 전자제품이나 승용차의 경우 전자 및 자동차 산업의 수요 확대를 억제해 내수 기반을 제약한다는 비판이 제기되었다. 정부는 2008년 특별 소비세의 명칭을 개별 소비세로 변경하고 정책 목표도 사치품 소비 억제에서 외부 불경제에 따른 사회적 비용을 해당 제품의 소비자와 생산자에게 부담토록 하는 데 맞추었다.

　개별 소비세 역시 부가가치세와 마찬가지로 간접세로서 판매업자에게 부과되었지만 실제로는 상품이나 서비스를 구입하는 소비자가 부담한다.

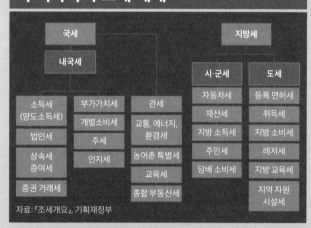

우리나라의 조세 체계

- 국세
  - 내국세
    - 소득세 (양도소득세)
    - 법인세
    - 상속세 증여세
    - 증권 거래세
    - 부가가치세
    - 개별소비세
    - 주세
    - 인지세
    - 관세
    - 교통, 에너지, 환경세
    - 농어촌 특별세
    - 교육세
    - 종합 부동산세
- 지방세
  - 시·군세
    - 자동차세
    - 재산세
    - 지방 소득세
    - 주민세
    - 담배 소비세
  - 도세
    - 등록 면허세
    - 취득세
    - 지방 소비세
    - 레저세
    - 지방 교육세
    - 지역 자원 시설세

자료: 『조세개요』, 기획재정부

종합 소득세율

과세 표준	세율	주민세 포함
1200만 원 이하	6퍼센트	6.6퍼센트
1200만 원~4600만 원	15퍼센트	16.5퍼센트
4600만 원~8800만 원	24퍼센트	26.4퍼센트
8800만 원~1억 5000만 원	35퍼센트	38.5퍼센트
1억 5000만 원~3억 원	38퍼센트	41.8퍼센트
3억 원~5억 원	40퍼센트	44퍼센트
5억 원 초과	42퍼센트	46.2퍼센트

(2018. 1. 1. 개정)

지방세

지방세에는 크게 도세와 시·군세가 있다. 도세에는 취득세, 등록세, 지방 소비세, 레저세, 지방 교육세, 지역 자원 시설세 등이 있다. 시·군세에는 주민세, 지방 소득세, 재산세, 자동차세, 담배 소비세 등이 있다. 지방세는 지방 자치 단체에 의해 부과, 징수되고 당해 지방 자치 단체의 재정 수요에 충당되며 원칙적으로 다른 공과금과 기타의 채권에 우선해 징수한다. 도세는 시·군세에 우선한다.

4대 보험

국민 연금

가입자와 사용자로부터 매달 일정한 보험료를 받고 이를 재원으로 나이가 들어 은퇴하거나 사회적 위험에 노출되어 더 이상 경제 활동을 할 수 없는 사람들에게 급여를 제공하는 제도이다. 우리나라는 1988년 처음 도입되었다. 국민 연금 급여에는 노령으로 인한 근로 소득 상실을 보전하기 위한 노령 연금, 주 소득자의 사망에 따른 소득 상실을 보전하기 위한 유족 연금, 질병 또는 사고로 인해 더 이상 일을 할 수 없게 된 사람들을 위한 장애 연금 등이 있다.

연금은 18세 이상 국민이 10년 이상 가입해 만 65세부터 혜택을 받도록 설계되어 있다. 고소득 계층에서 저소득 계층으로 소득이 재분배되는 세대 내 소득 재분배 기능과 미래 세대가 현재의 노인 세대를 지원하는 세대 간 소득 재분배 기능을 동시에 포함한다. 국가가 존속하는 한 반드시 지급된다는 점에서 가장 안정성이 높다고 하겠다. 연금 수령 이후 매년 전년도의 소비자 물가 상승률을 반영해 수급액을 인상하기 때문에 물가가 오르더라도 실질 가치가 보전된다. 다만 인구 구조가 급격하게 고령화할 경우, 보험료를 납부하는 청장년층에 비해 연금을 받는 고령층 인구가 급격히 늘어나면서 연금 기금이 고갈될 우려가 제기되고 있다.

보험료는 가입자 월 소득액에 연금 보험료율을 곱해 산정한다. 보험료율은 소득의 9퍼센트에 해당하는 금액을 본인과 사업주가 절반인 4.5퍼센트씩 부담해 매월 사용자가 일괄적으로 납부한다. 단 지역 가입자의 경우 보험료 전액을 본인이 부담해야 한다. 향후 받게 될 급여액은 기본 연금액을 지급률로 곱한 액수에 부양 가족의 연금액을 합산한 금액으로 산정된다. 기본 연금액은 연금을 받기 전 3년간 전체 가입자의 월 평균 소득액과 가입자 본인이 가입 기간 중 월 평균 소득액, 병역 의무 이행 여부, 2자녀 이상 출산 등의 요인을 고려해 책정된다. 지급률은 노령 연금의 경우 가입 기간 10년인 경우 50퍼센트로, 1년 추가될 경우 5퍼센트가 증가되며 유족 연금은 가입 기간 10년 미만은 40퍼센트, 10년 이상 20년 미만은 50퍼센트, 20년 이상은 60퍼센트이다.

노령 연금과 관련해 중요한 개념은 은퇴 이후 매달 받을 것으로 예상되는 급여액과 국민 연금 가입 기간 중 매달 평균적으로 받던 소득과 비교하는 소득 대체율이다. 월 평균 100만 원을 받던 사람이 은퇴 이후 매달 50만 원을 연금으로 받는다면 소득 대체율은 50퍼센트다. 소득 대체율이 낮으면 노후 생활을 보장한다는 국민 연금의 도입 취지가 약해지는 반면, 높으면 국민 연금 고갈 시기가 그만큼 앞당겨질 수 있다. 국민 연금법에 명시된 소득 대체율은 연금 기금의 수지 악화에 따라 점차 낮아져 2028년 이후는 40퍼센트 이하로 낮아진다. 보험료를 추가적으로 인상하지 않고 소득 대체율을 45~50퍼센트로 유지할 경우 연금 기금은 국회 예산정책처 시산 2046~2053년경 고갈될 것으로 예상된다.

고용 보험

실직한 근로자와 그 가족의 생활을 안정시키고 실직자의 재취업을 촉진하기 위한 사회 보장 제도이다. 우리나라의 고용 보험은 실직자에게 실업 급여를 제공하는 실업 보험뿐 아니라 적극적으로 취업을 알선해 재취업을 촉진하고, 근로자의 고용 안정을 위해 고용 안정 사업과 근로자 직업 능력 개발 사업을 벌이는 등 적극적인 노동 정책이 포함되어 있다. 고용 안정 사업, 직업 능력 개발 사업, 실업 급여 사업, 모성 보호 사업으로 구분된다.

고용 안정 사업은 근로자를 감원하지 않고 고용을 유지하거나 실직자를 채용해 고용을 늘리는 사업주에게 비용의 일부를 지원해 고용 안정을 유지할 수 있도록 하는 것이다. **직업 능력 개발 사업**은 사업주가 근로자에게 직업 훈련을 실시하거나 근로자가 자기 개발을 위해 훈련을 받을 경우 사업주 및 근로자에게 일정 비용을 지원한다. **실업 급여 사업**은 근로자가 실직할 경우 일정 기간 동안 실직자의 생활 안정과 원활한 구직 활동을 돕기 위해 실업 급여를 지급하는 것이다. 고용 보험에 가입된 업체에서 직전 18개월 중 180일 이상 근무하다가 회사의 폐업, 도산, 인원 감축 등 본인의 의지와 무관하게 실직한 경우에 한해 실업 급여를 받을 수 있다. 퇴직 당시의 나이와 보험 가입 기간에 따라 90~240일 동안 실직 전 평균 임금의 50퍼센트를 지급 받을 수 있다. 자발적으로 퇴직한 경우에는 실업 급여를 받을 수 없다. **모성 보호 사업**은 육아 휴직 급여와 산전후 휴가 급여로 나눌 수 있다. 육아 휴직의 경우, 재직 기간이 6개월 이상이며 만 6세 미만의 초등학교 취학 전 자녀를 둔 근로자는 1년 이내 기간의 휴직을 신청할 수 있으며, 처음 3개월까지 매월 통상 임금의 80퍼센트를, 이후 9개월은 통상 임금의 40퍼센트를 육아 휴직 급여로 받을 수 있다. 또한 출산 전후 휴가 기간 중 60일을 초과하는 일수에 해당하는 기간 동안 통상 임금액에 상당하는 금액을 출산 전후 휴가 급여로 지급받을 수 있다.

국민 건강 보험

의료비의 가계 부담을 방지하기 위해 국민이 평소에 보험료를 내고 보험자인 국민 건강 보험 공단이 관리, 운영하다가 필요한 경우 보험 급여를 제공해 국민 상호 간 위험을 분담하고 필요한 의료 서비스를 받도록 하는 사회 보장 제도이다. 1963년 의료 보험법이 처음 제정되어 의료 보험 조합을 설립할 수 있게 되었다. 1977년 500인 이상 근로자가 있는 사업장에 대한 직장 의료 보험이 실시되었으며, 1989년 7월 1일 특별법 대상자를 제외한 전 국민을 대상으로 확대되었다. 1998년 227개 지역 의료 보험 조합과 공무원·교원 의료 보험 관리 공단을 통합해 국민 의료 보험 관리 공단을 설립하고 직장 의료 보험 조합은 140개로 통합했으며 2000년 국민 의료 보험과 직장 의료 보험을 통합해 국민 건강 보험 공단이 출범했다.

산업 재해 보험

공업화 진전과 더불어 발생하는 산업 재해 근로자를 보호하기 위해 1964년에 도입된 우리나라 최초의 사회 보험 제도이다. 산업 재해 자체를 예방하는 것이 가장 바람직하나, 이미 발생한 산업 재해로 부상을 당하거나 사망한 경우는 피해 근로자나 가족을 보호 내지 보상해 주는 산재 보험이 중요한 의미를 지닌다고 할 수 있다. 산재 보험은 산재 근로자와 그 가족의 생활을 보장하기 위해 국가가 책임지는 의무 보험으로 원래 사용자의 근로기준법상 재해 보상 책임을 보장하기 위해 국가가 사업주에게서 소정의 보험료를 징수해 그 기금(재원)으로 사업주를 대신해 산재 근로자에게 보상을 한다. 산재 보험의 특징은 다음과 같다. 근로자의 업무상 재해는 사용자의 고의·과실 유무를 불문하는 무과실 책임주의다. 보험 사업에 소요되는 재원인 보험료는 원칙적으로 사업주가 전액 부담한다. 보험 급여는 재해 발생에 따른 손해 전체를 보상하는 방식이 아니라 평균 임금을 기초로 정률 보상 방식으로 지급된다. 자진 신고와 자진 납부가 원칙으로 재해 보상과 관련되는 이의 신청을 신속히 하기 위해 심사 및 재심사 청구 제도를 운영하고 있다.

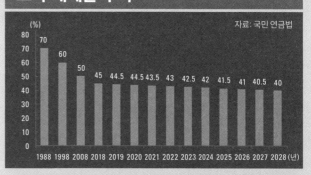

소득 대체율 추이

자료: 국민 연금법

(%)

연도	값
1988	70
1998	60
2008	50
2018	45
2019	44.5
2020	44.5
2021	43.5
2022	43
2023	42.5
2024	42
2025	41.5
2026	41
2027	40.5
2028	40

노령 연금 수급 개시 연령

출생 연도	수급 개시 연령		
	노령 연금	조기 노령 연금[1]	분할 연금[2]
1952년생 이전	60세	55세	60세
1953~1956년생	61세	56세	61세
1957~1960년생	62세	57세	62세
1961~1964년생	63세	58세	63세
1965~1968년생	64세	59세	64세
1969년생 이후	65세	60세	65세

자료: 국민 연금법
1) 가입 기간이 10년 이상이고 55세 이상인 사람이 소득 있는 업무에 종사하지 않는 경우 본인이 신청해 60세 전에 미리 지급 받는 연금
2) 이혼한 배우자에게 지급되는 연금

주택 담보 대출과 신용 카드

주택 담보 대출

주택 담보 대출은 자신이 보유하거나 주택의 소유주가 자신이 보유한 주택을 담보로 제공하는 데 동의하는 경우 해당 주택을 담보로 금융 기관에서 대출을 해 주는 제도이다. 금융 기관 입장에서 주택 담보 대출은 만일 차입자가 채무를 상환하지 못하는 상황이 발생하더라도 담보로 설정한 주택을 대신 처분해 빚을 회수할 수 있어 빚을 돌려받지 못해 손실을 입을 확률이 낮다는 점에서 차입자의 신용 능력만으로 대출해 주는 신용 대출에 비해 상대적으로 안전하게 자금을 운용하는 방식이다.

일반적으로 은행과 같은 금융 기관이 대출을 할 때 부동산을 담보물로 제공하는 것을 모기지(mortgage)라고 한다. 일반 대출이 만기가 될 때까지 자금이 묶이는 것과는 달리 모기지론은 금융 기관이 대출을 하면서 차입자로부터 담보로 제공 받은 부동산을 이용해 주택 저당 증권(MBS)을 발행한다. 금융 기관 입장에서는 장기로 대출을 해 주었지만 담보물을 이용해 증권을 발행함으로써 자금을 다시 확보할 수 있기 때문에 장기 대출로 인한 자금 운용 부담을 덜 수 있다. 자금을 차입하는 차입자의 입장에서는 주택을 구입하는 데 필요한 자금의 일부를 먼저 내고 나머지는 수십 년에 걸쳐 분할 상환하면 되기 때문에 목돈 없이도 내 집을 장만할 수 있다는 장점이 있다.

금리에 따라 변동 금리와 고정 금리, 혼합 금리로 나뉜다. 변동 금리는 예금 은행의 자금 조달 비용을 반영해 산출되는 금리인 코픽스(COFIX)에 따라 대출 금리가 조정되는 상품이다. 변동 금리 대출은 금리가 상승할 경우 차입자가 부담해야 할 이자 부담이 가중될 위험이 큰 반면 고정 금리에 비해 상대적으로 금리가 낮은 이점이 있다. 고정 금리 상품은 시중 금리 변동과 무관하게 계약 시점에 정한 금리가 그대로 유지된다. 은행이 금리 변동에 따른 위험을 부담하기 때문에 가산 금리가 붙어 통상 변동 금리 대출에 비해 높은 금리를 요구한다. 혼합 금리는 변동 금리와 고정 금리를 혼합한 상품이다. 대출 후 일정 기간까지는 계약 시점에 정한 고정 금리를 적용하다 그 이후부터는 변동 금리를 적용한다.

주택 담보 대출 규제

소득 수준이나 소유한 주택의 가치에 비해 지나치게 많은 금액을 대출 받았다면 해당 주택의 가격이 큰 폭으로 하락하는 경우 채무를 상환할 수 없게 될 가능성을 배제할 수 없다. 경기가 급격히 악화되면서 주택 가격이 동시에 하락하는 경우 대출 연체 또는 미상환 가구가 늘어나면서 금융 기관의 경영이 악화되고 금융 시스템 전체가 약화될 수 있다. 주택 담보 대출의 부실화를 막고 시스템 전체의 위기로 확산되는 것을 예방하기 위해 주택 담보 인정 비율(LTV)이나 총부채 상환 비율(DTI)과 같은 각종 규제 조치를 운영하고 있다.

주택 담보 인정 비율은 담보로 제공하는 주택 가격에 대비해 대출 받을 수 있는 최대 금액을 일컫는다. LTV가 낮을수록 동일한 주택에 대해 더욱 낮은 금액의 대출만을 받을 수 있다. 동 비율이 30퍼센트라면 4억 원가량의 주택의 경우 1억 2000만 원까지 대출 받을 수 있다. 총부채 상환 비율은 차입자의 소득을 고려해 대출 한도를 정하는 제도이다. 주택 가격이 계속 오를 것으로 예상하고 상환할 수 있는 소득 수준을 초과해 무리하게 주택을 구입하는 수요를 억제하기 위해 점차 요건을 강화하는 추세이다. 2018년 더욱 강화된 신DTI는 새롭게 주택 담보 대출을 받으려 할 때 매년 갚아야 하는 원리금(원금+이자)과 기존 부채의 원리금 상환액의 합을 예상 연간 소득으로 나눈 비율을 적용한다. 총부채 상환 비율이 낮을수록 부채 상환 능력이 높다고 평가된다.

2018년 4분기부터는 주택 담보 대출뿐 아니라 신용 대출 등 모든 가계 대출에 대해서도 채무자의 차입 능력을 고려하는 원리금 상환 비율(DSR)을 도입한다. 대출 종류와 무관하게 대출자가 매년 갚아야 할 모든 대출의 원리금 상환액이 연간 소득에서 차지하는 비율을 의미한다. 연간 소득이 1억 원이고 1년간 지불할 원금과 이자가 4000만 원이라면 DSR은 40퍼센트다. LTV와 DTI에서 주택 담보 대출의 상한 비율을 전국적으로, 혹은 일부 지역에 일률적으로 설정하고 필요에 따라 조정하는 데 비해 DSR은 각 은행들이 대출자 소득과 신용도에 따라 자율적으로 한도를 결정한다.

신용 카드

상품이나 서비스를 구입하고 일정 기간 후 지불할 수 있도록 미뤄 주기로 약속하는 카드를 일컫는다. 카드를 지니고 있는 사람이 카드에 소유주로 이름이 명시된 사람과 동일인임을 서명이나 비밀 번호와 같은 확인 수단을 통해 증명하면 미리 약정된 금액 안에서 물품이나 서비스를 외상으로 구입할 수 있다. 카드를 발행한 회사는 카드 사용을 희망하는 회원과 가맹점을 모집한 후, 회원으로 하여금 가맹점의 물품과 서비스를 카드를 제시만 하면 구입할 수 있도록 보장해 주어야 한다. 대신 물품 구입 대금은 카드 회사가 가맹점에게 먼저 지급해 주고 회원으로부터 회수한다. 신용 카드 업무만을 전담하는 신용 카드사가 있는가 하면 백화점이나 대형 마트 등 대규모 판매자가 직접 카드를 발행하고 고객들이 자기 회사의 물품이나 서비스를 외상으로 구입하도록 보장해 주기도 하며, 금융 기관에서 신용 카드를 발행하는 영업을 겸업하기도 한다.

신용 카드는 1887년 에드워드 벨라미(Edward Bellamy)의 소설 『회상(Looking Backward)』에서 정부가 시민들에게 생필품을 구입할 수 있도록 현금 대신 지급하는 보조금을 뜻하는 용어로 처음 등장했다. 19세기 후반부터 기존의 현금을 대체하기 위한 대용 지불 수단들이 등장해 1920년대 이후부터 보편화되기에 이르렀다. 오늘날처럼 다양한 가맹점에서 사용할 수 있는 현대적 형태의 신용 카드는 프랭크 맥나마라(Frank McNamara)가 1950년 다이너스 클럽(Diners Club)을 창설하면서 등장한 것으로 보고 있다. 우리나라는 1967년 신세계백화점에서 자사 임직원들에게 신세계 크레디트 카드를 발급한 것이 효시이며, 이후 1977년 외환 은행이 비자(Visa International) 회원사로 등록하면서 해외 여행자들을 대상으로 처음 발급했다.

현재는 신용 카드 외에도 체크 카드, 직불 카드, 선불 카드 등 사용 형태에 따라 다양한 대안적인 카드들이 사용된다. 직불 카드는 보유주의 통장 잔액 내에서 물품을 구매할 수 있는 대신 은행 공동망이 가동되는 시간에만 사용할 수 있었다. 체크 카드는 직불 카드와 같이 계좌 잔액 범위에서 사용할 수 있으나 직불 카드의 단점

신용 카드 사태

2002년 카드 사태는 많은 소비자들이 신용 불량 상태에 빠지고 신용 카드사가 부실화되면서 우리 경제에 큰 충격을 주었던 사건이다. 외환 위기의 여파에서 벗어나기 시작한 1999년부터 우리 정부는 소비 진작을 통해 경기를 부양하고 탈세를 예방하고 거래의 투명성을 높인다는 취지로 신용 카드의 사용을 적극 장려했다. 1999년 5월에는 신용 카드 현금 서비스 한도를 폐지해 카드사가 고객에 대한 현금 서비스 인출 한도를 자율적으로 설정하게 되었으며, 그해 6월에는 신용 카드 소득 공제 제도를 신설해 신용 카드 사용액에 따라 세금을 공제해 주었다.

이러한 정부 노력에 힘입어 1990년 1000만 장에 불과했던 신용 카드 수는 2002년에는 1억 장을 돌파했다. 경제 활동 인구 1명당 4.6장의 카드를 보유하게 되었다. 신용 카드 사용액은 1998년 63조 6000억 원에서 2002년 622조 9000억 원에 달하는 등 10배 가까이 급증했다. 그러나 그 과정에서 카드사 간 회원 확보 경쟁이 격화되면서 신용 여건이 취약한 사람들에게까지 무분별하게 카드를 발급함에 따라 카드 연체율은 급등하고 신용 불량자 수도 급증했다. 외환 위기 중인 1997년 말 143만 명 수준이었던 신용 불량자 수가 2004년에는 무려 361만 명까지 급증했다. 특히 2003년의 경우 전체 신용 불량자 372만 명 중 신용 카드 불량자가 239만 명으로 60퍼센트가 넘는 비중을 차지했다. 결국 2002년부터 소비자는 채무에 시달리다 파산하는 일이 급증하기 시작했다. 아울러 채무를 회수하지 못한 카드사들의 경영난이 가중되면서 많은 카드사들이 기업 정리 절차를 거쳐 인수, 합병되었다.

을 보완해 전국의 모든 신용 카드 가맹점에서 24시간 사용할 수 있을 뿐 아니라 전자 상거래나 해외 사용이 가능하다는 장점을 지니고 있다. 선불 카드는 고객이 일정한 액수를 미리 지불하고 해당 금액이 기록된 카드를 발급 받아 잔액 범위에서 구입할 수 있는 카드이다. 공중 전화 카드, 지하철, 버스 등 교통 카드 등이 대표적이다.

찾아보기

자

차

감사의 글

Dorling Kindersley would like to thank Alexandra Beeden for proofreading, Emma Wicks for design assistance, Phil Gamble for icon design, and Helen Peters for indexing.

Sources of statistics and facts:

Jacket: blogs.spectator.co.uk/2016/09/paper-5-polymer-origins-banknote/; en.wikipedia.org/wiki/List_of_circulating_currencies; www.worldbank.org/en/topic/poverty/overview; en.wikipedia.org/wiki/Crowdfunding; en.wikipedia.org/wiki/1891; money.howstuffworks.com/currency6.htm; en.wikipedia.org/wiki/European_debt_crisis; www.bbc.co.uk/news/business-18944097; www.ilo.org/global/research/global-reports/global-wage-report/2014/lang--en/index.htm; en.wikipedia.org/wiki/Rai_stones; www.worldbank.org/en/news/press-release/2015/04/15/massive-drop-in-number-of-unbanked-says-new-report; manchesterinvestments.com/portfolio-compass-january-20-2016/; www.imf.org/external/pubs/ft/fandd/2014/09/kose.htm

p.13: money.visualcapitalist.com/; **p.19:** www.royalmint.com/bullion/products/gold-sovereign; **p.27:** www.moodys.com/research/Moodys-US-non-financial-corporates-cash-pile-increases-to-168--PR_349330; **p.29:** www.apple.com/uk/pr/library/2016/01/26Apple-Reports-Record-First-Quarter-Results.html; **p.33:** www.theaa.com/motoring_advice/car-buyers-guide/cbg_depreciation.html; **p.39:** www.modestmoney.com/cash-flow-problems-small-business-startups-tackle/9820; **p.41:** www.tutor2u.net/business/reference/gearing-ratio; **p.47:** www.cnbc.com/2015/07/17/googles-one-day-rally-is-the-biggest-in-history.html; **p.49:** www.thetradenews.com/Regions/Asia/Tokyo-needs-foreigners-to-revitalise-volumes/; **p.51:** www.tradingeconomics.com/germany/government-bond-yield; **p.53:** www.prmia.org/sites/default/files/references/Baring_Brothers_Short_version_April_2009.pdf; **p.59:** www.wsj.com/articles/pound-drops-to-31-year-low-against-dollar-on-brexit-concerns-1475566159; **p.60:** www.forbes.com/sites/ryanmac/2014/09/22/alibaba-claims-title-for-largest-global-ipo-ever-with-extra-share-sales/#7e4c5c887c26; **p.65:** www.dbresearch.com/PROD/DBR_INTERNET_EN-PROD/PROD0000000000406105/High-frequency_trading%3A_Reaching_the_limits.pdf; **p.71:** www.investopedia.com/articles/economics/09/lehman-brothers-collapse.asp#ixzz4M7KQIMTg; **p.72:** www.federalreserve.gov/monetarypolicy/reservereq.htm; **p.76:** www.tdameritrade.com/about-us.page; **p.81:** www.morganstanley.com/im/emailers/media/pdf/liq_sol_updt_012013_rule_2a-7.pdf; **p.83:** www.ey.com/Publication/vwLUAssets/ey-global-consumer-banking-survey/$FILE/ey-global-consumer-banking-survey.pdf; **p.88:** positivemoney.org/how-money-works/how-banks-create-money/; **p.93:** As estimated by former Bank of England Governor Mervyn King, www.telegraph.co.uk/finance/recession/7077442/Recession-Facts-and-figures.html; **p.95:** www.nber.org/chapters/c2258.pdf; **p.97:** www.usgovernmentspending.com/; **p.100:** www.ecb.europa.eu/home/html/index.en.html; **p.103:** www.riksbank.se/en/The-Riksbank/History/Important-date/1590-1668/; **p.105:** www.worldbank.org/en/country/libya/overview; **p.107:** www.forbes.com/sites/frederickallen/2012/07/23/super-rich-hide-21-trillion-offshore-study-says/#386b08de73d3; **p.110:** www.nationaldebtclocks.org/debtclock/unitedstates; **p.115:** fred.stlouisfed.org/series/MKTGNIJPA646NWDB; **p.117:** www.bls.gov/k12/history_timeline.htm; **p.123:** www.tradingeconomics.com/argentina/inflation-cpi; **p.125:** www.aei.org/publication/since-2009-feds-qe-purchases-transferred-almost-half-trillion-dollars-treasury-isnt-gigantic-wealth-transfer/; **p.127:** www.economist.com/news/finance-and-economics/21623742-getting-greeks-pay-more-tax-not-just-hard-risky-treasures; **p.135:** www.federalreserve.gov/faqs/economy_14400.htm; **p.139:** www.dailyfx.com/forex/education/trading_tips/daily_trading_lesson/2014; **p.143:** *This Time It's Different: Eight Centuries of Financial Folly* – Preface Reinhart, Carmen and Rogoff, Kenneth University of Maryland, College Park, Department of Economics, Harvard University 2009; **p.145:** www.globalfinancialdata.com/gfdblog/?p=2382; **p.147:** en.wikipedia.org/wiki/European_debt_crisis; **p.151:** www.forbes.com/sites/jamiehopkins/2014/08/28/not-enough-people-have-financial-advisers-and-new-research-shows-they-should/#4e7ad5fd7648; **p.153:** en.wikipedia.org/wiki/Ultra_high-net-worth_individual; **p.157:** www.forbes.com/sites/afontevecchia/2014/10/02/the-new-forbes-400-self-made-score-from-silver-spooners-to-boostrappers/#2cf326c97d40; **p.164:** siblisresearch.com/data/ftse-all-total-return-dividend/; **p.167:** www.tradingeconomics.com/european-union/personal-savings; **p.175:** manchesterinvestments.com/portfolio-compass-january-20-2016/; **p.176:** en.wikipedia.org/wiki/Subprime_mortgage_crisis; **p.179:** www.thisismoney.co.uk/money/mortgageshome/article-3452615/SIMON-LAMBERT-house-prices-double-15-years.html; **p.180:** www.mybudget360.com/negative-equity-nation-for-1-out-of-5-homeowners-the-psychology-of-the-10-million-american-homeowners-with-zero-equity/; **p.183:** money.cnn.com/2016/04/29/investing/stocks-2nd-longest-bull-market-ever/; **p.194:** en.wikipedia.org/wiki/Efficient_frontier; **p.199:** www.moneysavingexpert.com/savings/discount-pensions; **p.201:** www.un.org/en/development/desa/population/publications/pdf/ageing/WPA2015_Report.pdf; **p.203:** en.wikipedia.org/wiki/1891; **p.205:** themoneycharity.org.uk/money-statistics/; **p.207:** uk.businessinsider.com/eurostat-data-on-household-debt-2016-3; **p.210:** www.theguardian.com/business/2014/dec/16/wonga-cuts-cost-borrowing-interest-rate; **p.213:** ec.europa.eu/eurostat/statistics-explained/index.php/People_in_the_EU_%E2%80%93_statistics_on_housing_conditions#Ownership:_tenure_status; **p.214:** news.bbc.co.uk/1/hi/business/7073131.stm; **p.217:** www.woccu.org/; **p.220:** thefinancialbrand.com/45284/banking-mobile-payments-bitcoin-research/; **p.223:** en.wikipedia.org/wiki/List_of_cryptocurrencies; **p.227:** www.kickstarter.com/about; **p.229:** www.statista.com/statistics/325902/global-p2p-lending/